畜禽类症鉴别诊断及防治丛书

ZHULEIZHENG
JIANBIE ZHENDUAN
JI FANGZHI

猪类症

鉴别诊断及防治

欧长波 余 燕 魏刚才 主编

化学工业出版社
·北京·

图书在版编目（CIP）数据

猪类症鉴别诊断及防治/欧长波，余燕，魏刚才主编.
北京：化学工业出版社，2017.7
（畜禽类症鉴别诊断及防治丛书）
ISBN 978-7-122-29927-7

Ⅰ．①猪…　Ⅱ．①欧…②余…③魏…　Ⅲ．①猪病-
鉴别诊断②猪病-防治　Ⅳ．①S858.28

中国版本图书馆 CIP 数据核字（2017）第 136406 号

责任编辑：邵桂林　　　　　　　　　　　文字编辑：向　东
责任校对：王素芹　　　　　　　　　　　装帧设计：张　辉

出版发行：化学工业出版社（北京市东城区青年湖南街 13 号　邮政编码 100011）
印　　刷：北京云浩印刷有限责任公司
装　　订：三河市骏发装订厂
850mm×1168mm　1/32　印张 9　字数 238 千字
2017 年 9 月北京第 1 版第 1 次印刷

购书咨询：010-64518888（传真：010-64519686）　售后服务：010-64518899
网　　址：http://www.cip.com.cn
凡购买本书，如有缺损质量问题，本社销售中心负责调换。

定　　价：35.00 元　　　　　　　　　　　版权所有　违者必究

编写人员名单

主　　编　欧长波　余　燕　魏刚才

副 主 编　李　鹏　秦保亮　王雪玲　王艳斌

编写人员　（按姓名笔画排列）

　　　　　王玉荣（兰考县畜牧局）

　　　　　王艳斌（济源市动物卫生监督所）

　　　　　王雪玲（济源市动物卫生监督所）

　　　　　杨书丽（温县动物卫生监督所）

　　　　　李　鹏（新乡学院）

　　　　　余　燕（河南科技学院）

　　　　　张　乐（新乡市凤泉区农林畜牧局）

　　　　　欧长波（河南科技学院）

　　　　　赵　斌（济源市动物卫生监督所）

　　　　　秦保亮（新乡市动物疫病预防控制中心）

　　　　　魏刚才（河南科技学院）

前　　言

随着畜牧业的规模化、集约化发展，畜禽的生产性能越来越高、饲养密度越来越大、环境应激因素越来越多，导致疾病的种类增加、发生频率提高、发病数量增加、危害更加严重，直接制约养殖业的稳定发展和养殖效益的提高。猪的疾病根据其发病原因可以分为传染病、寄生虫病、营养代谢、中毒病和普通病。其中有些疾病具有明显的各自特有症状，但有些病也具有某些类似症状，这些类似症状常给临床诊断带来困难，直接影响猪场疾病的控制效果。所以，规模化猪场对饲养管理人员和兽医工作人员的观念、知识结构、能力结构和技术水平提出了更高的要求，不仅要求能够有效地防控疾病，真正落实"防重于治""养防并重"的疾病控制原则，减少群体疾病的发生，而且要求能够细心观察，透过类似的症状找出其不同，及时确诊和治疗疾病，将疾病发生的危害降低到最小。为此，组织了长期从事猪生产、科研和疾病防治的有关专家编写了《猪类症鉴别诊断及防治》一书。

本书包括五章，重点介绍了70多种疾病的病因、临床症状、病理变化、防治措施，并特别在每种疾病中将有类似症状的疾病进行类症鉴别，列出其相似点和不同点，这就比较容易做出正确的诊断并可有效地采取防治措施。本书密切结合我国养猪业实际，既注意疾病的综合防治，减少疾病的发生，又突出疾病的类症鉴别，及时正确地诊断疾病，减少疾病的危害。全书注重系统性、科学性、实用性和先进性，内容重点突出，通俗易懂。不仅适用于猪场兽医工作者阅读，也适用于饲养管理人员阅读，还可作为大专院校、农村函授及培训班的辅助教材和参考书。

由于我们水平有限，书中难免存在不当之处，敬请广大读者批评指正。

本书受河南省产学研项目（无抗生素高效猪配合饲料的开发及产业化，项目号 152107000013）资助。

编者

2017 年 7 月

目　　录

第一章 猪传染病的类症鉴别诊断及防治

一、猪瘟（HC）

猪瘟（"烂肠瘟"）是由猪瘟病毒引起的一种急性、热性、接触性传染病。

【病原】猪瘟病毒属于黄病毒科瘟病毒属，单股 RNA 病毒。病毒粒子呈球形，直径 40～50 纳米。病毒存在于病猪全身各个组织和体液中。在自然干燥过程中病毒迅速死亡，在腐败尸体中存活 2～3 天。被猪瘟病毒污染的环境，如保持干燥，经 1～3 周失去传染性。冰冻条件下，猪瘟病毒的毒力可保持数日。－25℃保持 1 年以上。在冷冻病猪肉中，病毒可存活数周至数月。病猪的粪尿在堆积发酵后，数日失去传染力。含病毒的组织和血液，加 0.5％石炭酸与 50％甘油后，在室温下可保存数周，病毒仍然存活，很适用于病料的送检。

猪瘟病毒对消毒药的抵抗力较强。对污染圈舍、用具、食槽等最有效的消毒剂是 2％～4％烧碱、5％～10％漂白粉、0.1％过氧乙酸、1：200 强力消毒灵、1：200 菌毒灭Ⅱ型等。在寒冷的冬季，为防止烧碱溶液结冰，可加入 5％食盐。

【流行病学】不同年龄、品种、性别的猪均易感。一年四季都可发生，以春秋较为严重。病猪是主要的传染源，病毒存在于各器官组织、粪、尿和分泌物中，易感猪采食了被病毒污染的饲料、饮水，或吸入含有大量病毒的飞沫和尘埃后，感染发病。所以，病猪尸体处理不当，肉品卫生检查不彻底，运输、管理用具消毒不严格，防疫措施不认真，都是本病传播的因素。此外，畜禽、鼠类、鸟类和昆虫也能机械性带毒，促使本病的发生和流行；发生过猪瘟场地上的蚯蚓，病猪体内的肺丝虫均含有猪瘟病毒，也会引起感染。

处于潜伏期和康复期的猪，虽无临床症状，但可排毒，这是最危险的传染源，要注意隔离防范。本病流行的新特点：一是散发流行。由于大规模的免疫接种，所以呈现散发流行，规模较小，强度较轻。发病情况主要取决于猪的免疫状态和饲养管理水平。二是发病年龄小。发病大多见于 3 月龄以下。特别是断奶前后和出生 10 日龄以内的仔猪多见，而育肥猪和种猪很少发生。三是临床非典型。非典型已成为我国猪瘟的常见病型。四是持续感染、胎盘感染、混合感染和并发症。母猪常发生隐性或潜伏感染，通常不表现症状，但能不断向外排毒，甚至造成妊娠母猪的带毒综合征，使母猪发生流产、死胎和弱仔等繁殖障碍类疾病。妊娠期间的胎儿通过胎盘感染来自母体的猪瘟病毒而发生先天感染；由于持续感染、仔猪先天免疫耐受，造成猪瘟与猪丹毒、猪肺疫、猪生殖和呼吸综合征、猪伪狂犬病、猪弓形体病等混合感染，以及猪瘟并发链球菌病、仔猪副伤寒、大肠杆菌病等病例增多。

【临床表现】潜伏期一般为 7～9 天，最长 21 天，最短 2 天。

1. 最急性型

最急性型常发生在流行初期。病猪无明显的临床症状，突然死亡。病程稍长的，体温升高到 41～42℃，食欲废绝，精神委顿，眼和鼻黏膜潮红，皮肤发紫、出血，极度衰弱，病程 1～2 天。

2. 急性型

急性型是常见的一种类型。病猪食欲减少，精神沉郁，常挤卧在一起或钻入垫草中。行走缓慢无力，步态不稳。眼结膜潮红，眼角有多量黏脓性分泌物，有时将上下眼睑粘在一起。鼻孔流出黏脓性分泌物。耳后、四肢、腹下、会阴等处的皮肤，有大小不等、数量不一的紫红色斑点，指压不褪色。公猪包皮积尿，挤压时，流出白色、浑浊、恶臭的尿液。粪便恶臭，附有或混有黏液和污血。体温 40.5～41.5℃。幼猪出现磨牙、站立不稳、阵发性痉挛等神经紊乱症状。病程 1～2 周。后期卧地不起，勉强站立时，后肢软弱无力，步态踉跄，常并发肺炎和肠炎。

3. 慢性型

慢性型病程 1 个月以上。病猪食欲时好时坏，体温时高时低，便秘与腹泻交替发生，皮肤有出血斑或坏死斑点。全身衰弱无力，消瘦贫血，行走无力，个别猪逐渐康复。

非典型猪瘟是近年来国内外发生较普遍的一种猪瘟病型，其主要临床特征是缺乏典型猪瘟的临床表现，病猪体温微热或中热，大多在腹下有轻度的淤血或四肢发绀。有的自愈后出现干耳和干尾，甚至皮肤出现干性坏疽而脱落。这种类型的猪瘟病程 1～2 个月不等，甚至更长。有的猪有肺部感染和神经症状。新生仔猪常引起大量死亡。自愈猪变为侏儒猪或僵猪。

【病理变化】最急性型常无明显病变，仅能看到肾、淋巴结、浆膜、黏膜的小点出血。急性型死亡的病猪，主要呈现典型的败血症变化。全身淋巴结肿大，呈紫红色，切面周边出血，或红白相间，呈现大理石样病变。肾脏不肿大，土黄色，被膜下散在数量不等的小出血点。膀胱黏膜有针尖大小的出血点。脾脏不肿大，边缘有暗紫色的出血性梗死，有时可见脾脏被膜上有小米粒至绿豆大小的紫红色凸出物。皮肤、喉头黏膜、心外膜、肠浆膜等有大小不一、数量不等的出血斑点。盲肠、结肠黏膜出血，形成纽扣状溃疡。慢性型除具有急性型的剖检病变之外，较典型的病变是回盲口、盲肠和结肠的黏膜上形成大小不一的圆形纽扣状溃疡。该溃疡呈同心圆轮层纤维素性坏死，突出于肠黏膜表面，褐色或黑色，中央凹陷。

据报道，母猪在怀孕早期感染猪瘟病毒或用减毒不充分的弱毒苗接种，可引起死胎、滞留胎、木乃伊胎、弱胎和产出肌肉震颤的仔猪，剖检出现皮下水肿，腹腔积水，皮肤和肾脏有点状出血等。

【实验室检查】确诊可进行实验室检查。

1. 血液学检查

白细胞总数减少至 8000 以下，嗜中性白细胞相对增加，淋巴细胞减少；血小板由正常的 20 万～25 万降至 0.5 万～1 万以下。

2. 猪瘟兔化弱毒交互免疫试验

健康兔4只，试验和对照各半。将被检猪的脱纤血液或1：10稀释的脾毒乳剂5毫升，分别肌注2只试验兔，4～5天后，再分别给2只试验兔和2只对照兔耳静脉注射1：20稀释的猪瘟兔化弱毒疫苗1毫升，从此时起每隔6小时测温1次，连续3天。如果对照组体温升高0.5～1℃以上，而试验组体温正常，则为猪瘟。

3. 生物学试验

用于温和型猪瘟和慢性猪瘟的诊断。方法是将病猪血液、淋巴结或脾脏做成1：10乳剂，经过滤和青霉素、链霉素处理。取2毫升分别皮下接种于2头未注射过猪瘟兔化弱毒疫苗的易感健康猪。再以同样的方法和剂量注射于经过猪瘟兔化弱毒疫苗免疫的猪2头，若未免疫的猪出现猪瘟症状和病变，而对照猪不发病，即可确认为猪瘟。如两组均发病，则为另一种传染病。

4. 免疫琼脂扩散试验

是猪瘟生前快速诊断的一种较好的方法，将琼脂糖按1%浓度加入pH8.6的硼酸盐水缓冲液中煮沸溶解，倒入平皿制成2～4毫米厚的琼脂板，冷却后置4℃冰箱保存备用。临用时打孔，每皿打3～4组孔，每组中央打一孔，周围打6孔。各孔加入规定样品，同时设对照，在平皿上盖一层滤纸后盖盖，置湿盒内于30℃或室温48小时后以斜射光线于黑暗背景下观察中央孔与周围孔间有无白色沉淀线出现，最后判定结果。

5. 荧光抗体技术

荧光抗体技术主要用于快速检测猪瘟病毒抗体，分为直接法与间接法。

（1）直接法　用病料（如扁桃体、淋巴结、脾等组织）做成压印片或切片，用荧光抗体与之作用后，在荧光显微镜下检查特异性荧光。此法简便快速，但应注意非特异性反应。如果检测结果可疑，则可将病料接种猪肾细胞（PK-15），然后经荧光抗体证实。

（2）间接法　用猪瘟抗体血清与病料涂片或切片反应，再用羊抗猪（或兔抗猪）荧光素标记的二抗与之作用30分钟后，经漂洗、晾干、封片后在荧光显微镜下观察特异性荧光。此外，本法也可用于检测细胞培养物。

【类症鉴别】

1. 猪瘟与急性猪丹毒的鉴别

〔相似点〕猪瘟与急性猪丹毒均有高热、精神萎靡、食欲下降、饮欲增加、皮肤表面有出血点等临床症状以及肠道、肺、肾出血等病理变化。

〔不同点〕猪丹毒的病原为猪丹毒杆菌，多在夏、秋多雨季节流行，3～10月龄的猪多发，病程短，急性死亡率高，体温很高，但仍有一定的食欲，眼睛清亮有神，步态僵硬，呼吸困难。皮肤发红，有的呈紫红色，指压褪色，疹块指压不褪色。有慢性关节炎。而猪瘟不分季节、不分月龄，传播快，发病率高，初期便秘后期腹泻。病猪常昏睡，病程较长。皮肤有紫红色斑点，指压不褪色。幼猪出现磨牙、站立不稳、阵发性痉挛等神经紊乱症状。猪丹毒胃和小肠有严重的充血和出血、红肿，脾肿大，呈樱桃红色。淋巴结充血肿大切面多汁，肾淤血肿大。青霉素、链霉素治疗等有显著疗效。而猪瘟脾有出血性梗死灶，回盲口有纽扣状溃疡，淋巴结潮红，周边出血呈大理石样花纹，肾灰黄色，并有许多小出血点，大肠充血、出血。无特效药物治疗。

2. 猪瘟与急性猪肺疫的鉴别

〔相似点〕猪瘟和急性猪肺疫均具有传染性，高热（体温41℃左右），绝食，精神沉郁，病初便秘，呼吸困难，喜伏卧，皮肤表面有出血斑点等临床症状；并均有肠道、心内膜出血等病理变化。

〔不同点〕猪肺疫的病原为巴氏杆菌，在气候和饲养条件剧变时多发（如秋末春初），中、小猪易发，发病率和病死率低，咽喉部急性肿胀，呼吸困难，呈现犬坐姿势，口鼻流泡沫。皮肤蓝紫色，或有少数出血点。初期便秘后期下痢。链霉素、土霉素和磺胺类药物均有效。而猪瘟不分季节和月龄，传播快，发病率高，初期便秘后期腹泻。病猪常昏睡，病程较长。皮肤有紫红色斑点，指压不褪色。无特效药物治疗。猪肺疫咽喉部肿胀出血，肺充血水肿，颌下淋巴结出血，切面呈红色，脾不肿大。皮下有大量胶冻样淡黄色或灰青色纤维性浆液，肺有纤维素炎，切面呈大理石样，胸膜与肺粘连，气管、支气管发炎且有黏液。而猪瘟有出血性梗死灶，回盲口有纽扣状溃疡，淋巴结潮红，周边出血呈大理石样花纹，肾灰黄色，并有许多小出血点，大肠充血、出血。

3. 猪瘟与败血型链球菌病的鉴别

〔相似点〕猪瘟和败血型链球菌病均有高热、精神沉郁、皮肤有出血斑点等临床症状，并均有内脏器官出血等病理变化。

〔不同点〕猪链球菌病的病原是 C、D、E、L 群链球菌。该病任何年龄都可感染，其中新生猪和哺乳仔猪最容易感染发病并且死亡率较高，其次是架子猪易感染，成年猪很少感染，多呈地方性流行。而猪瘟没有季节性和年龄性，任何猪群都可感染，但架子猪和怀孕母猪比较易感。猪链球菌病的皮肤症状特征是出现紫斑，部位相对集中于耳朵、四肢及腹下。败血型剖检可见全身器官充血、出血，并有化脓症状。病猪常伴发不同程度的关节炎。有神经症状的病例，脑和脑膜充血、出血，脑脊髓液增量、浑浊，脑实质有化脓性脑炎变化，用抗生素（青霉素、链霉素、土霉素、磺胺类药物）治疗有效。而猪瘟皮肤发红出现得较晚、发生面积较大，特征是点状出血。急性猪瘟的全身充血及出血都表现得非常明显，特别是全身的淋巴结边缘出血呈现大理石样变化是一大特征，脾脏有明显的梗死灶。慢性型猪瘟有在回盲结合部出现明显的纽扣状溃疡，病猪多无关节炎病，病程长，各种治疗无效。

4. 猪瘟与仔猪副伤寒的鉴别

〔相似点〕猪瘟与急性仔猪副伤寒均有高热、精神沉郁，喜伏卧，行走不稳等临床症状；并有肠道、心、肺膜出血等病理变化。

〔不同点〕仔猪副伤寒是由沙门菌引起的仔猪呈现急性、热性和败血性为主症的传染病。2～4 周龄的仔猪易感，虽无特定的季节性，但多发于阴雨潮湿季节。而猪瘟没有季节性和年龄性。仔猪副伤寒出现紫斑的主要部位是耳朵、鼻子和颈部，但猪瘟皮肤发红出现得较晚、发生面积较大，特征是点状出血。仔猪副伤寒急性型以败血症变化为主，肠系膜淋巴结索状肿大是其特点，慢性型主要表现为纤维素性坏死性肠炎。在盲肠和回肠末段可见不易剥离的糠麸样物。大部分病例肝脏可发现针尖大小的灰白色或灰黄色坏死灶。用抗生素（恩诺沙星、环丙沙星、黄连素等）治疗有效。而急性猪瘟的全身充血及出血都表现得非常明显，特别是全身的淋巴结边缘出血呈现大理石样变化是一大特征，脾脏有明显的梗死灶。使用抗生素治疗无效。

5. 猪瘟与弓形体病的鉴别

〖相似点〗猪瘟和弓形体病均有精神沉郁、体温升高、皮肤发红、黏膜发绀等临床症状。

〖不同点〗弓形体病的病原为弓形虫，特征性变化是皮肤大面积弥漫性出血，色泽由红变成蓝紫色。多数病例淋巴、肝脏、肾脏、脾脏有大小不等的灰黄色或灰白色米粒大小的坏死灶。肺膨胀不全，水肿，间质增宽呈半透明状，切面流出带泡沫样的液体。脾脏表面有丘状出血。而猪瘟皮肤的出血斑或出血点是散在的、孤立的。特征性的病理解剖变化是脾脏边缘梗死，淋巴结出血呈大理石样外观。盲、结肠，特别是回盲瓣坏死性溃疡。弓形虫病呼吸高度困难，磺胺类药治疗有效（磺胺类药物中以磺胺-6-甲氧嘧啶和复方新诺明的效果较好。磺胺-6-甲氧嘧啶剂量：60～80毫克/千克，每天1次，连用5天。复方新诺明剂量：0.01克/千克，每天1次，连用5天）。而猪瘟磺胺类药物治疗无效。

6. 猪瘟与附红细胞体病的鉴别

〖相似点〗猪瘟与附红细胞体病均有高热、精神沉郁，绝食、不愿活动、病初粪便成球并附有黏液，耳、腹下、腹股沟出现紫斑等临床症状。

〖不同点〗皮肤颜色变化上，两者都有暗紫色淤血，如果发现腹下、回盲部、两后腿内侧有出血斑点的多为猪瘟。从贫血及黏膜黄染上慢性猪瘟不是很明显，而一些附红细胞体病黄染明显；猪瘟除便秘外一般排暗绿色的稀便，而附红细胞体病多表现为便秘，粪便带黏液或鲜红色的血液，或酱红色稀粪；猪瘟病例尿液多排黄色或白色恶臭浑浊尿液，而附红细胞体一般为棕红色或酱油色尿液；慢性猪瘟后期体温一般可能在 39.5℃，而附红细胞体病则一直高烧不退；剖检猪瘟病例，可见淋巴结、肾脏、膀胱及喉头黏膜的出血，以及脾脏的梗死灶和回盲肠的扣状肿，而附红细胞体病虽肾脏也偶见出血变化，但不是出血点而是出血斑，且边沿呈锯齿状，颜色也不呈土黄色，一侧肾脏呈暗紫色，另一侧呈橘黄色，内脏的出血变化一般没有；附红细胞体病可以使用药物治疗，而猪瘟没有特效药物治疗。

7. 猪瘟与猪流感的鉴别

〔相似点〕猪瘟与猪流感均有高热、精神沉郁，不愿活动、行走不稳等临床症状；并有肠道出血等病理变化。

〔不同点〕猪流感的病原为 A 型流感病毒。病猪呼吸急促、急剧咳嗽，其间有喷嚏，口鼻流出泡沫样液体，结膜呈紫蓝色。剖检可见病变在呼吸道，出血严重，并附有大量泡沫，有时混有血液，喉头和气管内有泡沫性黏液，肺部呈紫色病变。猪瘟病猪眼角有多量黏脓性分泌物，有时将上下眼睑粘在一起。皮肤有散在的、孤立的出血斑或出血点。剖检病变在消化道及全身败血型变化。

【防制】

1. 预防措施

（1）做好免疫注射　我国研制及广泛使用的猪瘟兔化弱毒疫苗成本低、效果好，是预防猪瘟的有效方法（建议使用单苗）。

① 在无猪瘟发生的猪场，仔猪可在 60 日龄免疫接种 2 头份猪瘟疫苗，可维持到出栏，种猪每年定期免疫 2 次，剂量为 4 头份肌内注射。要做到头头注射、个个免疫，并做好春秋季未注射猪只的补针工作。

② 对散发猪瘟发生的猪场，由于母源抗体的存在，仔猪于生后 20 日龄免疫 4 头份猪瘟疫苗，60 日龄再补注 2 头份疫苗；种公猪每年春秋 2 次免疫，每头每次肌注 4 头份（600 个免疫剂量）猪瘟兔化弱毒疫苗。仔猪离乳后，给母猪肌注 4～6 头份猪瘟兔化弱毒疫苗。

③ 对严重发生的猪场，采用超前免疫方法。即在仔猪出生后及未吃初乳之前，肌注 2 头份（300 个免疫剂量）猪瘟兔化弱毒疫苗，1～1.5 小时后，再让仔猪吃母乳。35 日龄前后强化免疫 4 头份，免疫期可达 1 年以上。

④ 对于正在发生猪瘟的猪场，采用超剂量免疫。立即紧急注射 4 头份猪瘟疫苗。

（2）坚持自繁自养　减少猪只流动，防止疫病发生。如需从外单位引入种猪时，应从健康无病的猪场引进。在场外隔离 1 个月以上，并进行猪瘟疫苗注射，经观察确实无病，才可混入原猪群饲养。

（3）加强集市管理和运输检疫工作　杜绝病猪在集市出售、收购和运输。生猪交易市场、猪库、屠宰场等猪只集中的场所，特别要加强兽医卫生检查工作。

2. 发病后措施

（1）认真检查　病猪和可疑病猪立即隔离饲养，由专人负责管理；病死的猪应深埋，不许乱扔。急宰猪应在指定地点进行，病猪肉须彻底煮熟后方可利用；对污染的废物、带毒的废水应采取深埋、消毒等措施；工作人员要严格消毒，防止疫情扩散。

（2）紧急接种　对疫区、疫场未发病的猪只，用 4 头份猪瘟兔化弱毒疫苗进行紧急接种，5～7 天产生免疫力。经验证明，采取紧急接种的方法，能有效地制止新的病猪出现，缩短流行过程，减少经济损失，是防制猪瘟流行的切实可行的积极措施。

（3）消毒　对污染猪舍、运动场和用具进行彻底的清洗消毒。清洗、消毒处理后的病猪圈，须空 15 天后，才能放入健康猪饲养。

（4）治疗　常用于优良的种猪或温和型猪瘟。

处方 1：抗猪瘟高免血清，1 毫升/千克体重，肌注或静注。或苗源抗猪瘟血清，2～3 毫升/千克体重，肌注或静注。

处方 2：猪瘟兔化弱毒疫苗 20～50 头份，分 2～3 点肌注，2 天 1 次，注射 2 次。卡那霉素，20 毫克/千克体重，每天 1 次。该方对 35 千克以上的病猪有一定的疗效。

处方3：黄连15克，黄柏、黄芩、连翘、扁豆各20克，金银花25克，煎水滤渣，取液内服，每天1剂，连用2～3剂。或大黄、厚朴、枳实、金银花各25克，玄参、连翘各20克，芒硝30克，麦冬15克，石膏100克，共研末拌饲料喂患猪，每猪每次15～20克，每天2次，连用2～3天。

处方4：皮硝120克，土狗子7个，将土狗子捣烂，先服皮硝，后服土狗子，连用2剂。

处方5：鸭胆、芦荟各15克，苦参、金果榄各20克，共研末，用冷开水送服，连用2次。

二、口蹄疫

口蹄疫是由口蹄疫病毒引起的，主要侵害猪、牛、羊等偶蹄兽的一种急性和高度接触性传染病。临床上以口腔黏膜、蹄部及乳房皮肤发生水疱和溃烂为特征。

【病原】口蹄疫病毒属于微小RNA病毒科的鼻病毒属，共有7个主要的抗原性血清型。每一类型又分若干亚型，各型之间的抗原性不同，不同型之间不能交叉免疫，但症状和病变基本一致。病毒广泛存在于病畜的组织中，特别是水疱及淋巴液中。病毒对外界环境的抵抗力很强，当温度低于-20℃时，可保存数年，4～7℃时也可存活数周（当pH小于4.0或大于9时，可被迅速灭活）；紫外线（波长256纳米）可迅速灭活；自然条件下多因高温及强烈的太阳辐射而失活。1%～2%的火碱液、3%～5%的福尔马林、0.2%～0.3%的过氧乙酸等消毒药液对本病毒有较好的消毒效果。

【流行病学】猪对口蹄疫特别易感，年幼的仔猪发病率最高，病情重，死亡多。病畜和带毒动物是传染源，尤其是发病初期的病畜传染力极强。病畜的各种分泌物和排泄物，特别是水疱破裂以后流出的液体都含有病毒，这些病毒污染环境，再感染健康动物。通过直接或间接接触，病毒可进入易感动物的消化道、呼吸道和损伤的皮肤、黏膜、眼结膜，均可引起发病。如皮肤、黏膜感染，病毒先在侵入部位的表皮和真皮细胞内复制，使上皮细胞发生水疱变性和坏死，以后细胞间隙出现浆液性渗出物，从而形成一个或多个水疱，称为原发性水疱液，病毒在其中大量复制，并侵入血流，出现病毒血症，导致体温升高等全身症状。最危险的传播媒介是病猪肉及其制品，还有泔水，其次是被病毒污染的饲养管理用具和运输工具。传播性强，流行猛烈，常呈流行性发生。动物长途运输、大风天气，病毒可跳跃式向远处传播。多发生于冬春季，到夏季往往自然平息。

【临床表现】潜伏期1～2天，病猪以蹄部水疱为主要特征，病初体温升高至40～41℃，精神不振，食欲减退或不食，蹄冠、趾间出现发红、微热、敏感等症状，不久形成黄豆大、蚕豆大的水疱，水疱破裂后表面形成出血烂斑，引起蹄壳脱落。患肢不能着地，常卧地不起。病猪乳房也常见到斑，尤其是哺乳母猪，乳头上的皮肤病灶较为常见。其他部位皮肤上的病变少见。有时有流产、乳腺炎及慢性蹄变形。吃奶仔猪的口蹄疫，通常突然发病，角弓反张，口吐白沫。倒地四肢划动，尖叫后突然死亡。病程稍长者可见到口腔、齿龈及舌上有水疱和糜烂；病死率可达60%～80%。

【病理变化】皮肤型黏膜（唇、舌、颊、脐、前消化道黏膜、呼吸道黏膜）及毛少皮肤（口角、鼻盘、乳房、蹄间隙）等地方出现水疱。水疱液初期半透明，淡黄色，后由于局部上皮细胞变性、崩解、白细胞渗出而变成浑浊的灰色。水疱发生糜烂，大量水疱液向外排出，轻者可修复，局部上皮细胞再生或结缔组织增生形成疤痕，如严重或继发感染，病变可深层发展，形成溃疡。有的恶性病例主要损伤心肌（"虎斑心"）和骨骼肌。镜下见心肌纤维肿大，有的出现变性、坏死、断裂，进一步溶解、钙化。间质充血，水肿，淋巴细胞增生或浸润，导致以坏死为主的急性坏死灶性心肌炎。

【实验室检查】病毒分离鉴定和血清学检查。

【类症鉴别】

1. 猪口蹄疫与水疱性口炎的鉴别

〖相似点〗猪口蹄疫病与水疱性口炎病均出现潜伏期短，精神沉郁，食欲减退，体温升高，口腔和蹄部出现水疱，水疱破裂后显露溃疡面，病猪跛行，不愿站立，饮食困难等临床症状；并且都可以感染牛、羊、猪以及人。

〖不同点〗水疱性口炎是由弹状病毒科水疱性病毒属的水疱性口炎病毒感染引起的，以口腔黏膜、蹄尖部（蹄冠部较少发生）和乳房皮肤发生水疱和溃烂为特征。而口蹄疫以口腔黏膜、舌、唇、乳头和蹄冠部上皮发生水疱为特征。猪水疱性口炎多发于夏季及秋初，发病率低，病死率低。而猪口蹄疫可跳跃式发生，没有严格的季节性，传染性强，发病率高，幼畜死亡率高。猪水疱性口炎病初体温升高（40～41℃），随后在病猪鼻部、唇部、舌、口腔黏膜出现水疱，破溃，蹄叉溃疡病灶扩大，可使蹄壳脱落，露出鲜红色血面，跛行。体表水疱性病变是该病的主要变化，内脏的病理变化不明显。而猪口蹄疫病猪体温升高（41℃以上），蹄冠部皮肤潮红、肿胀，出现水疱、跛行、疼痛、蹄壳脱落、跪行、卧地不起。肠黏膜严重出血，心包膜有弥散性和点状出血，心肌切面有灰白色或淡黄色斑点或条纹（虎斑心），心肌松软，黄褐色，似煮肉样。

动物接种试验，把病猪的水疱液取出，加 5 倍量的生理盐水，给牛肌内注射不发病，给牛的舌面注射发病，出现水疱，诊断为水疱性口炎。给牛肌内注射和舌面注射均发病，出现水疱，诊断为口蹄疫。

2. 猪口蹄疫与猪水疱病的鉴别

〖相似点〗猪口蹄疫与猪水疱病在临床症状上都会出现潜伏期短，精神沉郁，食欲减退，口腔和蹄部出现水疱，水疱破裂后显露溃疡面，病猪跛行，不愿站立，饮食困难等。

〖不同点〗猪水疱病的病原是猪水疱病毒。只感染猪，不感染牛和羊。发病率高（达 70%～80%），死亡率低。而口蹄疫不仅感染猪，牛、羊也有感染。发生没有严格的季节性，传染性强，发病率高，幼畜死亡率高。猪水疱病以蹄部皮肤发生红肿、水疱（挑破水疱一般不会那么疼）、糜烂、结痂为主征。口、鼻盘、乳房也可发生水疱。病猪 7 天左右康复，最长 15 天康复。水疱病很少发热，发热也不严重。无"虎斑心"样变化和胃肠黏膜病变。而口蹄疫口腔黏膜和蹄冠、蹄叉、蹄踵处先发红、热痛，后形成米粒大小的水泡（如果挑破脓疱，触及感染面猪会很疼，尖叫），逐渐增大，互相融合至蚕豆大，破裂后表面出血，形成暗红色糜烂面，无感染，7 天左右可结痂而愈，若继发感染，可引起化脓至蹄壳脱落。鼻盘也可发生水疱。哺乳母猪的乳房表面也可发生水疱和糜烂、结痂。猪口蹄疫经常发热，会因诱发心肌炎导致仔猪死亡，会引起顽固性出血性坏死性肠炎，在剖检时有"虎斑心"样变化。动物接种试验，将病料分别接种 1～2 日龄和 7～9 日龄乳小鼠，1～2 日龄乳小鼠死亡、7～9 日龄乳小鼠未死亡为猪水疱病，两者都死亡为口蹄疫。或将病料在 pH3～5 缓冲液中处理后，接种 1～2 日龄乳小鼠，死亡者为猪水疱病，不死者为口蹄疫。或把病猪的水疱液取出，加 5 倍量的生理盐水，给牛肌内注射和舌面注射均不发病，诊断为猪水疱病，给牛肌内注射和舌面注射均发病，出现水疱，可诊断为口蹄疫。

3. 猪口蹄疫与猪水疱疹的鉴别

〖相似点〗猪口蹄疫与猪水疱疹均有高热及在病猪口鼻、乳腺和蹄部出现水疱性的病变。

〖不同点〗猪水疱疹是由水疱性疹病毒引起的一种急性发热传染病，从消化道传染，因食入含病毒的肉类下脚料而致病，污染的泔水也能散播此病。仅发生于猪，偶见于马和狗，不传染牛和羊。而口蹄疫是由口蹄疫病毒引起偶蹄动物发病，呈急性、热性、高度接触性传染，发生没有严格的季节性，传染性强，发病率高，幼畜死亡率高，牛羊可以发生。猪水疱疹持续高热（24～72 小时，体温达 40.6～41.8℃），猪体无毛部分的皮肤和口腔黏膜以及蹄部发生水疱性炎症，不久破裂形成糜烂，又迅速恢复，传染快，死亡率低。而猪口蹄疫病猪体温升高（41℃以上），以口腔黏膜、蹄部和乳房皮肤发生水疱和溃烂为特征，哺乳仔猪出现急性胃、急性心肌炎或四肢麻痹，衰弱死亡，死亡率可达 80% 以上。猪水疱疹的主要病变是水疱，开始是皮肤小面积变白，进而形成苍白色隆起，并随着水疱的形成而扩大。上皮与基底层分离，形成一个有破裂上皮碎片的红色病灶。病变通常被粪便污染，从而导致条件菌继发感染。蹄部病变常伴有蜂窝织炎，持续水肿，导致跛行。而猪口蹄疫主要溃烂蹄部，口腔黏膜、鼻镜、乳房等部有溃疡，呈黑棕色。肠黏膜严重脱落，心包膜有弥散性和点状出血，心肌切面有灰白色或淡黄色斑点或条纹（虎斑心），心肌松软，黄褐色，似煮肉样。

4. 猪口蹄疫与猪痘的鉴别

〔相似点〕猪口蹄疫与猪痘都是急性、热性和高度接触性传染病，均有体温升高、食欲下降以及皮肤病变。

〔不同点〕猪痘是由猪痘病毒和痘苗病毒感染引起的，以皮肤上发生典型的丘疹和痘疹为特征，一年四季均可发病，以4～6周龄的仔猪多见，通过伤口或媒介（由猪血虱传播，但蚊蝇等也有传播作用）传染。而口蹄疫是由口蹄疫病毒引起偶蹄动物发病，呈急性、热性、高度接触性传染，发生没有严格的季节性，传染性强，发病率高，幼畜死亡率高，牛羊可以发生。猪痘鼻、眼有分泌物。躯干的下腹部和肢内侧以及背部或体侧部等部位出现痘疹。刚开始痘疹为深红色的硬结节，突出于皮肤表面，略呈半球状，表面平整，未见到水疱即形成脓疱，并结成棕黄色的痂，痂脱落后可见白色的斑块。多为良性经过，愈后良好。若有继发感染（易继发胃肠炎、肺炎，引起败血症，导致死亡），幼龄猪死亡较高。而猪口蹄疫主要溃烂蹄部，口腔黏膜、鼻端、乳房等部有溃疡，呈黑棕色。

5. 猪口蹄疫与猪渗出性皮炎的鉴别

〔相似点〕猪口蹄疫与猪渗出性皮炎均有皮肤病变。

〔不同点〕猪渗出性皮炎是由白色葡萄球菌所致的一种仔猪高度接触性皮肤疾病，多见于5～6日龄的仔猪。病初首先在肛门和眼睛周围、耳郭和腹部等无被毛处皮肤上出现红斑，发生3～4毫米大小的微黄色水疱。后迅速破裂，渗出清朗的浆液或黏液，与皮屑、皮脂和污垢混合、干燥后形成微棕色鳞片状结痂，发痒。痂皮脱落，露出鲜红色创面。严重病例于发病后4～6天死亡。也可发生在较大仔猪、育成猪或者是母猪乳房上，但病理变化轻微，无全身临诊症状。病原检查时，采取脓汁或败血症病例的血液、肝、脾等涂片，革兰氏染色后镜检，依据细菌形态、排列和染色特性可做出诊断，必要时进行细菌分离培养。猪口蹄疫全身临诊症状明显，体温升高，主要溃烂蹄部，口腔黏膜、鼻端、乳房等部有溃疡，呈黑棕色。肠黏膜严重脱落，心包膜有弥散性和点状出血，心肌切面有灰白色或淡黄色斑点或条纹（虎斑心）。

【防制】

1. 预防措施

（1）严格封锁及消毒　发现本病后，应迅速报告疫情，划定疫点、疫区，及时严格封锁。

（2）提高机体抵抗力　加强饲养管理，饲料或饮水中添加黄芪多糖可溶性粉。

（3）预防接种　对受威胁区的易感畜进行紧急预防接种，可选用猪 O 型口蹄疫细胞毒二乙烯亚胺灭活油佐剂疫苗，猪耳根后部肌内注射，10～25 千克，2 毫升/头；25 千克以上，3 毫升/头，注苗后第 10 天产生免疫力，免疫期达 9 个月，保护率达 90% 以上。

2. 发病后措施

发现本病后，病畜及同群畜应隔离急宰。同时，对病畜舍及受污染的场所、用具等彻底消毒，对受威胁区的易感畜进行紧急预防接种，在最后一头病畜痊愈或屠宰后 14 天内，未再出现新的病例，经大消毒后可解除封锁。对猪舍、场地和用具等彻底消毒。粪便堆积发酵处理，或用 5% 氨水消毒。

处方 1：①局部以 3% 硼酸水、食醋或 0.1% 高锰酸钾溶液洗漱患部，口腔和乳房以碘甘油或冰硼散涂布，定时挤奶以防发生乳腺炎；蹄部擦干后，以鱼石脂软膏涂布。②病猪以板蓝根注射液 10～20 毫升/(次·头)，肌内注射，2 次/天，可获较好的效果。

处方 2：①局部治疗同处方 1。②高免血清 1.5～2 毫升/千克体重，肌内注射，1 次/天，连用 3 天。病初使用高免血清，治疗效果较好，但价格较高。③口服结晶樟脑粉，3～5 克/(头·次)，2 次/天，效果良好。

处方 3：①局部治疗同处方 1。②中药贯众散 4～6 千克拌料 1000 千克，全群喂给，连用 3～5 天。③1‰黄芪多糖注射液，青年猪 0.2 毫升/(千克体重·次)，仔猪 3～5 毫升/(头·次)，肌内注射，1 次/天，连用 3～5 天。④猪用干扰素（200 万活性单位/毫升），30 日龄以前 0.5 毫升/(头·次)，30～70 日龄 0.75 毫升/(头·次)，70 日龄以上 1 毫升/(头·次)，肌内注射，连用 3 天。

处方 4：贯众 20 克，木通 15 克，桔梗 12 克，赤芍 12 克，生地 7 克，花粉 10 克，连翘 15 克，大黄 12 克，丹皮 10 克，甘草 10 克，共研末，加蜂蜜 130 克，内服，每天 1 剂，连用 5 天，可以收到一定的效果。

三、猪水疱病

猪传染性水疱病是由水疱病毒引起的一种极似口蹄疫、热性、接触性传染病。其主要特征是患猪蹄、鼻、口腔、皮肤出现水疱。

【病原】猪水疱病的病毒呈球形，由裸露的二十面体对称的衣壳和含有单股 RNA 的核心组成，无囊膜。有一个血清型。本病毒对环境和消毒药有较强的抵抗力，50℃经 30 分钟仍不失感染力，60℃经 30 分钟和 80℃经 1 分钟可灭活，在低温中可长期保存。病毒在污染的猪舍内可存活 8 周以上。病毒对乙醚有抵抗力，对酸不敏感。消毒药以 5％氨水、10％漂白粉液、3％福尔马林和 3％的热氢氧化钠溶液效果较好。

【流行病学】本病自然流行只感染猪，其他动物不感染。发病无明显的季节性，多发于猪高度集中、饲养密度大且地面潮湿的地方，在分散饲养的情况下，极少引起流行。传染途径主要有消化道、呼吸道、皮肤和黏膜。发病后的患猪及其产品是主要的传染源。病猪的新鲜粪、尿，以及被病毒污染后的运输工具、饲料和水均是传播媒介。

【临床症状】潜伏期一般为 2～5 天，成年猪的发病率高于仔猪。病初只有少数病猪可见体温升高，在蹄冠、蹄叉、蹄底或副蹄出现一个或几个黄豆至蚕豆大的水疱，随后融合在一起，充满透明的液体，1～2日后水疱破裂，形成溃疡面，病猪疼痛加剧，不易行走，严重者蹄壳脱落，卧地不起。少数病猪的鼻盘、口腔和乳头周围也会出现水疱。一般病程10天左右，然后自然康复。

【病理变化】剖检病变主要在蹄部。口腔和鼻端出现水疱、溃疡等病变，内脏器官一般无明显变化，有的仅见有局部淋巴结出血或偶尔可见到心内膜有条纹状出血。

【类症鉴别】

1. 猪水疱病与猪口蹄疫的鉴别

〖相似点〗猪水疱病与猪口蹄疫在临床症状上均出现潜伏期短，精神沉郁，食欲减退，口腔和蹄部出现水疱，水疱破裂后显露溃疡面，病猪跛行，不愿站立，饮食困难等。

〖不同点〗猪口蹄疫的病原为口蹄疫病毒，不仅感染猪，牛、羊也有感染。发生没有严格的季节性，传染性强，发病率高，幼畜死亡率高。口腔黏膜和蹄冠、蹄叉、蹄踵处先发红、热痛，后形成米粒大小的水疱（如果挑破脓疱，触及感染面猪会很疼，尖叫），逐渐增大，互相融合至蚕豆大，破裂后表面出血，形成暗红色糜烂面。哺乳母猪的乳房表面也可发生水疱和糜烂、结痂。猪口蹄疫经常发热，会因诱发心肌炎导致仔猪死亡，会引起顽固性出血性坏死性肠炎，在剖检时有"虎斑心"样变化。用病料接种1～2日龄与7～9日龄乳小鼠，两组均死亡。猪水疱病只感染猪，不感染牛和羊。发病率高（达70％～80％），死亡率低。以蹄部皮肤发生红肿、水疱（挑破水疱一般不会那么疼）、糜烂、结痂为主征。口、鼻盘、乳房也可发生水疱。很少发热，发热也不严重。无"虎斑心"样变化和胃肠黏膜病变。将病料分别接种1～2日龄和7～9日龄乳小鼠，1～2日龄乳小鼠死亡，7～9日龄乳小鼠未死亡。

2. 猪水疱病与猪水疱性口炎的鉴别

〖相似点〗猪水疱病与猪水疱性口炎均有精神沉郁，体温升高，食欲不振，口腔出现水疱等临床症状。

〖不同点〗猪水疱性口炎的病原为水疱性口炎病毒，多种动物均易感染，多发于夏季和秋初。病猪先在口腔发生水疱，随后蹄冠和趾相继发生水疱，水疱数较少。用动物接种 2 日龄和 7～9 日龄乳小鼠、乳兔，仅乳兔无反应。用间接酶联免疫吸附法（间接 ELISA）检测水疱性口炎抗体是一种快速准确和高度敏感的检测方法。猪水疱病只感染猪，无明显的季节性。在蹄冠、蹄叉、蹄底或副蹄出现一个或几个黄豆至蚕豆大的水疱，随后融合在一起，充满透明的液体，1～2 日后水疱破裂，形成溃疡面。

3. 猪水疱病与猪水疱性疹的鉴别

〖相似点〗猪水疱病与猪水疱性疹均有精神沉郁，体温升高，食欲不振，口腔和蹄部出现水疱等临床症状。

〖不同点〗猪水疱性疹的病原为水疱性疹病毒。持续高热（24～72 小时，体温达 40.6～41.8℃），猪体无毛部分的皮肤和口腔黏膜以及蹄部发生水疱性炎症，不久破裂，形成糜烂，又迅速恢复，传染快，死亡率低。而猪水疱病的主要病变是水疱，开始是皮肤小面积变白，进而形成苍白色隆起，并随着水疱的形成而扩大。上皮与基底层分离，形成一个有破裂上皮碎片的红色病灶。猪水疱病一年四季均有发生，以猪只密集、调动频繁的猪场传播较快。病猪先在蹄部发生水疱，随后仅少数病例在口、鼻发生水疱，舌面罕见水疱。

4. 猪水疱病与猪渗出性皮炎的鉴别

〖相似点〗猪水疱病与猪渗出性皮炎均有皮肤病变。

〖不同点〗猪渗出性皮炎的病原是白色葡萄球菌。多发于 5～6 日龄的仔猪。病初首先在肛门和眼睛周围、耳郭和腹部等无被毛处皮肤上出现红斑，发生 3～4 毫米大小的微黄色水疱。后迅速破裂，渗出清朗的浆液或黏液，与皮屑、皮脂和污垢混合、干燥后形成微棕色鳞片状结痂，发痒。痂皮脱落，露出鲜红色创面。也可发生在较大仔猪、育成猪或者是母猪乳房上，但病理变化轻微，无全身临诊症状。病原检查时，采取脓汁或败血症病例的血液、肝、脾等涂片，革兰氏染色后镜检，依据细菌形态、排列和染色特性可做出诊断，必要时进行细菌分离培养。猪水疱病病猪先在蹄部发生水疱，随后仅少数病例在口、鼻发生水疱，全身临诊症状明显。

【防制】

1. 预防措施

加强检疫、隔离、封锁措施。收购和调运生猪时应逐头检查，如发现病猪，就地处理，不能调出，严禁病猪和同群猪上市。猪群患病要严格封锁，封锁期一般以最后一头猪治愈后3周才能解除。病猪肉及其头、蹄不准鲜销上市，应做高温处理。不要从疫区调入猪只及其肉产品；用泔水和屠宰下脚料喂猪时，必须经过煮沸消毒；注意环境的卫生和消毒，消毒液应选用5%氨水、10%漂白粉溶液、3%热火碱水，热溶液比冷溶液的效果好。

2. 发病后措施

蹄部等病变的治疗方法同口蹄疫。

四、猪水疱性口炎

猪水疱性口炎是由水疱性口炎病毒引起的一种极似口蹄疫、传染性水疱病的急性、热性、接触性传染病。其主要特征是患猪口腔、鼻盘及蹄部出现水疱。

【病原】水疱性口炎病毒属于弹状病毒科水疱性口炎病毒属的弹状RNA型病毒。该病毒对乙醚敏感，不耐热，58℃30分钟可灭活，在直射阳光或紫外线照射下迅速死亡，在4～6℃的土壤中能长期存活；在pH4～10之间表现稳定；2%氢氧化钠或1%的福尔马林能于数分钟内杀灭病毒。

【流行病学】在自然环境条件下，以牛、马、猪较易感，羊、犬、兔不易得病。一般通过唾液和水疱液传播，但传染强度不如口蹄疫，传染途径主要是损伤黏膜和消化道。发病有明显的季节性，常在昆虫活跃的5～10月，以8～9月为流行高峰。

【临床症状】自然感染的潜伏期为3～5天。病猪先体温升高，精神沉郁，食欲减退，经过1～2天，口腔和蹄部出现水疱，多发生于舌、唇部、鼻端及蹄叉部。水疱内含黄色透明液体，水疱破裂后显露溃疡面，体温降至正常或偏高，蹄部病变严重的可出现跛行，不愿站立。如无继发感染，创面较快地形成痂块，多为良性经过，一般在 7～10 天内康复；如继发感染，则出现蹄匣脱落，露出鲜红样出血面，不能站立，有的呈犬坐姿势。

【病理变化】剖检时内脏器官无明显的变化，只是在口腔、蹄部出现水疱疹或溃疡面等。

【类症鉴别】

1. 猪水疱性口炎与猪口蹄疫的鉴别

〖相似点〗猪水疱性口炎与猪口蹄疫均有潜伏期短，精神沉郁，食欲减退，体温升高，口腔和蹄部出现水疱，水疱破裂后显露溃疡面，病猪跛行，不愿站立，饮食困难等临床症状；并且都可以感染牛、羊、猪以及人。

〖不同点〗猪口蹄疫是由口蹄疫病毒感染引起的，一般发病多在冬季、早春寒冷季节，传染迅速，常为大流行。病猪体温升高（41℃以上），蹄冠部皮肤潮红、肿胀，出现水疱、跛行、疼痛、蹄壳脱落、跪行、卧地不起。肠黏膜严重出血，心包膜有弥散性和点状出血，心肌切面有灰白色或淡黄色斑点或条纹（虎斑心）。口蹄疫血清有保护作用。猪水疱性口炎发病有明显的季节性，常在昆虫活跃的 5～10 月，以 8～9 月为流行高峰。病初体温升高（40～41℃），随后在病猪鼻部、唇部、舌、口腔黏膜出现水疱，破溃，蹄叉溃疡病灶扩大，可使蹄壳脱落，露出鲜红色血面，跛行。体表水疱性病变是该病的主要变化，内脏的病理变化不明显。

动物接种试验，把病猪的水疱液取出，加 5 倍量的生理盐水，给牛肌内注射不发病，给牛的舌面注射发病，出现水疱，诊断为水疱性口炎。给牛肌内注射和舌面注射均发病，出现水疱，诊断为口蹄疫。

2. 猪水疱性口炎与猪水疱病的鉴别

〖相似点〗猪水疱性口炎与猪水疱病均有精神沉郁，体温升高，食欲不振，口腔出现水疱等临床症状。

〖不同点〗猪水疱病是由水疱病毒感染引起的（仅猪感染），一年四季均有发生，以猪只密集、调动频繁的猪场传播较快。病猪先在蹄部发生水疱，随后仅少数病例在口、鼻发生水疱，舌面罕见水疱。接种 2 日龄和 7～9 日龄乳小鼠及乳兔，7～9 日龄乳小鼠不发病，2 日龄乳小鼠及乳兔发病。猪水疱性口炎多种动物均易感染，多发于夏季和秋初。病猪先在口腔发生水疱，随后蹄冠和趾相继发生水疱，水疱数较少。用动物接种 2 日龄和 7～9 日龄乳小鼠和乳兔，仅乳兔无反应。

3. 猪水疱性口炎与猪水疱性疹的鉴别

〖相似点〗猪水疱性口炎与猪水疱性疹均有精神沉郁，体温升高，食欲不振，口腔出现水疱等临床症状。

〖不同点〗猪水疱性疹的病原为水疱性疹病毒，仅感染猪。病猪有时在腕前、跗前皮肤出现水疱，水疱较大，大者直径 30 毫米。用病料接种 2 日龄和 7～9 日龄乳小鼠和乳兔均不发病。猪水疱性口炎多种动物均易感染。病猪先在口腔发生水疱，随后在蹄冠和趾相继发生水疱，水疱数较少。用动物接种 2 日龄和 7～9 日龄乳小鼠和乳兔，仅乳兔无反应。

【防制】

1. 预防措施

在疫区可使用本地病畜组织和血制备的结晶紫甘油疫苗或鸡胚结晶紫甘油疫苗进行预防接种。疫区要严格封锁，用具与运输工具要彻底消毒，消毒液可用 2% 氢氧化钠等。

2. 发病后措施

本病无特效的治疗方法，当无并发症时，由于其病情轻微和病程持续时间不长，一般只需要采取保守治疗和加强护理即可很快痊愈，治疗可参考猪水疱病。

五、猪水疱性疹

猪水疱性疹是由水疱性疹病毒引起的一种急性、热性传染病，其临床特征是口、蹄部发生水疱性炎症，破后形成溃疡，很快痊愈，死亡率低。

【病原】猪水疱性疹病毒属于 RNA（核糖核酸）病毒科，嵌杯病毒属，已发现有 15 个血清型，不能交叉免疫，常见的有 A、B、

C、D 四型，病毒的抵抗力与口蹄疫相类似，但对高温的抵抗力弱。

【流行病学】病猪和带毒猪是主要的传染源，喂污染的泔水能使该病传播。自然情况下，只感染猪。

【临床症状】本病的潜伏期一般为 1~4 天。病初体温升高，数天后鼻盘、唇、口腔、蹄部出现水疱，有的蹄部肿胀，疼痛严重，行动不便，以膝着地或卧地不起，严重者蹄壳脱落。哺乳母猪的乳头也能发生水疱。口腔发炎时有流涎、厌食。少数病例可见腹泻，孕猪流产，哺乳母猪乳汁减少。

【病理变化】主要的病变是在患部出现原发性或继发性的水疱，特别是口腔黏膜、蹄部的水疱更具特征。由于上皮的受损，使上皮细胞核崩解或皱缩。病变部有的局部坏死，病变周围细胞变性、水肿，有的皮下组织充血，真皮层有大量多形核白细胞浸润。

【类症鉴别】

1. 猪水疱性疹与猪口蹄疫的鉴别

〖相似点〗猪水疱性疹与猪口蹄疫均有精神沉郁，体温升高，食欲不振，口腔和蹄部出现水疱等临床症状。

〖不同点〗猪口蹄疫的病原是口蹄疫病毒，多发生于秋、冬、春等寒冷季节，常呈大流行。病猪体温升高，溃烂蹄部，口腔黏膜、鼻端、乳房等部有溃疡，呈黑棕色。肠黏膜严重脱落，心包膜有弥散性和点状出血，心肌切面有灰白色或淡黄色斑点或条纹（虎斑心）。病料接种 2 日龄、7~9 日龄乳小鼠及乳兔均发病。猪水疱性疹仅发生于猪，偶见于马和狗。不传染牛和羊。猪体无毛部分的皮肤和口腔黏膜以及蹄部发生水疱性炎症，不久破裂形成糜烂，又迅速恢复，传染快，死亡率低。主要病变是水疱，开始是皮肤小面积变白，进而形成苍白色隆起，并随着水疱的形成而扩大。上皮与基底层分离，形成一个有破裂上皮碎片的红色病灶。用病料接种 2 日龄和 7~9 日龄乳小鼠和乳兔均不发病。

2. 猪水疱性疹与猪水疱病的鉴别

〖相似点〗猪水疱性疹与猪水疱病均有精神沉郁，体温升高，食欲不振，口腔和蹄部出现水疱等临床症状。

〖不同点〗猪水疱病的病原是水疱病毒，只感染猪，在猪只密集、调动频繁的猪场传播快，病猪先在蹄部发生水疱，随后仅少数病例在口、鼻发生水疱，舌面罕见水疱。病料接种 2 日龄、7～9 日龄乳小鼠及乳兔，7～9 日龄乳小鼠不发病，其余发病。猪水疱性疹仅发生于猪，偶见于马和狗。猪体无毛部分的皮肤和口腔黏膜以及蹄部发生水疱性炎症，不久破裂形成糜烂，又迅速恢复。主要病变是水疱，开始是皮肤小面积变白，进而形成苍白色隆起，并随着水疱的形成而扩大。上皮与基底层分离，形成一个有破裂上皮碎片的红色病灶。用病料接种 2 日龄和 7～9 日龄乳小鼠和乳兔均不发病。

3. 猪水疱性疹与猪水疱性口炎的鉴别

〖相似点〗猪水疱性疹与猪水疱性口炎均有精神沉郁，体温升高，食欲不振，口腔出现水疱等临床症状。

〖不同点〗猪水疱性口炎的病原是猪水疱性口炎病毒，可感染多种动物。病猪先在口腔发生水疱，随后在蹄冠和趾相继发生水疱，水疱数较少。用病料接种 2 日龄和 7～9 日龄乳小鼠和乳兔，仅乳兔无反应。猪水疱性疹仅感染猪。病猪有时在腕前、跗前皮肤出现水疱，水疱较大，大者直径 30 毫米。用病料接种 2 日龄和 7～9 日龄乳小鼠和乳兔均不发病。

【防制】目前尚无疫苗，主要是依靠封锁、隔离消毒来控制。病猪及其产品不得移动，凡与病猪接触过的运输工具和用具消毒后方能使用。泔水必须煮熟后再喂，消毒药以 2%氢氧化钠为佳。

六、猪痘

猪痘是由猪痘病毒引起的一种急性、热性传染病，其特征为在病猪皮肤和某些部位的黏膜上出现痘疹。

【病原】猪痘的病原为两种形态近似的病毒，一种是猪痘病毒，属痘病毒科猪痘病毒属的成员；另一种是痘苗病毒，属正痘病毒属的成员。前者是发生猪痘的主要病原。病毒粒子为砖形或椭圆形，基因组为双股 DNA，有囊膜，是大型病毒。猪痘病毒只能在猪源组织（猪肾、睾丸、胎猪肺、胎猪脑）细胞内增殖。

痘病毒对物理化学因素的抵抗力较弱。上皮组织中的病毒，对冷和干燥有抵抗力，在干燥条件下可保存 1 年以上，冻干的病毒可保存几年，在干燥的痘痂皮中能存活几个月；腐败条件下可很快杀死病毒，在 pH3 的环境中可逐渐失去感染力；在正常条件下的土壤中可存活几周。猪痘病毒对热、直射阳光、紫外线敏感，在空气和室温中易失去毒力，在 55℃经 10 分钟，37℃经 24 小时丧失感染力。1％～20％碱溶液、3％石炭酸、0.5％福尔马林等消毒药液经数分钟可杀死。

【流行病学】猪痘病毒引起的猪痘常发生于仔猪和小猪，成年猪的抵抗力较强，其他动物不感染。痘苗病毒引起的猪痘，各种年龄的猪均易感，呈地方性流行，此外还可感染乳牛、兔和豚鼠及猴子等动物。猪痘主要通过损伤的皮肤传染，在猪虱和其他吸血昆虫较多、卫生不良的猪场和猪舍，最易发生猪痘。由于猪痘病毒在干痂皮中能生存很长时间，随着猪场成猪不断地被新猪更替，致使猪痘可以无限期地留存在猪群内。本病可发生在任何季节，但以春秋天气阴冷多雨、猪舍潮湿污秽以及卫生差、营养不良等情况下流行比较严重，发病率高，但致死率不高。

【临床症状】猪痘病毒感染的潜伏期为 3～6 天，痘苗病毒感染仅 2～3 天。病猪体温升高到 41.3～41.8℃，精神不振，食欲减退，鼻黏膜、眼结膜潮红、肿胀，并有分泌物，分泌物多为黏液性或脓性。痘疹主要发生于下腹部和四肢少毛处，如四肢内侧、鼻盘、眼睑和面部皱褶处，有的也可发生于身体两侧和背部。痘疹开始为深红色的硬结节，突出于皮肤表面，略呈半球状，表面平整，见不到水疱期即转为脓疱，并很快结成棕黄色痂块，脱落后遗留白色斑块而痊愈。有的出现溃烂面，病程 10～15 天。另外，也有的猪痘疹发生在口咽、气管和支气管等处，如果继发细菌感染，常可引起败血症，最终导致死亡。

本病多为良性经过，病死率不高，所以易被忽视，以致影响猪只的发育，但在饲养管理不善或继发感染时，尤其是仔猪的病死率较高。

【病理变化】病死猪的口腔、咽、胃、气管常发生痘疹，常继发肠炎、肺炎引起败血症而死亡。组织学病变可见棘细胞膨胀、溶解，细胞核染色溶解，出现特征性的核空泡。

【类症鉴别】

1. 猪痘与猪口蹄疫的鉴别

〔相似点〕猪痘与猪口蹄疫均有精神沉郁，体温升高，食欲不振，口腔、鼻镜、面部出现水疱等临床症状。

〔不同点〕猪口蹄疫是由口蹄疫病毒感染引起的一种急性传染病，多发于春、秋、冬等寒冷季节，传播迅速，水疱发生在唇、齿龈、口、乳房及蹄部，躯干不发生（猪痘可发生于身体两侧和背部，痘疹开始为深红色的硬结节），口蹄疫血清能保护。

2. 猪痘与猪水疱病的鉴别

〔相似点〕猪痘与猪水疱病均有精神沉郁，体温升高，食欲不振，口腔、蹄部出现水疱等临床症状。

〔不同点〕猪水疱病是由水疱病毒引起的，以猪只密集、调动频繁的猪舍传播较快。病猪水疱多发生在蹄部及口、鼻，躯干不发生（猪痘可发生于身体两侧和背部），猪水疱病血清能保护。

3. 猪痘与猪水疱性疹的鉴别

〔相似点〕猪痘与猪水疱性疹均有精神沉郁，体温升高，食欲不振，口腔、躯干出现水疱等临床症状。

〔不同点〕猪水疱性疹是由猪水疱性疹病毒引起的，多因采食未经煮沸的食物泔水、下脚料而发病，水疱多发生在鼻镜、舌、蹄部。躯干不出现丘疹和水疱（猪痘可发生于身体两侧和背部）。

4. 猪痘与猪水疱性口炎的鉴别

〔相似点〕猪痘与猪水疱性口炎均有精神沉郁，体温升高，食欲不振，口腔和蹄部出现水疱等临床症状。

〔不同点〕猪水疱性口炎是由猪水疱性口炎病毒引起的，可感染多种动物，水疱多发生在鼻端、口及蹄部，躯干不发生（猪痘可发生于身体两侧和背部）。

5. 猪痘与猪葡萄球菌病的鉴别

〖相似点〗猪痘与猪葡萄球菌病均有精神沉郁，体温升高，食欲不振，躯干出现水疱等临床症状。

〖不同点〗猪葡萄球菌病是由葡萄球菌感染引起的，多由创伤感染，水疱破裂后水疱液呈棕黄色，如香油样。病猪呼吸急促，挤在一起，呻吟，大量流涎、拉稀。取痂下渗出物肉汤培养呈浑浊状。取培养菌涂片镜检，可见革兰氏阳性呈葡萄状排列的球菌。

6. 猪痘与猪湿疹的鉴别

〖相似点〗猪痘与猪湿疹均有精神沉郁，体温升高，食欲不振，躯干出现丘疹等临床症状。

〖不同点〗猪湿疹无传染性，病猪丘疹中央无脐状凹陷，有奇痒。

【防制】

1. 预防措施

加强饲养管理，搞好卫生，杀灭一切体外寄生虫，防止引入病猪。

2. 发病后治疗措施

可试用草药进行治疗。

处方 1：金银花 40 克，紫草 30 克，黄芪 30 克，升麻 25 克，甘草 15 克，混合后研成细末，开水冲调，候温灌服，每千克体重 1～2 克，每日 3 次。

处方 2：生石膏 40 克，烟油 15 克，将生石膏研细，加温水 100 毫升，去渣取汁，放入烟油中，烧煮 15 分钟，用药液擦猪患部，每日 2 次，连续 2 日即可见效。

七、猪生殖和呼吸综合征（PRRS）

猪生殖和呼吸综合征又称蓝耳病（在欧洲和加拿大，少数病例出现双耳、外阴、尾部、腹部以及口部青紫发绀，而且这种发绀现象往往只存在数小时或数天），是新近发现的由莱利斯塔德病毒引起的一种以流产、死胎、胎儿木乃伊化和呼吸困难为特征的猪的传染病。

【病原】猪生殖和呼吸综合征病毒（PRRSV）为单链 RNA 病毒，属披膜病毒科。该病毒呈球形，有囊膜。该病毒在 56℃ 15～20 分钟、37℃ 10～24 小时、20℃ 6 天、4℃ 1 个月其传染滴度下降 10 倍，在 56℃ 下 45 分钟、37℃ 下 48 小时以后病毒将彻底灭活，在 −70℃ 下其感染滴度可稳定长达 4 个月以上。当 pH 值小于 5 或大于 7 时病毒的感染滴度降低 90％ 以上。

【流行病学】在自然流行中，该病仅见于猪，其他家畜和动物未见发病。不同年龄、品种、性别的猪均可感染，但不同年龄的猪的易感性有一定的差异，生长猪和育肥猪感染后的症状比较温和，母猪和仔猪的症状较为严重，乳猪的病死率可达 80％～100％。

主要传染源是病猪和带毒猪，从病猪的鼻腔、粪便拭子和尿液中均可发现莱利斯塔德病毒，耐过猪大多可长期带毒。主要传播方式是猪与猪之间的直接接触传染和借助空气传播。该病还可通过精液传播。如果精液中含毒，则在人工授精或自然交配过程中，可将此病传染给母猪。虽然目前还不了解猪肉和其他猪产品与本病传播是否有关，但是患猪的血液中可持续大量带毒，因此，目前很多国家禁止用未经煮熟的含有猪肉的泔水喂猪。

猪生殖和呼吸综合征在我国的流行表现如下特点：①感染率高，资料显示猪生殖和呼吸综合征病毒感染的阳性率在 10％～88％；②持续感染和隐性感染；③感染后临床表现多样化；④混合感染日趋严重；⑤影响其他疫苗的免疫效果；⑥种猪带毒和母猪发情障碍。

【临床症状】PRRSV 感染后，会表现很多临床症状，尤其是由于继发感染的病例出现，使临床症状更为复杂。目前根据病程将其分为急性型、慢性型和亚临床型。但在世界上不同的国家和地区，发病后的症状不尽相同，畜群的健康状况、病毒毒力以及管理因素等都可能影响到临床症状。

1. 急性型

虽然在不同动物之间的临床症状有一定的差异，但急性型的表现可分为初期、高峰期和末期三个阶段。

初期阶段一般持续 1～3 周，首先表现发热和厌食，母猪的肛温一般不超过 40℃，个别会高达 41℃，生长猪的肛温常在 40～41℃之间。这种发热在年轻的猪中是短暂的，年龄大的猪的主要表现是间歇性或温和的发热，在初期阶段 5%～50% 的猪会出现食欲不振，呈现渐进性厌食，母猪出现这种现象的占 60%，常持续 1～7 天，这种现象与生殖机能障碍并无内在的联系。嗜睡和沉郁是初期阶段的另一个特征，并可延续至各个阶段，其特点是正常的运动减少或停止，对外界刺激无反应，病猪常呈侧卧，公猪常出现性欲下降。

呼吸系统的表现常为呼吸困难和呼吸急促，多发生于仔猪，偶尔可见于成年猪，哺乳猪表现为快速的腹式呼吸或过度呼吸，刚断奶的仔猪有时也有这种表现，流产发生率较低，偶尔可见中枢神经系统症状，如瘫痪、共济失调或躁动不安、呕吐等。

初期阶段后很快进入高峰期，这一阶段造成明显的经济损失，使年出栏量降低 5%～20%。其主要临床症状为早产、流产、死胎、木乃伊胎及弱产胎增多，断奶后死亡率增加，此高峰期可持续 8～12 周。早产率高达 5%～30%，进入高峰期约 3 周，死产的数量达到高峰。在整个繁殖过程中，死亡率可高达 35% 以上，个别病例的死产率可达 100%，同时大型的木乃伊胎可达 25%，每窝仔猪的平均存活数减少 4 头左右。

在发病的高峰期出生并存活下来的仔猪非常虚弱，早产猪更为严重。常常四肢呈外"八"字形，而且食欲不佳。母猪由于食欲减少，泌乳下降，因此有些仔猪被饿死。仔猪多表现为快速腹式呼吸、眼睑水肿、结膜炎、打喷嚏和顽固性腹泻，个别病例可见到中枢神经症状，当剪尾或阉割时，往往出血增加。这时断奶后的平均死亡率达 30%～50%，个别窝可达 80%～100%。

在发病高峰期，生长猪的临床表现不尽相同，有些可出现严重的呼吸系统症状，有部分病例可能无任何异常表现。生长猪尤其是刚断奶的仔猪发生继发感染的危险性很高，这也是导致死亡率增加的重要因素。

在发病的末期，病猪的生殖功能逐渐恢复，达到或接近病前水平，仔猪和生长猪存在不同程度的呼吸症状。受该病毒感染后的仔猪在断奶后的死亡率要高于正常对照组。

2. 慢性型

慢性型是规模化猪场猪生殖和呼吸综合征表现的主要形式。主要表现为猪群的生产性能下降，生长缓慢，母猪群的繁殖性能下降，猪群免疫功能下降，易继发感染其他细菌性和病毒性疾病。猪群的呼吸道疾病（如支原体感染、传染性胸膜肺炎、链球菌病、附红细胞体病）发病率上升。

3. 亚临床型

成年猪感染该病毒后出现明显的临床症状的猪占血清学阳性的10%左右，多数不表现临床症状或有很轻微的临床症状。种公猪只表现轻微的嗜睡、厌食和轻微的发热。但种公猪感染后至少21天仍可通过精液排毒。

【病理变化】关于PRRS的病理变化差异较大，这主要取决于病毒的毒力和有无继发感染。肉眼可见变化主要是真皮坏死而形成色斑、水肿。仔猪最常见的剖检变化是头部水肿，胸腔和腹腔有积液，出现局限性间质肺炎，个别病例可见到化脓性脑炎、淋巴性心肌炎和脾炎。组织学变化主要见于呼吸系统，鼻黏膜上皮细胞变性，纤毛上皮脱落，支气管上皮细胞变性；肺部可见广泛的间质性肺炎，伴发局部的卡他性肺炎，肺泡间质增生，嗜中性粒细胞浸润。

在实际生产中，由于高致病性猪蓝耳病的临床表现多样，并且受很多因素的影响，如慢性猪瘟、猪2型圆环病毒病、Ⅱ型链球菌病、气喘病等病毒、细菌的并发感染或继发感染等，给临床诊断带来极大的困扰。

2008年7月农业部兽医局和中国兽医药品监察所联合编发的《高致病性猪蓝耳病灭活疫苗安全使用手册》中，同时公布了发病猪的判定标准有三条：①至少 3 天体温在 41℃以上；②精神、食欲下降，眼结膜炎、咳嗽、喘气等呼吸道症状；③大体剖检肺尖叶或心叶出现片状实变。符合三条即可判为发病。

对自繁自养猪场，在生产的任何阶段只要出现呼吸道疾病的临床症状，再分析种猪有无繁殖障碍，如近 2 周母猪流产或早产超过8%、怀孕母猪 20% 胎儿死产、哺乳仔猪死亡超过 25%，可做出初步判断。如果一个猪场先由中大猪阶段暴发高致病性猪蓝耳病，然后再出现断奶前后保育猪发病，母猪繁殖障碍的出现，那更要谨慎，有可能并发或继发猪链球菌病、2 型圆环病毒病、副猪嗜血杆菌病、猪肺疫等。如果只是断奶前后保育阶段的发病死亡率高，其他阶段不明显，应考虑并发慢性猪瘟等，确诊必须要实验室诊断。

【实验室检查】

1. 病毒分离

将感染猪及流产、死产胎儿的肺及其组织做成匀浆混合物，接种到猪原代肺泡巨噬细胞或 CL2621 或 Marc145 细胞，可见到特征性 CPE 者，发现病毒分离阳性，其后再做鉴定。木乃伊胎儿和已发生自溶的胎儿不能用作病毒分离。

2. 抗体检测

目前可用免疫过氧化物酶单层细胞试验、间接荧光抗体试验、血清中和试验和酶联免疫吸附试验四种方法检测血清中的 PRRSY 病毒抗体，各有优缺点。

【类症鉴别】

1. 猪生殖和呼吸综合征与伪狂犬病的鉴别

〖相似点〗猪生殖和呼吸综合征与伪狂犬病均可引起母猪的流产、木乃伊胎、死胎和弱仔，病猪出现神经症状。

〖不同点〗伪狂犬病是由疱疹病毒Ⅰ型引起的，除能感染猪外，还能感染牛、羊、猫、犬、兔等动物。怀孕母猪感染后表现为咳嗽、发热、精神不振，随后发生流产、木乃伊胎、死胎和弱仔。弱仔猪 1～2 天内出现呕吐和腹泻，运动失调，痉挛，角弓反张，四肢呈游泳状划动，后肢麻痹，呈犬坐姿势，盲目转圈等，出现神经症状后24~36小时开始大批死亡。断奶仔猪的症状轻微，有呼吸困难和发热，常表现为昏迷后死亡。育肥猪和成年猪表现呼吸症状，少有神经症状。而猪生殖和呼吸综合征只感染猪，以妊娠母猪和2~28日龄的猪最易感，无明显的季节性，呈地方流行性，主要症状是猪体温升高、食欲不好、精神萎靡，少数病猪耳部发绀，呈蓝紫色，妊娠母猪可见大批流产或早产，产死胎、畸形胎、木乃伊胎，成年猪也有发病死亡。伪狂犬病的病理变化以中枢神经系统明显，脑膜明显充血，脑脊髓液增多，鼻、咽、喉黏膜充血和有纤维蛋白性至浅层坏死性炎。组织学变化以中枢神经系统的弥散性非化脓性脑炎及神经节炎为主。而猪生殖和呼吸综合征无此病理变化。

2. 猪生殖和呼吸综合征与猪流行性感冒的鉴别

〔相似点〕猪生殖和呼吸综合征与猪流行性感冒都是由病毒引起的一种急性、高度接触性传染病，各个年龄、性别和品种的猪对其都易感。均有高热、食欲不好、精神萎靡、呼吸困难和母猪繁殖障碍等表现。

〔不同点〕猪流行性感冒是由猪流感病毒引起的，具有明显的季节性，天气多变的秋末、早春和寒冷的冬季易发生。猪群发病突然，传播快，可迅速波及全群，体温升高达40~42℃，病猪食欲废绝或减退，精神极度委顿，卧地不起，呼吸急促，呈腹式并常夹杂阵发性咳嗽，眼、鼻流黏液性分泌物。病程为3~7天，大部分猪可自行康复，病死率为1%~4%。若出现继发感染则病情加重，死亡率升高。个别病例可转为慢性，猪只生长发育受到影响。妊娠母猪感染后会出现流产、产弱胎或产仔数减少。猪生殖和呼吸综合征以妊娠母猪和2~28日龄的猪最易感，无明显的季节性，呈地方流行性。主要表现是母猪繁殖障碍及呼吸道症状，育肥猪发病较温和。经空气通过呼吸道感染，传染性极强。病仔猪嗜睡，倦怠，体温升高至40~41℃，食欲不振，打喷嚏，咳嗽，呼吸困难，呈腹式呼吸。有些断奶仔猪感染后表现为下痢、关节炎、眼睑肿胀、结膜炎、耳朵变红、皮肤有斑点；母猪不表现呼吸道症状，其特征主要是繁殖障碍，出现流产或早产，产木乃伊胎、死胎和病弱仔猪，死产率可达 80％～100％。猪流行性感冒的病变主要在呼吸器官。鼻、咽、喉、气管和支气管的黏膜充血、肿胀，表面覆有黏稠的液体，小支气管和细支气管内充满泡沫样渗出液。胸腔、心包腔蓄积大量混有纤维素的浆液。肺脏的病变常发生于尖叶、心叶、中间叶、膈叶的背部与基底部，与周围组织有明显的界限，颜色由红至紫、塌陷、坚实，韧度似皮革，脾脏肿大，颈部淋巴结、纵膈淋巴结、支气管淋巴结肿大多汁。猪生殖和呼吸综合征的主要病理变化在其他脏器。

3. 猪生殖和呼吸综合征与猪细小病毒病的鉴别

〖相似点〗猪生殖和呼吸综合征与猪细小病毒病均是由病毒引起的猪繁殖性疾病，对母猪和仔猪均易感，病猪均表现流产、产死胎和产木乃伊胎等繁殖障碍及新生仔猪死亡等症状。

〖不同点〗猪细小病毒病是由细小病毒引起的，其特征为受感染的母猪，特别是初产母猪，产生死胎、畸形胎和木乃伊胎，而母猪本身无明显症状。而猪生殖和呼吸综合征是以妊娠后期母猪发生流产、死产和产木乃伊胎，新生仔猪死亡高，各种年龄的猪（尤其是仔猪）出现异常呼吸为特征。细小病毒病多发于初产母猪，呈地方流行性或散发，初次感染的猪呈急性暴发，感染的初产母猪体温不高，后驱运动不灵或瘫痪，一般 50～60 天感染易发生流产，70天以后感染多能正常生产。母猪和其他猪不发生呼吸道症状。而猪生殖和呼吸综合征以妊娠母猪和 2～28 日龄的猪最易感，无明显的季节性，呈地方流行性。细小病毒病同一时期有多头母猪（特别是初产母猪）发生久配不孕、流产，产死胎、畸形胎、木乃伊胎、弱胎和健康仔猪，母猪无明显的临床症状。而猪生殖和呼吸综合征病猪体温升高、食欲不好、精神萎靡，少数病猪耳部发绀，呈蓝紫色，妊娠母猪可见大批流产或早产，产死胎、畸形胎、木乃伊胎，死亡率可以高达 80％～100％。仔猪出生后发生呼吸困难、体温升高，全身症状明显，死亡率高。青年公猪和育肥猪也可以发病，但症状较轻。细小病毒病的病猪剖检，母猪子宫内有轻微炎症，胎盘有部分钙化，感染胎儿可见皮下充血、出血、水肿、体腔积液、脱水。

4. 猪生殖和呼吸综合征与猪日本乙型脑炎（流行性乙型脑炎）的鉴别

〖相似点〗猪生殖和呼吸综合征与猪日本乙型脑炎均是由病毒引起的猪繁殖性疾病，对母猪和仔猪均易感，病猪均表现流产、产死胎和产木乃伊胎等繁殖障碍及新生仔猪死亡等症状。

〖不同点〗猪日本乙型脑炎的病原是流行性日本乙型脑炎病毒，多种动物和人都可感染，仅发生于蚊虫活动季节（7～9月），除妊娠母猪发生流产和产死胎外，公猪可发生睾丸肿胀，其他小猪有的呈现体温升高、精神沉郁、四肢轻度麻痹等神经症状。而猪生殖和呼吸综合征只感染猪，以妊娠母猪和2～28日龄的猪最易感，无明显的季节性，呈地方流行性，主要症状是猪体温升高、食欲不好、精神萎靡，少数病猪耳部发绀，呈蓝紫色，妊娠母猪可见大批流产或早产，产死胎、畸形胎、木乃伊胎，死亡率可以高达80％～100％，成年猪也有发病死亡。猪日本乙型脑炎流产或早产胎儿常见皮下水肿，脑积水，腹水，肝、脾有坏死灶。公猪睾丸肿大，实质充血。母猪子宫内膜显著充血，黏膜上有点状出血。而猪生殖和呼吸综合征可见脾脏边缘及表面有梗死灶，肾脏呈土黄色，表面可见针尖到小米粒大小的出血斑点，皮下、扁桃体、心脏、膀胱、肝脏和肠道可见出血点或出血斑。

5. 猪生殖和呼吸综合征与繁殖障碍性猪瘟的鉴别

〖相似点〗猪生殖和呼吸综合征与繁殖障碍性猪瘟均有母猪流产、早产，产死胎、木乃伊胎、畸形胎和弱胎等现象，也都只感染猪。

〖不同点〗繁殖障碍性猪瘟（非典型猪瘟或温和型猪瘟）是由低毒力株猪瘟病毒引起的，猪瘟的症状不典型，流行季节不明显。当猪瘟低毒株感染妊娠母猪时，母猪本身没有临床症状，呈隐性感染。猪瘟病毒可通过胎盘感染胎儿，造成死胎或弱胎。流产发生少，基本都到预产期。少部分超过预产期2～3天产下死胎、木乃伊胎、畸形胎（主要表现小耳和鼻畸形）和部分极度虚弱的弱猪。

有的母猪虽然部分或全窝产下活仔，但产下后 10～20 小时即发病，表现被毛竖立，怕冷，全身肌肉震颤，耳部和腹内侧常见污斑或皮肤发暗红的变化，1～2 天内全部死亡。而猪生殖和呼吸综合征感染后的母猪有明显的症状表现，其他猪也可发病。繁殖障碍性猪瘟的死仔猪或死胎表皮出血，全身淋巴结肿大，出血，切面呈大理石样。胃肠黏膜出血。膀胱内膜、心外膜、喉外膜有出血点，剖检胎儿可见皮下水肿、腹水、胸腔积液。而猪生殖和呼吸综合征的剖检变化是头部水肿、出现局限性间质肺炎、个别病例可见到化脓性脑炎、淋巴性心肌炎和脾炎。

6. 猪生殖和呼吸综合征与猪传染性死木胎病毒感染的鉴别

〖相似点〗猪生殖和呼吸综合征与猪传染性死木胎病毒感染均有怀孕母猪流产、死胎、木乃伊胎、弱胎等现象。

〖不同点〗猪传染性死木胎病毒感染，病毒存在于病猪和健康带毒猪的肠道，并随粪便排出，污染饲料和饮水，经消化道感染。主要引起胎儿死亡、胎儿木乃伊化、胎儿和新生仔猪畸形、母猪不孕等症状。在隐性感染的猪群，只有新引进的、未曾接触本病的怀孕母猪表现繁殖紊乱症状。妊娠早期感染后，可引起胚胎死亡并被吸收，或排出木乃伊化胎儿。妊娠后期感染的母猪，则产出畸形、水肿的仔猪，一部分仔猪虚弱，常在出生后几天内死亡。感染母猪所产的活仔猪数平均不到未感染母猪的一半。有些被感染的母猪配种后又发情，但从不产仔。母猪本身常不表现明显症状，未孕母猪感染后能产生免疫力，以后可以正常怀孕生产。而猪生殖和呼吸综合征通过空气和接触传播，可通过胎盘垂直感染仔猪，可造成暴发性流行。猪传染性死木胎病毒感染的主要病变为死亡胎儿的皮下和肠系膜水肿，胸腔和心包积液，脑膜和肾皮质有小出血点。而猪生殖和呼吸综合征病死仔猪最常见的剖检变化是头部水肿，胸腔和腹腔有积液，出现局限性间质肺炎、个别病例可见到化脓性脑炎、淋巴性心肌炎和脾炎。

7. 猪生殖和呼吸综合征与猪圆环病毒病的鉴别

〖相似点〗猪生殖和呼吸综合征与猪圆环病毒病均可引起母猪

的繁殖障碍，出现流产以及产死仔和弱仔。

〖不同点〗猪圆环病毒病的病原是猪圆环病毒，可引起断奶仔猪多系统衰竭综合征、母猪繁殖障碍、断奶和育肥猪的呼吸道疾病、猪皮炎和肾病综合征以及猪的先天性震颤等。猪圆环病毒感染母猪后表现有返情率增加、子宫内膜感染、木乃伊胎、发生各个不同怀孕期的流产以及死产和产弱仔等，断奶前死亡率上升。在死产和新生仔猪中，最常见的病理损害为非化脓性、坏死性或纤维性心肌炎。猪生殖和呼吸综合征是以妊娠母猪的繁殖障碍以及各种年龄的猪呼吸道疾病为特征的高热性传染病。急性型发病母猪主要表现为精神沉郁、发热、食欲减少或废绝，出现不同程度的呼吸困难，妊娠后期（105～107 天）母猪发生流产、早产、死胎、木乃伊胎、弱仔。部分新生仔猪表现呼吸困难、运动失调及轻度瘫痪等症状。亚临床型母猪繁殖基本正常，或出现周期性繁殖障碍。仔猪有散发性的呼吸道病症。仔猪出现皮下和眼睑水肿，胸部、腹部、颈部肌肉呈灰白色或黄白色，有弥漫性间质性肺炎等病变。大脑膜血管充血，流产的胎儿血管周围出现以巨噬细胞和淋巴细胞浸润为特征的动脉炎、心肌炎和脑炎。

8. 猪生殖和呼吸综合征与布氏杆菌病的鉴别

〖相似点〗猪生殖和呼吸综合征与布氏杆菌病均有母猪流产、死胎和弱仔等现象。

〖不同点〗猪布氏杆菌病是由布氏杆菌引起的人畜共患的一种地方性慢性传染病。除妊娠母猪发生流产和产死胎外，公猪可发生睾丸炎，无明显的季节性。布氏杆菌对未达到性成熟的猪不敏感，只对性成熟后的公、母猪敏感，特别是怀孕母猪最敏感，尤其是头胎怀孕母猪更易感染。而猪生殖和呼吸综合征只感染猪，通过空气和接触传播，可通过胎盘垂直感染仔猪，可造成暴发性流行。猪布氏杆菌病的主要症状是怀孕母猪流产、早产和胎衣不下，流产可发生在妊娠的任何时期（主要发生在头胎，第二胎很少发生。流产前母猪有预产征兆、全身症状及乳腺炎），但在妊娠的 35～50 天和80～110 天多发。流产的胎儿多为死胎，或产弱胎不久死亡，很少有木乃伊胎。种公猪表现为睾丸炎，可单侧亦可双侧发病。发病过程中还可出现一后肢或双后肢跛行，关节肿大，甚至瘫痪。而猪生殖和呼吸综合征体温明显升高（可达 41℃ 以上），眼结膜炎、眼睑水肿、咳嗽、气喘等呼吸道症状。部分猪后躯无力、不能站立或共济失调等神经症状。少数病猪耳部发紫、皮下出现血斑（俗称蓝耳病）。妊娠晚期流产、死胎、弱仔或早产、木乃伊胎、产后无乳。仔猪发病率可达 100％，死亡率可达 50％ 以上，母猪流产率可达 30％ 以上，成年猪也可发病死亡。猪布氏杆菌，除各器官出现或多或少的布氏杆菌结节外，母猪主要的病变见于流产后的子宫（绒毛叶阜间隙有乌灰色或黄色无气味的胶样渗出物，有化脓杆菌的脓肿呈粟粒状，针头大，呈灰黄色，位于黏膜深部，并向表面隆突，称此为子宫粟粒性布氏杆菌病）、胎膜（胎膜由于水肿而增厚，表面覆盖有纤维蛋白和脓汁）和胎儿（胎儿多呈败血症变化，浆膜和黏膜有出血点与出血斑，皮下组织发生炎性水肿，脾脏明显肿大，出血，呈现出败血性炎性变化，淋巴结肿大，肝脏出现小坏死灶，脐带也常呈现炎性水肿变化）。公猪的主要病变发生于睾丸（患病公猪有睾丸病变。病初，睾丸肿大，出现化脓性或坏死性炎，后期病灶可发生钙化，睾丸继发萎缩）。而猪生殖和呼吸综合征的主要病变是内脏、肠道和皮下出血。

9. 猪生殖和呼吸综合征与猪衣原体病的鉴别

〔相似点〕猪生殖和呼吸综合征与猪衣原体病均可引起怀孕母猪流产、死胎、木乃伊胎、弱仔。

〔不同点〕猪衣原体病（鹦鹉热或鸟疫）是由鹦鹉热衣原体引起的一种人畜共患传染病。以流产、肺炎、肠炎、结膜炎、多发性关节炎和脑炎等多种临床症状为特征。一般呈慢性经过。各种畜禽和其他动物及人对本病有易感性。猪多呈散发、地方流行性。不同年龄、不同品种的猪群均可感染本病，尤其是怀孕母猪和新生仔猪更为敏感。而猪生殖和呼吸综合征只感染猪，通过空气和接触传播，可通过胎盘垂直感染仔猪，以妊娠母猪和 2～28 日龄的猪最易感，无明显的季节性，呈地方流行性，可造成暴发性流行。猪衣原体病妊娠母猪流产死胎、传染性不孕、木乃伊胎、弱仔和围产期新生仔猪大批死亡，流产多发生于妊娠中后期，初发猪场以流产为主，常发猪场以死胎为主。小猪发生慢性肺炎、角膜结膜炎及多发性关节炎，公猪发生睾丸炎及附睾炎。而猪生殖和呼吸综合征的主要症状是猪体温升高、食欲不好、精神萎靡，少数病猪耳部发绀，呈蓝紫色，妊娠母猪可见大批流产或早产、产死胎、畸形胎、木乃伊胎，死亡率可以高达 $80\% \sim 100\%$，成年猪也有发病死亡。猪衣原体病的病变为流产母猪的子宫内膜水肿、充血，分布有大小不一的坏死灶。流产胎儿的身体水肿，头颈和四肢出血，肝充血、出血和肿大。患病种公猪睾丸变硬。有的病猪可见肺肿大，肺表面有许多出血点和出血斑，有的肺充血或淤血，质地变硬，在气管、支气管内有多量分泌物。有的可见肠系膜淋巴结充血、水肿，肠黏膜充血、出血，肠内容物稀薄，有的红染，肝脾肿大。对多发性关节病例局部剖检，可见关节周围组织水肿、充血或出血，关节腔内渗出物增多。而猪生殖和呼吸综合征的病变为脾脏边缘或表面出现梗死灶，肾脏呈土黄色，表面可见针尖至小米粒大的出血斑点，皮下、扁桃体、心脏、膀胱、肝脏和肠道均可见出血点和出血斑。显微镜下见肾间质性炎，心脏、肝脏和膀胱出血性、渗出性炎等病变。部分病例可见胃肠道出血、溃疡、坏死。

10. 猪生殖和呼吸综合征与猪附红细胞体病的鉴别

〔相似点〕猪生殖和呼吸综合征与猪附红细胞体病患病母猪均有高温、流产、死胎和弱胎的现象。

〔不同点〕猪附红细胞体病是一种由立克次氏体所引起的发热性溶血性人畜共患病，主要特征是贫血和黄疸。主要由吸血昆虫传播。感染附红细胞体病的妊娠母猪可通过胎盘感染胎儿，引起流产，产下的仔猪也带虫。多发于高热、多雨且吸血昆虫繁殖滋生的季节，猪的感染主要集中在 6～9 月。而猪生殖和呼吸综合征通过空气和接触传播，可通过胎盘垂直感染仔猪，可造成暴发性流行。猪附红细胞体病怀孕母猪和哺乳母猪患病后高热，大部分表现全身皮肤发红，个别猪中、后期皮肤黄染或苍白（具有示病诊断意义），怀孕母猪出现流产、早产，尤其是临产母猪的流产率、早产率高，不流产的产出死胎，有的即使产活仔，仔猪弱小，发病死亡率高。哺乳仔猪、断奶仔猪和育肥猪都可发病，而且贫血和黄疸症状表现明显。而猪生殖和呼吸综合征则缺乏贫血和黄疸症状，妊娠晚期流产、死胎、弱仔或早产、木乃伊胎、产后无乳。仔猪发病率可达100％、死亡率可达50％以上，母猪流产率可达30％以上。猪附红细胞体病的病变为贫血，黄疸，病猪皮肤、黏膜苍白黄染，部分猪全身皮肤发红。颌下、肺门、膈淋巴结肿胀多汁，呈土黄色，脾脏肿胀，呈蓝灰色，部分病猪肝脏肿大且脂肪变性。肾脏贫血，局部有淤血。而猪生殖和呼吸综合征的病变为皮下、扁桃体、心脏、膀胱、肝脏和肠道均可见出血点和出血斑，可见脾脏边缘或表面出现梗死灶。

11. 猪生殖和呼吸综合征与钩端螺旋体病的鉴别

〖相似点〗猪生殖和呼吸综合征与钩端螺旋体病均可引起怀孕母猪发热、流产、死胎、木乃伊胎、弱胎等症状。

〖不同点〗钩端螺旋体病是由钩端螺旋体引起的人畜共患的一种自然疫源性传染病（简称钩体病），大多数家畜呈隐性感染，少数急性发病的特征是发热、贫血、黄疸、血红蛋白尿、流产、出血性素质、水肿。多发生在夏秋。钩端螺旋体最重要的宿主是鼠类，大多呈健康带菌者，猪、水牛、牛、鸭的感染率也较高，其他如蛙类、蠕虫亦可感染带菌。本病主要通过皮肤、黏膜和消化道而传染，也可通过交配、人工授精和吸血昆虫叮咬而传播。发生于各种年龄的猪，但以幼猪发病较多。而猪生殖和呼吸综合征通过空气和接触传播，可通过胎盘垂直感染仔猪，可造成暴发性流行。钩端螺旋体病可造成怀孕猪流产，流产率20％～70％。多数除了流产以外见不到其他症状，流产的胎儿有死胎、木乃伊胎、弱胎。病猪尿浓茶样或血尿。急性的主要病变是黄疸、出血、血红蛋白尿、肝肾肿大淤血，慢性主要是肾有散在的灰白色坏死病灶。猪生殖和呼吸综合征缺乏此类病变。

12. 猪生殖和呼吸综合征与猪肺疫的鉴别

〖相似点〗猪生殖和呼吸综合征与猪肺疫均有高温、精神不振、食欲不好、呼吸困难和腹泻等表现。

〖不同点〗猪肺疫的病原是多杀性巴氏杆菌。最急性型体温升高达 41～42℃，口鼻流出泡沫，食欲废绝，颈下咽喉部发热、红肿、咳嗽、呼吸困难，严重时呈犬坐张口呼吸，迅速死亡。急性型表现为发热、咳嗽、呼吸困难，皮肤呈现败血症变化。慢性型表现为呼吸困难、持续咳嗽、关节肿胀、腹泻消瘦。发病后用青霉素、链霉素、磺胺、四环素等药物均有良好疗效。而猪生殖和呼吸综合征公猪厌食，精液质量下降。母猪表现咳嗽，呼吸困难，产后发情推迟，甚至不发情。怀孕母猪前期流产，后期产木乃伊胎和弱仔，所产的弱仔猪呼吸困难，运动失调，几天内死亡。仔猪感染后体温升高，呼吸严重困难，呈腹式呼吸。眼球突出，眼睑发青，耳尖边缘呈紫色，肌肉震颤，共济失调，死亡率高达 80%～100%。育肥猪体温突然升高至 41℃ 上下，食欲减少或废绝，多数全身皮肤发红，呼吸加快，咳嗽明显，眼结膜水肿、潮红，极少数两耳发蓝或发紫，一旦继发感染往往愈后不良。发病后无特效药物。猪肺疫的病变为颈部皮下高度水肿，有黄色清亮液体呈胶冻样；颌下、咽后和左面部淋巴结充血、出血、坏死，气管内有大量泡沫样黏液。肺充血、水肿，红色肝变样，并伴发纤维素性胸膜肺炎，严重时粘连，胸腔有积液和纤维蛋白渗出。而猪生殖和呼吸综合征的病变为皮下、扁桃体、心脏、膀胱、肝脏和肠道均可见出血点和出血斑，可见脾脏边缘或表面出现梗死灶。

13. 猪生殖和呼吸综合征与弓形体病的鉴别

〖相似点〗猪生殖和呼吸综合征与弓形体病均有高热、呼吸困难、发病急、传染性强以及怀孕猪流产或产出死胎、弱仔等临床表现，并且不同年龄和品种的猪都可发生。

〖不同点〗猪弓形体病是由弓形虫引起的人畜共患的寄生虫病，本病以 5～10 月，即温暖季节发生较多。而猪生殖和呼吸综合征无明显的季节性，只感染猪。患弓形体病的怀孕母猪发热、呼吸困难、2～3 天后流产，或产出死胎，即使产出活仔，也急性死亡或发育不全，不会吮奶，或为畸形怪胎，母猪在分娩后自愈。仔猪死亡率可达 30%～40%，甚至 60% 以上。仔猪病初只表现为厌食或少食，精神不振，眼结膜充血、潮红。3～4 天后表现高热，体温升至 40.5～42.0℃，呈稽留热，食欲减少至废绝，喜卧。钻草堆或水坑，眼结膜苍白、黄染。后期主要表现为呼吸困难、腹式呼吸、气喘、咳嗽、流鼻涕、粪便先干后稀或交替出现，呈灰绿色或煤焦油状。随着病程的发展，耳尖、阴户、包皮尖端、腹底的皮肤上出现出血性紫斑或间有出血点，体表淋巴结肿大，尤其是腹股沟淋巴结肿大明显。耐过猪一般 2 周后恢复，但往往遗留下咳嗽、呼吸困难、后躯麻痹、斜颈、癫痫样痉挛等神经症状。而猪生殖和呼吸综合征病毒一旦感染一个猪场，可以无休止地循环，母猪流产。猪场内所怀孕母猪，往往体温、呼吸正常，但大都流产、死胎、弱仔或早产、木乃伊胎、产后无乳。公猪缺乏性欲。哺乳仔猪和生长猪体温明显升高，可达 41℃ 以上，眼结膜炎、眼睑水肿、咳嗽、气喘等呼吸道症状，部分猪后躯无力、不能站立或共济失调等神经症状。有些病猪耳部发紫、发蓝，俗称"蓝耳病"。育肥猪一般不表现临床症状或症状轻微。弓形体病可以使用磺胺类药物（复方磺胺嘧啶钠注射液，按每千克体重 0.3 毫升进行肌内注射，首次剂量加倍，每日 3 次。连用 3～5 日）治疗。而猪生殖和呼吸综合征应用抗生素或磺胺类药物无效。

14. 猪生殖和呼吸综合征与猪传染性胸膜肺炎的鉴别

〔相似点〕猪生殖和呼吸综合征与猪传染性胸膜肺炎均有体温升高、精神不振、呼吸困难等表现。

〔不同点〕猪传染性胸膜肺炎由胸膜肺炎放线杆菌引起，接触性空气传播，各种年龄的猪均易感，以 6 周龄至 6 月龄的猪较多发，时间上以 4～5 月和 9～11 月多发，饲养与环境不良等因素可以诱发本病，发病率与病死率变化很大。而猪生殖和呼吸综合征由猪蓝耳病病毒的变异株所引起，呈多路径、高度接触性传染，不分大小公母，一年四季都可发病，以高温高湿季节等恶劣气候条件下易发。猪传染性胸膜肺炎最急性型突然发病，出现高热，体温 41.5℃ 以上。病初短时轻度腹泻和呕吐，后期呼吸高度困难，呈犬坐姿势，口鼻流泡沫样淡血色分泌物，耳鼻四肢呈蓝紫色，很快死亡。急性型体温升高到 40.5～41.5℃，沉郁、不食、呼吸困难，张口、呈犬坐呼吸，1～2 天死亡。慢性型体温 39.5～40℃，间歇性咳嗽、生长迟缓。治疗可使用青霉素、氯霉素、增效磺胺甲基异噁唑作为首选药物。而猪生殖和呼吸综合征仔猪感染后体温升高，呼吸严重困难，呈腹式呼吸。眼球突出，眼睑发青，耳尖边缘呈紫色，肌肉震颤，共济失调，死亡率高达 80%～100%。育肥猪体温突然升高至 41℃ 上下，食欲减少或废绝，多数全身皮肤发红，呼吸加快，咳嗽明显，眼结膜水肿、潮红，极少数两耳发蓝或发紫，一旦继发感染往往愈后不良。无特效治疗药物。猪传染性胸膜肺炎的病变集中于胸肺。最急性型肺前下及后上部呈紫红色肝变，附着纤维素，严重时粘连，切面流出大量的血色液体。急性型胸腔内有纤维素性渗出物，血液暗红色，凝固不良，气管和支气管充满泡沫样血色黏液分泌物。慢性型肺炎区有坏死结节、硬化及粘连，心肌表面有纤维素性渗出。而猪生殖和呼吸综合征的病变为皮下、扁桃体、心脏、膀胱、肝脏和肠道均可见出血点和出血斑，可见脾脏边缘或表面出现梗死灶。

15. 猪生殖和呼吸综合征与猪气喘病的鉴别

〖相似点〗猪生殖和呼吸综合征与猪气喘病均有高发病率、低死亡率和呼吸困难等表现。

〖不同点〗猪气喘病是由猪肺炎支原体引起的高度接触性、慢性呼吸道疾病，发病率高，病死率低，气候多变、潮湿雨季易多发，以断奶后仔猪最易发病。而猪生殖和呼吸综合征由猪蓝耳病病毒的变异株所引起，呈多路径、高度接触性传染，不分大小公母，一年四季都可发病，以高温高湿季节等恶劣气候条件下易发。猪气喘病发病缓慢，体温、食欲通常无显著变化，主要症状为咳嗽（呈连咳，在早晚或吃食更明显）、喘气、呼吸增快及腹式呼吸。患猪消瘦，生长迟缓，全身皮肤苍白，贫血。病变集中在肺部，随着病程延长或病情加重，病变部位的颜色变深，呈淡紫色或灰白色带泡沫的浆性或黏性液体，半透明的程度减轻，坚韧度增加，也俗称

"胰变"或"虾肉样变"。治疗时选用药物泰乐菌素、林可霉素、金霉素、土霉素、卡那霉素及支原净等连用 5～7 天有较好的效果。而猪生殖和呼吸综合征仔猪感染后体温升高，呼吸严重困难，呈腹式呼吸。眼球突出，眼睑发青，耳尖边缘呈紫色，肌肉震颤，共济失调，死亡率高达 80%～100%。育肥猪体温突然升高至 41℃ 上下，食欲减少或废绝，多数全身皮肤发红，呼吸加快，咳嗽明显，眼结膜水肿、潮红，极少数两耳发蓝或发紫，一旦继发感染往往愈后不良。病变为皮下、扁桃体、心脏、膀胱、肝脏和肠道均可见出血点和出血斑，可见脾脏边缘或表面出现梗死灶。无特效治疗药物。

16. 猪生殖和呼吸综合征与副猪嗜血杆菌病的鉴别

〔相似点〕猪生殖和呼吸综合征与副猪嗜血杆菌病均有发热、呼吸困难、消瘦、食欲不振、结膜水肿、共济失调等表现。

〔不同点〕猪副猪嗜血杆菌病由猪副猪嗜血杆菌引起，仔猪易感，尤其是断乳后 10 天左右易发病，年龄越小越易感，可以影响从 2 周龄的乳仔猪到 4 月龄的育肥猪，多发于 5～8 周龄的猪，发病率一般在 10%～30%，严重时死亡率高达 50%。而猪生殖和呼吸综合征由猪蓝耳病病毒的变异株所引起，呈多路径、高度接触性传染，不分大小公母，一年四季都可发病，以高温高湿季节等恶劣气候条件下易发。副猪嗜血杆菌病主要表现发热、咳嗽、呼吸困难、眼睑水肿、消瘦、食欲不振、关节肿大、跛行、疼痛、颤抖、共济失调、可视黏膜发绀。剖检变化表现为胸膜炎、肺炎、心包炎、腹膜炎、关节炎和脑膜炎等、心肌坏死、心内外膜出血、胆囊萎缩、全身皮肤发绀，呈败血症表现，母猪流产、公猪慢性跛行，全身淋巴结肿大，切面呈灰白色。治疗用药可以使用泰乐菌素、磺胺类药物拌料，或应用清肺平喘化痰止咳类中药。而猪生殖和呼吸综合征仔猪感染后体温升高，呼吸严重困难，呈腹式呼吸。眼球突出，眼睑发青，耳尖边缘呈紫色，肌肉震颤，共济失调，死亡率高达 80%～100%。育肥猪体温突然升高至 41℃ 上下，食欲减少或废绝，多数全身皮肤发红，呼吸加快，咳嗽明显，眼结膜水肿、潮红，极少数两耳发蓝或发紫，一旦继发感染往往愈后不良。病变为皮下、扁桃体、心脏、膀胱、肝脏和肠道均可见出血点和出血斑，可见脾脏边缘或表面出现梗死灶。无特效治疗药物。

17. 猪生殖和呼吸综合征与猪一般性流产的鉴别

〖相似点〗猪生殖和呼吸综合征与猪一般性流产均表现流产。

〖不同点〗猪一般性流产为多种非病原体因素所致，个别发生，无传染性，体温不高，不会出现木乃伊胎，没有呼吸困难等症状。

18. 猪生殖和呼吸综合征与猪一般性肺炎的鉴别

〖相似点〗猪生殖和呼吸综合征与猪一般性肺炎均表现精神不振，食欲减退，体温升高，呼吸困难等临床症状。

〖不同点〗猪一般性肺炎无传染性，个别发生，除了咳嗽、呼吸困难外，不见流产、死胎、木乃伊胎。

【防制】

1. 预防措施

（1）严格检疫　引进种猪时，对确定所引猪只应进行血清学检查，阴性者方可引入。引入后仍需隔离饲养 3～4 周，并再次进行血清学检查，确认健康无病者方可混群饲养。

（2）卫生管理　猪舍要每天进行清扫，保持猪舍、饲养管理用具及环境的清洁卫生，定期用 2% 苛性钠或 20% 石灰乳进行消毒。

（3）产房管理　母猪发生流产、早产时，对流产后的胎衣、死胎要严格做好无害化处理，产房要彻底清洗和消毒。

（4）疫苗接种　猪生殖与呼吸综合征蜂胶灭活苗，仔猪 20 日龄，2 毫升/头，肌内注射，7 天产生免疫力；公猪配种前 2～3 个月、母猪配种前 5～7 天，3 毫升/头，肌内注射；20 天后，3 毫升/头，肌内注射，以后每半年免疫 1 次。

2. 发病后措施

处方1：①猪用干扰素（200 万活性单位/毫升），30 日龄以前 0.5 毫升/（头·次），30～70 日龄 0.75 毫升/（头·次），70 日龄以上 1 毫升/（头·次），肌内注射，1 次/天，连用 3 天。②黄芪多糖注射液 0.2 毫升/次，肌内注射，1 次/天，连用 5～7 天。③阿莫西林可溶性粉（按阿莫西林计）10 毫克/千克体重，全群混饲，

1次/天，连用3～5天。

处方2：①猪用干扰素（200万活性单位/毫升），30日龄以前0.5毫升/（头·次），30～70日龄0.75毫升/（头·次），70日龄以上1毫升/（头·次），肌内注射，连用3天。②板蓝根注射液5～10毫升/次，2次/天，连用3～5天。③复方黄芪多糖可溶性粉100克加水200千克，全群混饮，连用3～5天。④强力霉素可溶性粉100克拌料100千克，全群混饲，连用3～5天。

处方3：①猪用干扰素（200万活性单位/毫升），30日龄以前0.5毫升/（头·次），30～70日龄0.75毫升/（头·次），70日龄以上1毫升/（头·次），肌内注射，连用3天。②黄芪多糖注射液猪0.2毫升/次，1次/天，连续应用3～5天。③复方康福那心注射液5～10毫升/次，1～2次/天，连用3～5天。④磷酸替米考星可溶性粉（按磷酸替米考星计）200～300毫克/升水，全群混饮，连用3～5天。

处方4：补充维生素E和硒，提高猪的免疫力。饲料中添加一定量的磺胺类或抗生素类药物，控制继发感染。药物饮水：泰妙灵，每吨水加49克，连用5天。或用林可霉素，每吨水加33克，连用7～10天。

八、猪圆环病毒病

猪圆环病毒感染是由猪圆环病毒引起的一种新型传染病。主要侵害8～13周龄的小猪，其临床表现为体质下降、消瘦、腹泻和呼吸困难等。

【病原】猪圆环病毒属于圆环病毒科圆环病毒属，病毒粒子的直径为14～25纳米，呈20面立体对称，无囊膜。它分为猪圆环病毒1型（PCV-1）和猪圆环病毒2型（PCV-2）两个类型。PCV对外界的抵抗力较强，在pH值3的环境中能存活很长时间；对氯仿不敏感；在56℃或70℃处理一段时间不被灭活，在高温环境也能存活一段时间。

【流行病学】病猪和带毒猪是主要的传染源，猪在不同猪群间移动是该病毒的主要传播途径，也可通过被污染的衣服和设备进行传播。PCV 的天然宿主是猪。本病多发于断奶后 2～3 周龄和 5～13 周龄的仔猪；急性发病猪群中，发病率为 4%～25%，平均病死率为 18%；育肥猪多表现为阴性感染，不表现临床症状，少数怀孕母猪感染 PCV 后，可经胎盘垂直感染给仔猪；用 PCV 人工感染试验猪后与其他未接种猪的同居感染率是 40%，这说明该病毒也可水平传播。血清阴性的公猪精液中含有 PCV-2 的 DNA，说明精液可能是另一种传播途径，通过交配传染母猪；母猪是很多病毒的携带者，通过多种途径排毒或通过胎盘传染哺乳仔猪，造成仔猪的早期感染。猪对 PCV 具有较强的易感性，感染猪可自鼻液、粪便等废物中排出病毒，经口腔、呼吸道途径感染不同年龄的猪。患病猪群若并发或继发细菌、病毒感染，死亡率则增加。副猪嗜血杆病是最常见的继发感染细菌。饲养管理中的拥挤、潮湿、空气污浊、高温和不同日龄的猪混养等应激因素，均可加重病情的发展。猪圆环病毒分布极为广泛，加拿大、德国和英国等国的阳性率在 55%～92%。

【临床症状】PCV 感染的猪群在临诊上表现各异，主要有猪断奶后多系统衰竭综合征（PMWS）、皮炎肾病综合征（PDNS）、猪呼吸道疾病综合征（PRDC）、繁殖障碍、先天性震颤、肠炎等。当前应重点注意 PMWS、PRDC、繁殖障碍和先天性震颤。

断奶仔猪多系统衰竭综合征（PMWS）主要以腹泻、呼吸困难、咳喘、贫血、黄疸、皮肤炎、肾衰和皮肤坏死等为特征。多发生于 5～12 周龄的仔猪，同窝或不同窝仔猪有呼吸道症状，腹泻，发育迟缓，体重减轻，有时出现皮肤苍白或黄疸（抗生素治疗无效或疗效不佳）。皮炎肾病综合征（PDNS），最常见的临床症状为皮肤发生圆形或不规则形的隆起，呈现周边为红色或紫色、中央为黑色的病灶。猪呼吸道疾病综合征（PRDC），病灶常融合成条带和斑块。病灶通常在后躯、后肢和腹部最早发现，有时可扩展到胸部或耳。发病温和的猪体温正常，行为无异，常自动康复。发病严重者可能显示跛行、发热、厌食和体重减轻。患繁殖障碍和先天性震颤的猪，出生后第 1 周，严重的震颤可因不能吃奶而死亡，震颤为双侧，影响骨骼肌肉，当卧下或睡觉时震颤消失，外界刺激可引发或加重震颤，如声音或温度刺激，有的在整个生长和发育期间都不断发生震颤。

【病理变化】

1. 剖检变化

本病主要的病理变化为患猪消瘦，贫血，皮肤苍白，黄疸（疑似 PMWS 的猪有 20% 出现）；淋巴结异常肿胀，内脏和外周淋巴结肿大到正常体积的 3～4 倍，切面为均匀的白色；肺部有灰褐色炎症和肿胀，呈弥漫性病变，密度增加，坚硬似橡皮样；肝脏发暗，呈浅黄色到橘黄色外观，萎缩，肝小叶间结缔组织增生；肾脏水肿（有的可达正常的 5 倍），苍白，被膜下有坏死灶；脾脏轻度肿大，质地如肉；胰、小肠和结肠也常有肿大及坏死病变。

2. 组织学变化

病变广泛分布于全身器官、组织，广泛性的病理损伤。肺有轻度多灶性或高度弥漫性间质性肺炎；肝脏有以肝细胞的单细胞坏死为特征的肝炎；肾脏有轻度至重度的多灶性间质性肾炎；心脏有多灶性心肌炎。在淋巴结、脾、扁桃体和胸腺常出现多样性肉芽肿炎症，淋巴细胞缺失。

当发现病死猪全身淋巴结肿大，肺退化不全或形成固化、致密的病灶时，应怀疑本病。可见淋巴组织内淋巴细胞减少，单核吞噬细胞类细胞浸润及形成多核巨细胞，若在这些细胞中发现嗜碱性或两性染色的细胞质内包涵体，则基本可以确诊（在病猪死后极有诊断价值）。

【实验室检查】本病的实验室诊断方法很多，常用的是聚合酶链式反应、酶联免疫吸附试验、免疫荧光技术。

【类症鉴别】

1. 猪圆环病毒病与猪生殖和呼吸综合征的鉴别

〖相似点〗猪圆环病毒病与猪生殖和呼吸综合征均有精神沉郁，食欲不振，不同程度的呼吸困难；母猪发生流产，死胎、木乃伊胎、弱仔等；腹泻、被毛粗乱、渐进性消瘦，猪群的免疫功能下降，生长缓慢。

〖不同点〗猪生殖和呼吸综合征是由猪生殖和呼吸综合征病毒引起的以妊娠母猪的繁殖障碍以及各种年龄的猪呼吸道疾病为特征的高热性传染病，仔猪发病率可达 100%，死亡率可达 50% 以上，母猪流产率达 30% 以上。猪场内的怀孕母猪，往往体温、呼吸正常，但大都流产、死胎、弱仔或早产、木乃伊胎、产后无乳。公猪缺乏性欲。哺乳仔猪和生长猪体温明显升高，可达 41℃ 以上，眼结膜炎、眼睑水肿，咳嗽、气喘等呼吸道症状，部分猪后躯无力、不能站立或共济失调等神经症状。有些病猪耳部发紫、发蓝，俗称"蓝耳病"。猪圆环病毒病断奶仔猪患病后表现为肌肉衰弱无力、下痢、呼吸困难、黄疸、贫血、腹股沟淋巴结肿胀明显。母猪导致繁殖障碍或流产，死胎、木乃伊胎及弱仔。有的仔猪可发生先天性震颤病。在耳部背面及边缘、腹部及尾部皮肤发绀，皮肤上发生中央为黑色、周围呈现紫红色的圆形或不规则形状的隆起。肺脏间质性肺炎，在肾脏皮质和髓质没有散在的大小不一的白色坏死灶，肾包膜内也没有积液，脾头肿大不明显。

2. 猪圆环病毒病与猪瘟的鉴别

〖相似点〗猪圆环病毒病与猪瘟均有发热、呕吐，呼吸困难、咳嗽、腹泻，母猪出现死胎、弱仔等。

〖不同点〗猪瘟是由猪瘟病毒引起的，表现结膜发炎，两眼有脓性分泌物，全身皮肤黏膜广泛性充血、出血，肢体末端发绀，坏死，可发生短暂便秘，产出的仔猪不发生震颤，皮肤也不出现紫红色的隆起病灶。病理变化为全身呈败血症变化，淋巴结出血，切面呈红白相间的大理石样，脾不肿大，但边缘有暗紫色稍突出表面的出血性梗死灶，结肠黏膜出现纽扣状肿，扁桃体出现坏死，口腔、齿龈有出血点和溃疡灶，喉头和膀胱黏膜均有出血斑点。而猪圆环病毒病缺乏这些表现。

3. 猪圆环病毒病与猪伪狂犬病的鉴别

〖相似点〗猪圆环病毒病与猪伪狂犬病均有食欲不振，呕吐，呼吸困难，流产，死胎现象。

〖不同点〗猪伪狂犬病是由疱疹病毒Ⅰ型引起的，除能感染猪外，还能感染牛、羊、猫、犬、兔等动物。主要以哺乳仔猪发病最为严重，发病率和死亡率可达100%，而猪圆环病毒病只出现震颤，3周时间内可恢复。猪伪狂犬病的神经症状主要表现为兴奋或麻痹，剖检可见扁桃体有出血点或化脓性坏死灶，脑膜充血、出血、水肿，脑实质出现针尖大小的出血点，肝脏表面有散在的坏死点或坏死灶。而猪圆环病毒病为皮肤发生圆形或不规则形的隆起，呈现周边为红色或紫色、中央为黑色的病灶。剖检为患猪消瘦，贫血，皮肤苍白，黄疸（疑似PMWS的猪有20%出现），淋巴结异常肿胀，内脏和外周淋巴结肿大到正常体积的3~4倍，切面为均匀的白色。肺部有灰褐色炎症和肿胀，呈弥漫性病变，密度增加，坚硬似橡皮样，肝脏发暗，呈浅黄色到橘黄色外观，萎缩，肝小叶间结缔组织增生，肾脏水肿（有的可达正常的5倍），苍白，被膜下有坏死灶，脾脏轻度肿大，质地如肉。胰、小肠和结肠也常有肿大及坏死病变。

4. 猪圆环病毒病与猪附红细胞体病的鉴别

〖相似点〗猪圆环病毒病与猪附红细胞体病均有气喘，可视黏膜苍白或黄染，被毛粗乱，流产、产死胎等现象。

〖不同点〗猪附红细胞体病是一种由立克次氏体所引起的发热性溶血性人畜共患病，主要特征是贫血和黄疸。猪的感染主要集中在6~9月。怀孕母猪和哺乳母猪患病后高热，大部分表现全身皮肤发红，个别猪中、后期皮肤黄染或苍白（具有示病诊断意义），怀孕母猪出现流产、早产，尤其是临产母猪的流产率、早产率高，不流产的产出死胎，有的即使产活仔，仔猪弱小，发病死亡率高。哺乳仔猪、断奶仔猪和育肥猪都可发病，而且贫血和黄疸症状表现明显。猪圆环病毒病眼角附有褐色眼屎或有褐色泪迹，全身发红，腹下皮肤有紫红色斑块，大便干燥色暗，附有脱落的小肠黏膜，皮下组织弥漫性黄染，肝脏肿大、黄染，表面有黄色条纹状或灰白色坏死灶，脾也肿大，但脾头肿大不显著。

5. 猪圆环病毒病与猪链球菌病的鉴别

〖相似点〗猪圆环病毒病与猪链球菌病均有高温、精神不振、食欲不良、呼吸困难和皮肤病变。

〖不同点〗猪链球菌病是由多种致病性猪链球菌感染引起的一种人畜共患病。任何年龄都可感染，其中新生猪和哺乳仔猪最容易感染发病并且死亡率较高，其次是架子猪易感染，成年猪很少感染，本病多呈地方性流行。以败血症、脑膜脑炎、心内膜炎、关节炎、化脓性淋巴结炎为主要特征。急性病例，体温升高至41～43℃，临床上往往未见任何症状，突然死亡。症状稍缓的表现为鼻有浆液性鼻漏，眼结膜潮红、流泪，出现多发性关节炎，跛行或不能站立，臀部、背部及腹下皮肤暗红，似"刮痧"样。后期出现呼吸困难，如不及时治疗常于1～3天内死亡，死亡率在80%以上，幸存下来的耐过猪可转为亚急性型和慢性型。猪链球菌病败血型剖检可见全身器官充血、出血，并有化脓症状。病猪常伴发不同程度的关节炎。有神经症状的病例，脑和脑膜充血、出血，脑脊髓液增量、浑浊，脑实质有化脓性脑炎变化，用抗生素（青霉素、链霉素、土霉素、磺胺类药物）治疗有效。猪圆环病毒病哺乳仔猪很少发病，断奶后2～8周内发病，引起仔猪多系统衰竭综合征。患猪体温40～41℃，精神不振，被毛粗乱，皮肤苍白，进行性消瘦，咳嗽、呼吸困难，眼睑水肿，鼻流脓性分泌物，持续或间歇性腹泻，皮肤出现小米粒至花生米大小的紫红色丘疹，约有20%的病猪出现贫血、黄疸。断奶仔猪消瘦、咳嗽、腹泻，使用抗生素治疗效果不好或无效。

【防制】

1. 预防措施

（1）严格消毒　猪舍要每天进行清扫，保持猪舍、饲养管理用具及环境的清洁卫生，每天用0.5%优氯净或0.5%过氧乙酸溶液等进行消毒。

（2）淘汰病猪　如发现可疑病猪及病猪，应立即隔离或淘汰，加强消毒，切断传播途径，杜绝疫情传播。

（3）免疫接种　猪繁殖与呼吸综合征-圆环病毒二联蜂胶灭活苗，10～20日龄首免，1毫升/头；2～3周后二免，2毫升/头，颈部肌内注射。成年猪首免3周后二免，均为2毫升/头，颈部肌内注射。

2. 发病后措施

处方1：①将1份量猪口服补液盐中的两小袋药品同时放入1000毫升（30℃左右）的温开水中，完全溶解后，自由饮用，连用3～5天。②乳酸环丙沙星注射液5毫克/（千克体重·次），肌内注射，2次/天，连用3～5天。③白头翁散30～50克/（头·天），全群拌料混饲，连用3～5天。

处方2：①猪用干扰素（200万活性单位/毫升），30～70日龄0.75毫升/头，70日龄以上1毫升/头，肌内注射，1次/天，连用3天。②板蓝根注射液5～10毫升/次，肌内注射，2次/天，连用3～5天。③硫酸新霉素预混剂20～30克/次，温水调灌服，2次/天，连用3～5天。

九、猪轮状病毒病

猪轮状病毒病是一种主要针对仔猪的急性肠道传染病。其特征是腹泻和脱水，成年猪常呈隐性经过，本病的感染率和死亡率均较高。

【病原】轮状病毒属于呼肠孤病毒科轮状病毒属。由11个双股RNA片段组成，有双层衣壳，各种动物和人的轮状病毒之间具有共同的抗原，可出现交叉反应，但不同的轮状病毒抗原性差异很大。有7个不同的轮状病毒的血清群，其中A群轮状病毒最普遍。

本病毒对理化因素有较强的抵抗力。在室温能保存7个月。60℃30分钟存活；但在63℃30分钟则被灭活。pH 3～9稳定。能耐超声波振荡和脂溶剂。0.01%碘、1%次氯酸钠和70%酒精可使病毒丧失感染力。

【流行病学】患病的人、病畜和隐性患畜是本病的传染源。病毒主要存在于消化道内，随粪便排到外界环境，污染饲料、饮水、垫草和土壤等，经消化道途径使易感猪感染。

本病的易感宿主很多，其中以犊牛、仔猪、初生婴儿的轮状病毒病最常见。初产母猪产的仔猪比经产母猪所产的仔猪更易感染本病毒。轮状病毒有一定的交叉感染性，人的轮状病毒能引起猴、仔猪和羔羊感染发病，犊牛和鹿的轮状病毒能感染仔猪。可见轮状病毒可以从人或一种动物传给另一种动物，只要病毒在人或一种动物中持续存在，就可造成本病在自然界中长期传播。这也许是本病普遍存在的重要因素。

本病传播迅速，呈地方性流行。多发生在晚冬至早春的寒冷季节。应激因素（特别是寒冷、潮湿）、不良的卫生条件、喂不全价饲料和其他疾病的袭击等，对疾病的严重程度和病死率均有很大的影响。

【临床症状】潜伏期 12～24 小时。在疫区由于大多数成年猪都已感染过而获得了免疫，所以得病的多是 8 周龄以内的仔猪，发病率为 50%～80%。病初精神委顿，食欲减退，不愿走动，常有呕吐。迅速发生腹泻，粪便水样或糊状，色黄白或暗黑。腹泻越久，脱水越明显，严重的脱水常见于腹泻开始后的 3～7 天，体重可减轻 30%。症状轻重取决于发病日龄和环境条件，特别是环境温度下降和继发大肠杆菌病，常使症状严重和病死率增高。一般常规饲养的仔猪出生头几天，由于缺乏母源抗体的保护，感染发病症状重，病死率可高达 100%；如果有母源抗体保护，则 1 周龄的仔猪一般不易感染发病。10～21 日龄的哺乳仔猪症状轻，腹泻 1～2 天即迅速痊愈，病死率低。3～8 周龄或断乳 2 天的仔猪，病死率一般为 10%～30%，严重时可达 50%。

【病理变化】病变主要限于消化道，特别是小肠。肠壁菲薄，半透明，含有大量的水分、絮状物及黄色或灰黑色液体。有时小肠广泛性出血，小肠绒毛短缩扁平，肠系膜淋巴结肿大。

【实验室检查】根据发生在寒冷季节、多侵害幼龄动物、突然发生水样腹泻、发病率高和病变集中在消化道等特点做出初步诊断，确诊需要实验室检查。

【鉴别诊断】

1. 猪轮状病毒病与猪传染性胃肠炎的鉴别

〖相似点〗猪轮状病毒病与猪传染性胃肠炎均精神沉郁、腹泻、脱水等临床症状。

〖不同点〗猪传染性胃肠炎是由冠状病毒引起的，在寒冷季节广为流行，且传播速度快。只感染猪，其他动物不发病。临床表现为腹胀，水样腹泻，部分患猪先出现呕吐，继而发生急剧而频繁的水样腹泻，呈喷射状，粪便呈黄色、淡绿色或灰白色，有腥臭味，常夹带有未消化的凝乳块，患猪严重脱水，病程1周左右。患猪的胃和小肠充满凝乳块，胃底黏膜轻度充血，小肠充血，肠壁变薄，呈半透明状，回肠和小肠的绒毛萎缩变短。猪轮状病毒病的感染率极高，各种日龄的猪均可感染，一般呈地方流行。临床表现为剧烈腹泻，迅速脱水。喂食后出现呕吐常是腹泻的先兆症状，粪便呈水样或糊状，病程一般为3～7天，患猪常因脱水导致死亡。康复猪可产生抗体，但抗体持续时间较短，会重复感染。病猪胃内充满凝乳块和乳汁，胃底出血，肠壁变薄，内容物呈灰黄色或淡黑色的液状。

2. 猪轮状病毒病与猪痢疾的鉴别

〖相似点〗猪轮状病毒病与猪痢疾均有精神沉郁、腹泻、脱水等临床症状。

〖不同点〗猪痢疾是由痢疾密螺旋体引起的，各种日龄的猪均可感染，其流行季节不明显，传播速度较慢，保育期间的小猪的发病率和死亡率较高。环境应激均可引起本病的发生和流行。急性型表现病初体温升高至40℃以上，排出黄色或灰色稀粪，持续腹泻，不久可见粪便中混有黏液、血液及纤维碎片，呈红棕色或黑红色，继而脱水消瘦，虚脱而死，症状稍轻者转为慢性型，病程1～2周。慢性型的主要表现与猪传染性胃肠炎相似，以腹泻为主，但其表现时轻时重，粪便呈黑色，病程2周以上。保育期内的猪感染后生长发育受阻，易成为僵猪，成年猪感染后则病情较轻。病猪肠系膜淋巴结肿胀，胃底幽门部红肿或出血，结肠肿胀，黏膜充血或出血，肠腔充满黏液和血液，盲肠肿胀充血，回盲瓣分界明显。有的患猪的肠黏膜表面出现坏死性炎症。猪轮状病毒病的感染率极高，各种日龄的猪均可感染，临床表现为剧烈腹泻，迅速脱水。喂食后出现呕吐常是腹泻的先兆症状，粪便呈水样或糊状。病猪胃内充满凝乳块和乳汁，肠壁变薄，内容物呈灰黄色或淡黑色的液状。

3. 猪轮状病毒病与猪瘟的鉴别

〖相似点〗猪轮状病毒病与猪瘟均有腹泻、高发病率等症状。

〖不同点〗猪瘟是由猪瘟病毒引起的一种急性热性传染性疾病，各种年龄的猪均可发病，一年四季流行，传染性极强，具有高的发病率和死亡率。初期便秘后期腹泻（黏液粪便）。病猪体温升高，常昏睡，病程较长。皮肤有紫红色斑点，指压不褪色。幼猪出现磨牙、站立不稳、阵发性痉挛等神经紊乱症状。猪瘟脾有出血性梗死灶，回盲口有纽扣状溃疡，淋巴结潮红，周边出血，呈大理石样花纹，肾灰黄色，并有许多小出血点，大肠充血、出血。无特效药物治疗。猪轮状病毒病多发生于晚秋、冬季和早春，主要发生在8周龄以下的仔猪，中猪和大猪为隐性感染，发病率高但死亡率低。体温正常，吃奶后发生呕吐，继而腹泻（水泻）并且比较顽固性，抗生素治疗无效。病变主要集中在胃和小肠，胃壁弛缓，充满凝乳块和乳汁，肠管变薄，小肠壁薄，呈半透明，内容物为液状，呈灰黄色或灰黑色，小肠绒毛缩短。

4. 猪轮状病毒病与猪伪狂犬病的鉴别

〖相似点〗猪轮状病毒病与猪伪狂犬病患病仔猪均有高发病率、呕吐、腹泻等现象。

〖不同点〗猪伪狂犬病是由伪狂犬病病毒引起的一种急性传染病，还可引起猪的繁殖障碍，呈地方流行性，无季节性散发，多种家畜和野生动物可感染。哺乳仔猪最为敏感，15日龄以内的仔猪常表现为最急性型，病程不超过72小时，死亡率100%，主要表现为体温升高、拉稀、发抖、运动不协调、流涎、颈部肌肉僵硬、四肢划水样运动，最后昏迷死亡。育肥猪则大多数伴有体温升高，呼吸困难，一般不发生死亡，耐过后呈长期隐性感染带毒或排毒。

成年猪常不呈现可见的临床症状或仅表现为轻微的体温升高，一般不发生死亡。母猪妊娠初期，可在感染后的 20 天左右发生流产，在妊娠后期，经常发生死胎和木乃伊胎。剖检肝、脾等实质脏器可见直径 1～2 毫米的灰白色坏死小点，肝、肾的坏死灶最具特征，周围有红色晕圈，中央黄白色或灰白色，在肝脏褐色的背景下呈现异常鲜艳醒目的红黄色坏死灶。猪轮状病毒病多发生于晚秋、冬季和早春，主要发生在 8 周龄以下的仔猪，中猪和大猪为隐性感染，发病率高但死亡率低。体温正常，吃奶后发生呕吐，继而腹泻（水泻）并且比较顽固性；抗生素治疗无效。病变主要集中在胃和小肠，胃壁弛缓，充满凝乳块和乳汁，肠管变薄，小肠壁薄，呈半透明，内容物为液状，呈灰黄色或灰黑色，小肠绒毛缩短。

5. 猪轮状病毒病与仔猪副伤寒的鉴别

〖相似点〗猪轮状病毒病与仔猪副伤寒均可引起猪的腹泻。

〖不同点〗仔猪副伤寒是由致病性沙门菌引起的，多发于 4 月龄以内的中小猪，尤其是断奶不久的仔猪最易感。临床表现，急性型多见于断奶不久的仔猪或流行初期，患猪突然发病，精神不振，食欲减退，体温升高至 41℃ 以上，收腹拱背，接着出现腹泻，粪便恶臭，腹泻开始后，体温有所下降，肛门、尾巴及后腿等处沾有含血液的黏稠粪便，患猪下腹部、耳根、蹄部皮肤出现紫红色斑块，常伴有咳嗽和呼吸困难，很快死亡。慢性型与猪瘟的症状相似，患猪体温升高至 40℃ 左右，精神沉郁，食欲不振，畏寒，喜扎堆或钻草窝，有眼屎，严重腹泻，粪便恶臭，呈淡黄色、黄褐色或淡绿色不等，日久排粪失禁，叫声嘶哑，行走无力。病程 2～3 周，期间时好时坏，若治疗不当，多数死亡或被迫淘汰。剖检病猪脾脏肿大，边缘钝，肠系膜淋巴结呈索状肿大，并有大理石样色泽，肝、肾也有不同程度的肿大，结肠、盲肠可见坏死性病变，肠壁增厚，黏膜上覆盖一层弥漫性坏死物质，剥开底部呈红色，边缘有不规则的溃疡面。猪轮状病毒病的感染率极高，各种日龄的猪均可感染，临床表现为剧烈腹泻，迅速脱水。喂食后出现呕吐常是腹泻的先兆症状，粪便呈水样或糊状。病猪胃内充满凝乳块和乳汁，肠壁变薄，内容物呈灰黄色或淡黑色的液状。

6. 猪轮状病毒病与流行性腹泻的鉴别

〖相似点〗猪轮状病毒病与流行性腹泻均可引起猪的腹泻、脱水。

〖不同点〗猪流行性腹泻是由流行性病毒引起的，多发于寒冷季节，各种日龄的猪均可同时感染发病，大猪感染后病情较轻。数日后可自行康复，仔猪感染后病情较重，可导致死亡。临床表现为呕吐、水样腹泻、严重脱水，食欲大减，粪便呈灰色或黑色水样，传播速度较慢，病程较短，死亡率较低，病程1周左右。1周龄以内的仔猪呕吐多发生在吃奶后，患猪常因脱水死亡，死亡率在20％～30％之间，有的成年猪感染后只出现呕吐和厌食症状。流行性腹泻的病变部位局限于小肠，肠管扩张，含有大量的黄色液体，肠壁变薄，肠系膜淋巴结水肿。猪轮状病毒病的感染率极高，各种日龄的猪均可感染，2月龄以下的仔猪多发，临床表现为剧烈腹泻、迅速脱水。喂食后出现呕吐常是腹泻的先兆症状，粪便呈水样或糊状。病猪胃内充满凝乳块和乳汁，肠壁变薄，内容物呈灰黄色或淡黑色的液状。

7. 猪轮状病毒病与猪丹毒的鉴别

〖相似点〗猪轮状病毒病与猪丹毒均有腹泻、高发病率和低死亡率的表现。

〖不同点〗猪丹毒是由猪丹毒杆菌引起的一种急性、热性传染病，分为急性败血型、亚急性疹块型和慢性型，不同品种、不同年龄的猪一年四季均可发病。而猪轮状病毒病的感染率极高，各种日龄的猪均可感染，冬春季多发，一般呈地方流行。急性败血型猪丹毒体温升高到42～43℃，病猪皮肤发红发紫，呼吸加快，突然死亡，小猪还伴有神经症状。亚急性疹块型的特征症状是皮肤表面出现方形、菱形或圆形的疹块，指压不退，俗称"打火印"，体温升高到41℃以上，病程长，死亡率较低，粪便呈黏液状。治疗用强力霉素、阿莫西林等效果较好。而猪轮状病毒病的临床表现为剧烈腹泻，迅速脱水，食欲不振。喂食后出现呕吐常是腹泻的先兆症状，粪便呈水样或糊状，病程一般为 3～7 天，患猪常因脱水导致死亡。抗菌药物治疗无效或效果很差。猪丹毒的病变为慢性型呈隐性感染，常见慢性关节炎、慢性心内膜炎和坏死性皮炎。急性败血型的病理表现以全身性败血症变化和体表皮肤出现红斑为特征，肺充血、水肿，脾充血、肿大、呈樱桃红色。而猪轮状病毒病的病猪胃内充满凝乳块和乳汁，肠壁变薄，内容物呈灰黄色或淡黑色的液状。

8. 猪轮状病毒病与仔猪黄白痢的鉴别

〖相似点〗猪轮状病毒病与仔猪黄白痢均有腹泻、脱水、消瘦和精神不振等症状。

〖不同点〗猪黄白痢是由大肠杆菌引起的，仔猪黄痢多发于出生后 1～3 天的仔猪，而仔猪白痢主要发生于 10～30 日龄的仔猪，无明显的季节性。以下痢，排出乳白色或淡黄色黏稠或粥样并带有特异腥臭味的粪便为特征。病变为病仔猪皮肤发干、皱缩，口腔黏膜苍白，干燥，表现在仔猪的颈部、腹部常有皮下水肿。可见体表苍白、消瘦、脱水，肛门周围及尾根沾有灰白色、浅淡黄色、腥臭的稀便，主要病变是仔猪急性胃肠卡他性炎症。庆大霉素、链霉素等治疗效果良好。猪轮状病毒病各种日龄的猪均可感染。7 日龄以内的仔猪感染后死亡率高。以剧烈腹泻，迅速脱水，水样或糊状粪便为特征。病猪胃内充满凝乳块和乳汁，肠壁变薄，内容物呈灰黄色或淡黑色的液状。抗菌药物治疗无效或效果很差。

9. 猪轮状病毒病与仔猪红痢的鉴别

〖相似点〗猪轮状病毒病与仔猪红痢均有精神沉郁，腹泻、脱水等临床症状。

〖不同点〗仔猪红痢的病原为 C 型产气荚膜杆菌（魏氏梭菌）。主要侵害 1～3 日龄的仔猪，粪便红褐色（亚急性型的为黄色），粪便中含有灰白色的组织碎片。每窝仔猪中有 1～4 头表现症状，通常较大和较健康的猪先发生，急性症状的病死率高达 100%，慢性的存活率较高。剖检可见皮下胶冻样浸润，胸腔、腹腔、心包积水呈樱桃红色，空肠暗红色，肠内容物暗红色。肠黏膜下层或淋巴结有小气泡。细菌分离鉴定可见革兰氏阳性的两端钝圆的单个或双个杆菌。进一步生化鉴定为魏氏梭菌。

10. 猪轮状病毒病与球虫病的鉴别

〖相似点〗猪轮状病毒病与球虫病均有精神沉郁，腹泻、脱水等临床表现。

〖不同点〗球虫病的病原是球虫。主要危害初生仔猪，以8～15日龄多发，起先拉黄色、灰色稀便，严重者拉黑色恶臭、带气泡的粪便，还有的粪便呈胶冻样、暗红色、混有血液。病猪消瘦，皮肤苍白，生长停滞，个别死亡。病变主要发生于小肠、回肠和空肠。肠浆膜面有出血斑。肠黏膜糜烂、出血、坏死。严重者肠内容物全是暗红色糊状恶臭物，常有异物覆盖；肠上皮坏死脱落，肠绒毛变短或消失。猪轮状病毒病多发生于8周龄以内的仔猪。晚秋、冬季和早春季节多发。以剧烈腹泻，迅速脱水，水样或糊状粪便为特征。病猪胃内充满凝乳块和乳汁，肠壁变薄，内容物呈灰黄色或淡黑色的液状。抗菌药物治疗无效或效果很差。

【防制】

1. 预防措施

加强饲养管理，认真执行兽医防疫措施，增强母猪及仔猪的抵抗力。在疫区，对经产母猪的新生仔猪应及早饲喂初乳，接受母源抗体的保护以免受感染或减轻症状。新生仔猪口服抗血清亦能起到保护作用。产房要定期以0.5%过氧乙酸、2%戊二醛等进行喷雾消毒，以杀灭轮状病毒和一些病原菌。

2. 发病后措施

发现病猪应立即隔离到清洁、干燥和温暖的猪舍，加强护理，减少应激，避免密度过大。对环境、用具等进行消毒。本病无特效药物，发病后采取辅助措施。

处方1：①将1份量猪口服补液盐中的两小袋药品同时放入1000毫升的温开水（30℃左右）中，完全溶解后，供猪自由饮用，连用3～5天。②复方黄芪多糖可溶性粉100克拌料100千克，混饲，连用3～5天。③硫酸新霉素预混剂，哺乳仔猪15～20克/次，断奶仔猪 20～30 克/次，温水调灌服，2 次/天，连用 3～5 天。

　　处方 2：①将 1 份量猪口服补液盐中的两小袋药品同时放入 1000 毫升的温开水（30℃左右）中，完全溶解后，供猪自由饮用，连用 3～5 天。②复方黄芪多糖可溶性粉 100 克拌料 100 千克混饲，连用 3～5 天。③硫酸黏菌素预混剂（以硫酸黏杆菌素计）温水调灌服，3～5 毫克/(千克体重·次)，2 次/天，连用 3～5 天。④葡萄糖生理盐水 250～1000 毫升、5% 碳酸氢钠 20～50 毫升，静脉或腹腔注射，1～2 次/天，连用 2～3 天。

十、猪流感

　　猪流行性感冒简称猪流感，是由猪流感病毒所引起的猪的急性、高度接触性呼吸道传染病。以突然发病、咳嗽、呼吸困难、发热、迅速传播为特征。

　　【病原】流感病毒属于正黏病毒科 A 型流感病毒，带囊膜，呈球形、丝状或不规则状。猪患流感时，常能分离到 H_1N_1、H_3N_2 亚型。猪流感病毒在 9～12 日龄的鸡胚中易生长，可用尿囊或羊膜腔途径接种。

　　流感病毒对高温的耐受力差，加热 56℃10 分钟、60℃3 分钟、70℃2 分钟即可灭活。直射的阳光下 40～48 小时可灭活病毒。氢氧化钠、消毒灵、百毒杀、漂白粉、福尔马林、过氧乙酸等多种消毒剂在常用浓度下可有效杀灭病毒。堆积发酵的畜禽粪便，10～20 天可全部杀灭病毒；流感病毒对干燥和低温的抵抗力强。粪便中的病毒在 4℃下可存活 30～35 天，20℃下存活 7 天；病毒在冷冻的鸡肉和骨髓中可存活 10 个月。

　　【流行病学】主要的传染源是病猪和带毒猪。康复的猪带毒 6～8 周，猪发病前后鼻腔分泌物中含病毒最多，传染性强。阴雨、潮湿、寒冷、运输以及拥挤等应激可促进本病的发生和流行。

　　本病接触性感染极强，主要感染途径是呼吸道，猪或人由空气飞沫经呼吸道感染。猪也可因吃下含病毒的肺丝虫的幼虫而感染。各种年龄、性别和品种的猪对本病都有易感性。

本病的流行有明显的季节性,多发生于早春、秋末和寒冬。常呈现突然发病,猪群中所有的猪几乎同时发病。传播迅速,常呈地方流行或大流行。

【临床症状】潜伏期很短,几小时到数天,自然发病平均 4 天,人工感染则为 24~48 小时。本病往往突然发病,全群几乎同时感染。病猪体温突然升高到 40.3~41.5℃,有时可高达 42℃。食欲下降,甚至废绝。精神极度委顿,反应迟钝,肌肉和关节疼痛,常卧地不愿起立或钻卧垫草中,捕捉时则发出惨叫声。发出轰鸣声并急促呼吸、剧烈咳嗽。粪便干硬,结膜潮红,眼和鼻流出黏性分泌液,有时鼻分泌液带有血色。病程较短,如无并发症,多数病猪可于 6~7 天康复。如有继发性感染,则可使病势加重,发生出血性肺炎或肠炎而死亡。个别病例可转为慢性,持续咳嗽、消化不良、瘦弱,长期不愈,可拖延 1 个月以上,也常引起死亡。

【病理变化】病变主要在呼吸器官。咽和喉头黏膜轻度充血,表面有黏液,气管和大支气管也出现同样的变化。小支气管完全被渗出液充盈。有些病例可出现肺小叶间水肿,颈、纵隔、肠系膜淋巴结充血、水肿、肿胀。发生死亡的病例病变更明显。在支气管渗出液中有较多的纤维蛋白,并沉积在肺浆膜和胸膜表面。脾常轻度肿大,胃肠有卡他性炎症。

【实验室检查】发病初期采取新鲜鼻液,或用灭菌棉棒擦拭鼻咽部分泌物,立即接种于孵化 9~11 天的鸡胚尿囊腔或羊膜腔内。培养 5 天后取羊水做血凝试验鉴定。

【类症鉴别】

1. 猪流感与猪肺疫的鉴别

〖相似点〗猪流感与猪肺疫均有高热、食欲不振、精神沉郁、呼吸困难和咳嗽等症状。

〖不同点〗猪肺疫是由巴氏杆菌引起的猪的一种急性或慢性传染病。发生一般无明显的季节性,但以冷热交替、气候剧变、多雨、潮湿、闷热的时期多发,多呈散发性,有时呈地方性流行,本病多发生于 3~10 周龄的仔猪。体温升高,但少有超过 41.5℃,

咳嗽，常由口鼻流出泡沫样液体，呼吸促迫，呈犬坐姿势，颈部的咽喉区域常肿胀，可见该处高热红肿，耳颈及腋部皮肤有出血点，按之不褪色。猪流感是一种急性、热性、高度接触性传染病，临床以呼吸器官炎症为主要特征。突然感染，体温升高到 40～42℃，食欲不振或废绝，极度虚脱。肌肉关节疼痛，呼吸急促，呈腹式呼吸，阵发性咳嗽。眼鼻有黏性分泌物，病情日益加重后，发生出血性肺炎或肠炎而死亡。

2. 猪流感与急性猪气喘病的鉴别

〖相似点〗猪流感与急性猪气喘病均有精神不振、体温升高、食欲不振、呼吸困难、咳嗽等症状。

〖不同点〗急性猪气喘病（猪霉形体肺炎）是由肺炎支原体引起的猪的一种接触性慢性传染病。本病广泛存在于世界各地，在一般情况下，本病的死亡率不高，但是流行暴发的早期以及饲养管理条件不良、猪只抵抗力降低、继发性病原体感染也会造成严重的死亡。主要症状为咳嗽（反复干咳、频咳）和气喘，一般不打喷嚏，不出现疼痛反应，病程长。病变特征是融合性支气管肺炎，于尖叶、心叶、中间叶和膈叶前缘呈"肉样"或"虾肉样"实变。可与猪流感区别。猪流感的临床表现为呼吸道症状比较急促，且咳嗽、腹式呼吸明显。

3. 猪流感与猪感冒的鉴别

〖相似点〗猪流感与猪感冒是猪群在冬季和早春时节常易发生的疾病，均有高热、咳嗽等感冒症状。

〖不同点〗猪感冒是一种普通的感冒（俗称伤风），多因天气突然骤变、忽冷忽热、营养不良、雨淋受凉、寒风侵袭等引起，一年四季均可发生，但风寒感冒多发于秋冬，风热感冒多发于春夏。散发，病程较短，发病率和死亡率低。临床主要表现为食欲减少或不食，精神不振，体温升高至 40℃ 左右，鼻流清涕，有时咳嗽，耳尖及四肢下部发凉，被毛蓬乱无光，大、小便一般正常。此时只要对病猪加强护理，几乎不会发生死亡。猪流感是一种急性、热性、高度接触性传染病，临床以呼吸器官炎症为主要特征。突然感染，

体温升高至 $40\sim42℃$ ，食欲不振或废绝，极度虚脱。肌肉关节疼痛，呼吸急促，呈腹式呼吸，阵发性咳嗽。眼鼻有黏性分泌物，病情日益加重后，发生出血性肺炎或肠炎而死亡。

4. 猪流感与猪附红细胞体病的鉴别

〖相似点〗猪流感与猪附红细胞体病均可表现呼吸道症状，部分病例均表现局部或全身皮肤发紫，同时患猪均表现发热、厌食、精神沉郁等症状。

〖不同点〗附红细胞体病是由附红细胞体引起的一种人畜共患的传染病。临床以发热，厌食，贫血，黄疸及四肢、呼吸道症状、耳尖和腹下出血为主要特征。主要发生在夏、秋等蚊蝇较多的季节，以 $15\sim45$ 千克的中小猪发病为主，呈各地散发。而猪流感则以冬春季节多发，各种年龄的猪都可发生。以局部地区的暴发和流行为主，往往呈突然发病、发病率在 $30\%\sim80\%$ 不等。猪流感的临床表现为呼吸道症状比较急促，且咳嗽、腹式呼吸明显。而附红细胞体病的呼吸道症状则比较缓和。除呼吸道症状之外以贫血为主，表现皮肤苍白、被毛逆立，生长迟缓，而猪流感则无此症状。

【防制】

1. 预防措施

（1）隔离卫生　猪流行性感冒病毒能传染人，是一种人、畜共患传染病，在人类流行性感冒发生期间，猪也可能被感染，故在该病流行期间除加强消毒外，还必须增强自我保护意识。天气突然变化时，应注意猪舍的保暖干燥和清洁卫生。

（2）增强猪体抵抗力　加强营养，增加维生素，如维生素 A、维生素 E 的用量；饲料和饮水中添加一些抗应激药物，减弱猪体应激反应。所有的 A 型流行性感冒病毒毒株都对金刚烷胺敏感，经口服可减轻热反应和病毒的排泄，也有一定的预防作用。

（3）免疫接种　本病有 H_1N_1 和 H_3N_2 灭活疫苗，断奶仔猪可免疫；母猪在配种前后 4 周接种。

2. 发病后措施

提高猪群的营养需求，定时清洁环境卫生，及时隔离，栏圈、饲具要用 2%火碱溶液消毒，剩料剩水深埋或无公害化处理。

处方 1： ①小柴胡汤 60～80 克/头，煎汤，全群内服，30 千克以下剂量减半，1 次/天，连用 3～5 天。②板蓝根注射液，青年猪 0.2 毫升/（千克体重·次），仔猪 3～5 毫升/（头·次），肌内注射，1 次/天，连用 3～5 天。③苯唑西林钠粉针 20 毫克/千克体重，注射用水适量，肌内注射，2 次/天，连续应用 3～5 天。

处方 2： ①陈皮饮 60～80 克/（头·天），30 千克以下剂量减半，生姜数片捣汁为引，煎水，全群内服，1 次/天，连用 3～5 天。②复方安基比林 10～15 毫升/（头·次），肌内注射，2～3 次/天。③强力霉素可溶性粉 100 克加水 200 升，全群混饮，2 次/天，连饮 3～5 天。

处方 3： ①荆防败毒散，30 千克以上猪 60 克/头，30 千克以下剂量减半，全群拌料内服，1 次/天，连用 3～5 天。②30%安乃近 5～10 毫升/（头·次），肌内注射，2～3 次/天。③头孢羟氨苄可溶性粉（以头孢羟氨苄计）30～40 毫克/千克体重，全群混饮，2 次/天，连饮 3～5 天。

十一、猪细小病毒感染

猪细小病毒感染是由猪细小病毒（PPV）引起的母猪繁殖障碍的一种传染病，特征为死胎、木乃伊胎、流产、死产和初生仔猪死亡。各种猪均可感染 PPV，但除了怀孕母猪外，其他种类的猪感染后均无明显的临床症状。

【病原】病原为猪细小病毒，分类上属于细小病毒科，细小病毒属。病毒粒子外观呈六角形和圆形，无囊膜。PPV 能在猪源细胞中增殖，初次分离最好用原代猪肾细胞。PPV 对热具有强大的抵抗力，56℃30 分钟加热处理后病毒的传染性和血凝性都无明显改变。PPV 能耐 56℃48 小时，或 70℃2 小时，但是在 80℃5 分钟加热后感染性和血凝性都丧失。PPV 在 4℃极为稳定，对酸碱具有强大的抵抗力，但是 0.5%漂白粉或 2%火碱数分钟可杀死 PPV，2%戊二醛则需 20 分钟，3%甲醛需 1 小时，甲醛蒸气和紫外线需要相当长的时间才能杀死 PPV。组织培养病毒悬液在 pH 值甘油缓冲盐水中或在－20℃及－70℃以下能保存 1 年以上不失活，其感染性和血凝性均不减弱。

【流行病学】主要感染各种猪，包括胚胎、仔猪、母猪、公猪，甚至 SPF 猪。牛、绵羊、猫、小鼠的血清中可存在本病的病毒。

本病的主要传播途径为消化道和呼吸道以及生殖道。仔猪、胚胎、胎猪主要是被感染 PPV 的母猪在其生前经胎盘或在其生后经口鼻垂直传播感染。公猪、育肥猪、母猪主要是被污染的食物、环境经呼吸道、消化道感染，初产母猪的感染途径主要是与带 PPV 的公猪交配时感染。鼠类在传播该病上也许起一定的作用。PPV 的感染与动物年龄呈正相关，5～6 月龄的猪的抗体阳性率为 8%～29%，7～10 月龄时就上升为 46%～67%，11～16 月龄就高达 84%～100%。死亡主要表现在新生仔、胚胎、胎猪，母猪怀孕早期感染时，胚胎、胎猪的死亡率可高达 80%～100%，其他猪一般无死亡。在阳性猪中有 30%～50% 的带毒猪。

本病一般呈地方流行或散发。本病主要发生于春夏或母猪产仔季节和交配后的一段时间。

【临床症状】仔猪和母猪的急性感染通常都呈亚临床病例，但在其体内很多组织器官（尤其是淋巴组织）中均可发现有病毒存在。PPV 不像其他动物的细小病毒，引起严重的肠道疾病。PPV 感染的主要临床表现为母源性繁殖失能：一是产木乃伊化胎儿。胎儿死于怀孕期 30～50 天之间。木乃伊化的程度与胎儿的日龄有关。由于没有发生严重的胎盘炎或还保留了一些活胎儿，所以没有发生流产，木乃伊化胎便随活仔猪同时排出，此期感染排出的活胎不含抗体，但组织中含有大量的病毒，以至持续 8 个月时，仍然能排毒感染其他猪。二是死产。当怀孕到 50～60 天时，胎儿已有免疫活性，能产生免疫应答，如在此时被感染，则胎儿存活太弱，不能耐受产时的逆境因素，常窒息死亡。三是流产。当有严重的胎盘炎或所有胎儿都已死亡时，则发生流产，这种情况多见于怀孕 70 天左右感染的母猪。四是产的活仔猪带毒。母猪在怀孕后期感染后，病毒可通过胎盘感染胎儿，但此时胎儿常能在子宫内存活而无明显的影响，因在怀孕期70天后，大多数胎儿能对病毒感染产生有意义的免疫应答而存活下来，这些胎儿在出生时体内可有病毒和抗体，但外观正常，并可长期带毒排毒，有些甚至可能成为终生带毒者，若将这些猪作为繁殖用种猪，则可能使本病在猪群中长期存在，难以清除。五是产瘦仔、弱仔。多见于怀孕期35天以内感染，所产仔猪瘦小，比正常仔猪小5～10厘米以上，其后天生活能力较弱，生长缓慢，不能抵抗由于各种因素造成的威胁，易发生死亡。六是造成母猪不正常发情周期，久配不孕，空怀，怀孕早期胎儿受感染死亡后，被母体迅速吸收，造成母猪返情，或久配不孕、空怀。七是多数初产母猪受感染后可获得主动免疫并可能持续终生。PPV感染对公猪的精液品质或性欲没有明显的影响。

【病理变化】主要表现在怀孕母猪及怀孕70天以前感染的胎儿。怀孕70天以后感染的胎儿因有免疫能力，其病变就不明显甚至没有病变。

1. 肉眼可见病变

感染母猪的子宫内膜有轻微炎症，胎盘有部分钙化现象。胎儿在子宫胎盘内有被溶解、吸收的现象，受感染的胎儿表现不同程度的发育障碍和生长不良，可见充血、水肿、出血、体腔积液、脱水（木乃伊化）及坏死等病变。

2. 组织学病变

母猪的妊娠黄体萎缩，子宫上皮组织和固有层有局灶性或弥散性单核细胞浸润。胎儿的肺、肝、肾等实质器官及小脑的神经细胞和血管内皮也表现为血管炎症和外周血管炎性浸润及脑膜炎、间质性肝炎、肾炎和带有钙化的胎盘炎。在大脑灰质、白质和软脑膜有以增生的外膜细胞、组织细胞和浆细胞形成的血管套（本病的特征病变），除怀孕母猪和胎猪外，其他各种猪均无明显的病变或仅有轻微的炎症变化。

【实验室检查】确诊需进行病毒分离、病毒抗原的检查和特异性抗体的检出（可用于可疑病猪的诊断及流行病学调查）等实验室检查。

【鉴别诊断】

1. 猪细小病毒感染与猪生殖和呼吸综合征的鉴别

〖相似点〗猪细小病毒感染与猪生殖和呼吸综合征均是由病毒引起的猪繁殖性疾病，对母猪和仔猪均易感，病猪均表现流产、产死胎和产木乃伊胎等繁殖障碍及新生仔猪死亡等症状以及胎盘有钙化等病理变化。

〖不同点〗猪生殖和呼吸综合征的病原为猪生殖和呼吸综合征病毒，以妊娠后期母猪发生流产、死产和产木乃伊胎，新生仔猪死亡率高，各种年龄的猪（尤其是仔猪）出现异常呼吸为特征。病母猪厌食、昏睡、呼吸困难，体温升高。除了死胎、流产、木乃伊胎外，还有提前 2～8 天出现早产，在 2 周间流产、早产的猪超过 80%，1 周龄内仔猪的病死率大于 25%。其他猪只也出现厌食、昏睡、咳嗽、呼吸困难等病症，部分仔猪可出现耳朵发绀。猪细小病毒感染初产母猪，产生死胎、畸形胎和木乃伊胎，而母猪本身无明显症状，其他猪呈隐形感染。

2. 猪细小病毒感染与猪衣原体病的鉴别

〖相似点〗猪细小病毒感染与猪衣原体病均可引起怀孕母猪流产及早产。

〖不同点〗猪衣原体病的病原为衣原体，猪场发生猪衣原体病时，常见小猪发生慢性肺炎、角膜结膜炎及多发性关节炎，公猪发生睾丸炎，有附睾炎。典型病变为病猪有皮下水肿和浆膜面有灰白色浆液性纤维性覆盖物，肝质脆，有灰白色斑点。病料涂片染色镜检，在细胞内可见衣原体的包涵体。

3. 猪细小病毒感染与猪流行性乙型脑炎的鉴别

〖相似点〗猪细小病毒感染与猪流行性乙型脑炎均表现不孕、死胎、木乃伊胎等繁殖障碍症状。

〖不同点〗猪流行性乙型脑炎的病原为猪流行性乙型脑炎病毒，发病高峰在 7～9 月，体温较高（40～41.5℃），同胎的胎儿大小及病变有很大的差异，虽然也有整窝的木乃伊胎，多数超过预产期才分娩。生后仔猪高度衰弱，并伴有震颤、抽搐、癫痫等神经症状，公猪多患有单侧睾丸炎，有热痛。剖检可见脑室积液呈黄红色，软脑膜树枝状充血，脑沟回变浅，出血。

4. 猪细小病毒感染与猪布氏杆菌病的鉴别

〖相似点〗猪细小病毒感染与猪布氏杆菌病均表现不孕、流产、死胎等繁殖障碍症状。

〖不同点〗猪布氏杆菌病的病原为布氏杆菌，母猪流产多发生于妊娠后第 4 周至第 12 周，有的在第 2 周至第 3 周即发生流产。流产前精神沉郁，阴唇、乳房肿胀，有时阴户流黏液性或脓性分泌物，一般产后 8～10 天可以自愈。公猪常见双侧睾丸肿大，触摸有痛感。剖检可见子宫黏膜有许多粟粒大的黄色小结节。胎盘有大量的出血点。胎膜显著变厚，因水肿而呈胶冻样。

5. 猪细小病毒感染与猪钩端螺旋体病的鉴别

〖相似点〗猪细小病毒感染与猪钩端螺旋体病均表现流产、死胎、木乃伊胎等繁殖障碍症状。

〖不同点〗猪钩端螺旋体病的病原为钩端螺旋体，主要在 3～6 月流行，急性病例在大、中猪表现为黄疸，可视黏膜泛黄、发痒，尿红色或浓茶样，亚急性型和慢性型多发于断奶猪或体重 30 千克以下的小猪，皮肤发红、黄疸。剖检可见心内膜、肠系膜、肠、膀胱有出血，膀胱内有血红蛋白尿。猪细小病毒感染无此表现。

6. 猪细小病毒感染与猪伪狂犬病的鉴别

〖相似点〗猪细小病毒感染与猪伪狂犬病均表现流产、死胎、晚产等繁殖障碍症状。

〖不同点〗猪伪狂犬病的病原为猪伪狂犬病病毒，膘情好而健壮的初生仔猪，生后第 2 天即表现为眼红、昏睡，体温升高至 41～41.5℃，口流白沫，两耳后竖，遇到响声即兴奋尖叫，站立不稳。20 日龄至断奶前后，发病的仔猪表现为呼吸困难、流鼻液、咳嗽、腹泻，有的猪出现呕吐（哺乳及离乳仔猪发病感染时有神经症状）。流产的胎儿大小一致，无畸形胎。剖检可见母猪胎盘有凝固样坏死。流产胎儿的实质脏器也出现凝固性坏死，肝脾有白色坏死点。

病料接种兔，兔出现奇痒症状后死亡。猪细小病毒感染发病主要见于初产母猪，母猪无明显症状。

7. 猪细小病毒感染与猪瘟的鉴别

〖相似点〗猪细小病毒感染与猪瘟均是一种急性传染病，表现流产、死胎、木乃伊胎等繁殖障碍症状。

〖不同点〗猪瘟的病原是猪瘟病毒。患猪有明显的临床症状。剖检的典型病变是脾贫血性梗死、回盲口的"扣状"肿以及结肠黏膜坏死性、溃疡性肠炎。猪细小病毒感染发病主要见于初产母猪，出现流产、木乃伊胎和死胎，母猪无明显症状。母猪子宫内膜有轻微炎症，胎盘有部分钙化，胎儿在子宫有被溶解、吸收的现象。感染胎儿可见充血、水肿、出血、体腔积液、脱水（木乃伊胎）及坏死等病变。

8. 猪细小病毒感染与猪传染性死木胎病毒感染的鉴别

〖相似点〗猪细小病毒感染与猪传染性死木胎病毒感染均可引起胎儿死亡、胎儿木乃伊化、胎儿和新生仔猪畸形、母猪不孕等症状。

〖不同点〗在临床上难以区分，需采集病料进行实验室检查才能鉴别。

9. 猪细小病毒感染与弓形体病的鉴别

〖相似点〗猪细小病毒感染与弓形体病均有怀孕母猪流产、死胎、畸形胎、弱仔等临诊症状。

〖不同点〗弓形体病的病原是弓形虫。除母猪发生繁殖障碍外，其他猪出现高热、神经症状、全身皮肤发红、下痢等明显的全身临诊症状。肝脏有粟粒样的灰黄色坏死灶，肺间质增宽，淋巴结肿大，切面外翻，有大小不一的灰黄色坏死灶，胸腹腔有大量的黄亮积液，磺胺类药有特效。母猪感染可见高热、流产、死胎。高热稽留，个别猪有黄疸症状，呕吐。猪细小病毒感染产生死胎、畸形胎和木乃伊胎，而母猪本身无明显症状，其他猪呈隐性感染。

【防制】

1. 预防措施

（1）严格检疫　引进种猪时，应将种猪隔离饲养半个月，逐头进行 2 次血凝抑制试验，HI 效价在 1：256 以下或者呈阴性时才可以合群饲养。

（2）同居感染　将血清阳性母猪混入后备母猪群中，使后备母猪发生同居感染，当产生坚强的免疫力后，再配种，这样可有效避免发生死胎和流产。

（3）预防接种　猪细小病毒灭活疫苗 2 毫升/头，后备种猪配种前 14 天，深部肌内注射，免疫期 6 个月（怀孕母猪不宜使用）。

2. 发病后措施

目前本病尚无有效的药物治疗方法，该病的预防尤为重要。重点在于做好后备公、母猪的免疫，防止本病的发生。

十二、猪传染性胃肠炎（TGE）

猪传染性胃肠炎是猪的一种急性、高度接触性肠道传染病。临床特征为严重腹泻、呕吐、脱水。10 日龄以内的哺乳仔猪的病死率高达 60%～100%，5 周龄以上的死亡率很低，成年猪一般不会死亡。

【病原】猪传染性胃肠炎病毒，属冠状病毒属，单股 RNA 病毒。该病毒呈球形和多边形，本病毒只有一个血清型。急性期，病猪的全部脏器均含有病毒，但很快消失。病毒在病猪小肠黏膜、肠内容物和肠系膜淋巴结中存活时间较长。

此病毒对外界环境的抵抗力不强，干燥、温热、阳光、紫外线均可将其杀死。56℃45 分钟、65℃10 分钟死亡。在阳光下暴晒 6 小时被灭活，紫外线能使病毒迅速失效。在冷冻储存条件下非常稳定，−20℃可保存 6 个月，−18℃可保存 18 个月。一般的消毒剂，如烧碱、福尔马林、来苏儿、菌毒敌、菌毒灭和敌菲特等都能杀死病毒。

【流行病学】本病世界各国均有发生。只有猪感染发病，其他动物均不感染。断奶猪、育肥猪及成年猪都可感染发病，但症状轻微，能自然康复。10 日龄以内的哺乳仔猪的病死率最高（60% 以上），其他仔猪随日龄的增长死亡率逐步下降。

病猪和康复后带毒猪是本病的主要传染源。传染途径主要是消化道，即通过食入含有病毒的饲料和饮水而传染。在湿度大、猪只比较集中的封闭式猪舍中，也可通过空气和飞沫经呼吸道传染。

本病多发在 12 月至次年 2 月的寒冷季节，炎热的夏季则很少发生。本病在新疫区呈流行性发生，老疫区呈地方性流行。人、车辆和动物等也可成为机械性传播媒介。症状的轻重与年龄有关，年龄越小，症状越重。

【临床症状】潜伏期一般为 12～18 小时。多发于冬季，大、小猪都易感，发病突然，传播迅速，往往在数日内传遍整个猪群，出现严重的腹泻、脱水和失重。10 日龄以内的仔猪发病后病死率高，随日龄的增长病死率逐渐降低；大猪发病后很少死亡，常在 5 天左右自行康复。

1. 哺乳仔猪

突然发生呕吐，接着发生剧烈水样腹泻，呕吐一般发生在哺乳之后。腹泻物呈乳白色或黄绿色，带有未消化的小块凝乳块，气味腥臭。在发病后期，由于脱水，粪便呈糊状，体重迅速减轻，体温下降，常于发病后 2～7 天死亡，耐过的仔猪，被毛粗糙，皮肤淡白，生长缓慢。5 日龄以内的仔猪，病死率为 100%。

2. 断奶猪、育成猪

发病率很高，几乎达 100%，但症状较轻，表现精神沉郁、食欲不佳、腹泻，可持续 7 天，逐渐恢复正常。常突然发生水样腹泻，食欲大减或绝食，行走无力，粪便呈灰色或灰褐色，含有少量未消化的食物。在腹泻初期，可出现呕吐。在发病期间，脱水和失重明显。

3. 母猪

母猪常与仔猪一起发病。哺乳母猪发病后，体温轻度升高，泌乳停止，呕吐，食欲不振，腹泻，衰弱，脱水。妊娠母猪似有一定的抵抗力，发病率低，且腹泻轻微，一般不会导致流产。病程 3～5 天。

4. 成猪

感染后常不发病。部分猪呈现轻度水样腹泻或一过性软便，脱水和失重不明显。

【病理变化】病死仔猪脱水明显。胃内充满凝乳块，胃底部黏膜轻度充血。肠管扩张，肠壁变薄，弹性降低，小肠内充满白色或黄绿色水样液体，肠黏膜轻度充血，肠系膜淋巴结肿胀，肠系膜血管扩张、充血，肠系膜淋巴管内缺少乳白色乳糜。其他脏器病变不明显。病理组织学检查，主要表现为空肠黏膜绒毛变短、萎缩，上皮细胞变性、坏死及脱落。

【实验室检查】胃后 1～1.3 米处空肠段纵向剪开，生理盐水冲洗，并放在盛有生理盐水的平皿里，用放大镜或低倍镜观察，可见病猪肠黏膜绒毛明显变短、变平，空肠绒毛长度与肠陷窝之比，正常为 7∶1，而病猪则为 1∶1。

【类症鉴别】

1. 猪传染性胃肠炎与猪瘟的鉴别

〖相似点〗猪传染性胃肠炎与猪瘟均有精神沉郁，腹泻等临床症状。

〖不同点〗猪瘟是由猪瘟病毒感染引起的一种急性传染病，除表现腹泻外还表现很多其他的全身症状，如高热 41～42℃，腹泻和便秘交替出现，全身出血性素质，表现为皮肤有出血点，肾脏、膀胱有出血点，慢性病例可以见到回盲瓣处有纽扣状溃疡。淋巴结出血，切面呈大理石样外观。母猪可表现出死胎、流产。猪瘟直接免疫荧光检查为阳性。猪传染性胃肠炎的临床特征为严重腹泻、呕吐、脱水。消化道病变明显，其他脏器病变不明显。

2. 猪传染性胃肠炎与猪流行性腹泻的鉴别

〖相似点〗猪传染性胃肠炎与猪流行性腹泻均有腹泻、呕吐、脱水等临床症状。

〖不同点〗猪流行性腹泻的病原为冠状病毒，多发生于寒冷季节，大小猪几乎同时发生腹泻，大猪在数日内可康复，乳猪有部分死亡。剖检眼观病变仅限于小肠，肠管膨满、扩张、充满黄色液体，肠壁变薄，肠系膜充血，肠系膜淋巴结水肿。应用猪流行性腹泻病毒的荧光抗体或免疫电镜，可检测出猪流行性腹泻病毒抗原或病毒。猪传染性胃肠炎除小肠的病变外，其他也有明显病变。

3. 猪传染性胃肠炎与猪轮状病毒感染的鉴别

〖相似点〗猪传染性胃肠炎与猪轮状病毒感染均有精神沉郁、呕吐、腹泻、脱水等临床症状，并且病变局限于胃肠道。胃内充满内容物，外观呈特征性的弛缓，小肠壁薄，半透明，受损区小肠绒毛严重短缩扁平。

〖不同点〗猪轮状病毒感染的病原为轮状病毒。猪轮状病毒发病只限于哺乳仔猪或新断乳仔猪，育肥猪、成年猪多呈亚临床表现，不表现症状，仔猪的发病率一般为50%～80%，病死率一般在10%以内。虽然也有呕吐，但是没有猪传染性胃肠炎严重。病死率也相对较低。剖检不见胃底出血。应用轮状病毒的荧光抗体或免疫电镜可检出轮状病毒。

4. 猪传染性胃肠炎与仔猪红痢的鉴别

〖相似点〗猪传染性胃肠炎与仔猪红痢均有精神沉郁，腹泻、脱水等临床症状。

〖不同点〗仔猪红痢的病原为 C 型产气荚膜杆菌（魏氏梭菌），主要感染1～3日龄的新生仔猪，1周龄以上的仔猪发病很少，死亡率高，发病率最高达100%，病死率为20%～70%。不见呕吐，以排血痢为主要症状。特征病变在空肠，十二指肠一般不受侵害，空肠呈暗红色，肠腔内充满红色液体，肠黏膜及黏膜下层广泛出血，肠系膜淋巴结为鲜红色，病程稍长者以坏死性肠炎为主，肠管出血不明显，肠壁增厚，肠腔内容物含有坏死组织碎片，肠黏膜呈黄色或灰色坏死样伪膜，易剥离，能分离出魏氏梭菌。一般来不及治疗。

5. 猪传染性胃肠炎与仔猪黄痢的鉴别

〖相似点〗猪传染性胃肠炎与仔猪黄痢均有精神沉郁、腹泻、脱水等临床症状。

〖不同点〗仔猪黄痢的病原为大肠杆菌。该病多发于1周龄以内的仔猪，以剧烈黄色水痢和迅速脱水死亡为特征。较少发生呕吐，病程为最急性或急性。与猪传染性胃肠炎不同的是仔猪黄痢除了发生于寒冬潮湿多雨季节外，炎夏亦发生，初产母猪所产仔猪发病最为严重，经产母猪所产仔猪较轻，新猪场比老猪场严重，主要为黄色或灰黄色水痢。剖检可见十二指肠、空肠肠壁变薄，严重的呈透明状。胃黏膜可见红色出血斑，肠内容物多为黄色。细菌分离鉴定，仔猪黄痢可从粪便和肠内容物中分离到致病性大肠杆菌。

6. 猪传染性胃肠炎与仔猪白痢的鉴别

〖相似点〗猪传染性胃肠炎与仔猪白痢均有精神沉郁、腹泻、脱水等临床症状。

〖不同点〗仔猪白痢的病原为大肠杆菌。该病多发于 10～20 日龄的仔猪。病猪排乳白色稀粪，有特异腥臭味。一般不见呕吐。剖检病变主要在胃和小肠的前部。肠壁薄而透明，不见出血表现。细菌分离鉴定可见致病性大肠杆菌，抗生素和磺胺类药物对该病有较好的疗效。

7. 猪传染性胃肠炎与猪痢疾的鉴别

〖相似点〗猪传染性胃肠炎与猪痢疾均有精神沉郁，脱水，排黏液血便，粪便由黄色糊状稀粪到灰褐色带大量黏液、血块的粪便，有的粪中还混有少量坏死组织碎片，呈胶冻样、恶臭等临床症状。

〖不同点〗猪痢疾的病原为密螺旋体。该病不同年龄、不同季节和不同品种的猪均可感染，保育猪和育肥猪发生最多，且传播缓慢，流行期长。剖检病变主要在大肠，可见结肠、盲肠黏膜肿胀、出血，肠内容物呈酱色或巧克力色，大肠黏膜可见坏死、有黄色或灰色伪膜。病程长的病例，主要为坏死性肠炎，则见肠壁水肿较轻，黏膜病变加重，黏膜表层有点状、片状或弥漫性坏死，形成假膜，呈麸皮样或豆腐渣样外观，剥去伪膜露出浅表糜烂面。坏死常限于黏膜表面，肠内混有多量黏液和坏死组织碎片，小肠及其他脏器没有明显病变，此特征性的病变可用来与其他腹泻病相区别。显微镜检查可见猪密螺旋体，每个视野 2～3 个以上。

8. 猪传染性胃肠炎与猪坏死性肠炎的鉴别

〖相似点〗猪传染性胃肠炎与猪坏死性肠炎均有精神沉郁、腹泻、脱水等临床症状。

〖不同点〗猪坏死性肠炎的病原为坏死杆菌，该病的急性病例多发生于 4～12 月龄的猪，主要表现为排焦黑色粪便或血痢并突然死亡。慢性病例常见于 6～20 周龄的育肥猪，病死率一般低于5％。下痢呈糊状、棕色或水样；有时混有血液，体重下降，生长缓慢（最常见）。剖检最常见的病变部位位于小肠末端 50 厘米处以及邻近结肠上 1/3 处，并可形成不同程度的增生变化，可以看到病变部位肠壁增厚，肠管变粗，病变部位回肠内层增厚。

9. 猪传染性胃肠炎与猪副伤寒的鉴别

〖相似点〗猪传染性胃肠炎与猪副伤寒均有精神沉郁，腹泻、脱水等临床症状。

〖不同点〗猪副伤寒的病原为沙门菌。猪副伤寒多发生于 2～4 月龄的仔猪，而猪传染性胃肠炎引起的腹泻在各个年龄的猪中均可发生，呈水样，有部分猪只发生呕吐。猪副伤寒体温升高（41～42℃），而猪传染性胃肠炎不见体温升高。猪副伤寒的腹泻粪便中混有血液和假膜，病变部位均为大肠，表现为大肠壁增厚，黏膜有坏死，上面附有伪膜如麸皮。可见耳根、胸前、腹下皮肤有紫红色出血斑。亚急性型眼有脓性分泌物，粪便淡黄色或灰绿色。剖检可见肝脏有糠麸样细小的灰黄色坏死点。脾脏肿大呈暗蓝色，坚度如橡皮。而猪传染性胃肠炎无此表现。

【防制】

1. 预防措施

（1）严格消毒　猪场及猪舍要每天进行清扫，定期用 0.5％优氯净或 1∶400 过氧乙酸喷洒消毒。

（2）预防接种　猪传染性胃肠炎、猪流行性腹泻二联灭活苗，3 日龄仔猪～25 千克体重 1 毫升/头，25～50 千克体重 2 毫升/头，50 千克以上 4 毫升/头，后海穴注射，进针深度依猪龄的大小不同而异，最浅为 0.5 厘米，最深可达 4 厘米。

（3）母猪免疫 猪传染性胃肠炎、猪流行性腹泻二联灭活苗4毫升/头，怀孕母猪产前45天，后海穴注射，可使仔猪哺乳期至断奶后7天得到免疫保护。仔猪断奶后7天，猪传染性胃肠炎、猪流行性腹泻二联灭活苗1毫升/头，后海穴注射。

（4）产房保暖 进入寒冷季节后，应确保防寒保暖设备有效运行，产房温度、湿度稳定，使母猪和仔猪有个温暖舒适的生活环境。

2. 发病后措施

处方1： ①将1份量猪口服补液盐中的两小袋药品同时放入1000毫升的温开水中（30℃左右），完全溶解后，自由饮用，连用3～5天。②乳酸环丙沙星注射液5毫克/（千克体重·次），肌内注射，2次/天，连用3～5天。③硫酸新霉素预混剂，哺乳仔猪15～20克/次；断奶仔猪20～30克/次，温水调灌服，2次/天，连用3～5天。④干扰素（200万活性单位/毫升），30日龄以前0.5毫升/头，30～70日龄0.75毫升/头，70日龄以上1毫升/头，肌内注射，1次/天，连用3天。

处方2： ①将1份量猪口服补液盐中的两小袋药品同时放入1000毫升的温开水中（30℃左右），完全溶解后，自由饮用，连用3～5天。②硫酸安普霉素注射液（按硫酸安普霉素计），20毫升/千克体重，肌内注射，2次/天，连用3～5天。③葡萄糖生理盐水100～500毫升、5%碳酸氢钠100～300毫升，静脉或腹腔注射，1～2次/天，连用2～3天。④硫酸新霉素预混剂，哺乳仔猪15～20克/次，断奶仔猪20～30克/次，温水调灌服，2次/天，连用3～5天。⑤猪用干扰素（200万活性单位/毫升），30日龄以前0.5毫升/（头·次），30～70日龄0.75毫升/（头·次），70日龄以上1毫升/（头·次），肌内注射，1次/天，连用3天。

十三、猪流行性腹泻（PED）

猪流行性腹泻是由猪流行性腹泻病毒引起的一种急性肠道传染病。特征是排出水样便、呕吐、脱水。

【病原】猪流行性腹泻病毒属于冠状病毒科冠状病毒属。病毒粒子呈多形性，外有囊膜，囊膜上有花瓣状突起，核酸型为RNA型，病毒只能在肠上皮组织培养物内生长。本病毒与猪传染性胃肠炎病毒、猪血细胞凝集性脑脊髓炎病毒，新生犊牛腹泻病毒、犬肠道冠状病毒、猫传染性腹膜炎病毒无抗原关系。与猪传染性胃肠炎病毒进行交叉中和试验、猪体交互保护试验、ELISA试验等，都证明本病毒与猪传染性胃肠炎病毒没有共同的抗原性。病毒对外界环境和消毒药的抵抗力不强，对乙醚、氯仿和去污剂等敏感，一般消毒药都可将它杀死。

【流行病学】病猪是主要的传染源，在肠绒毛上皮和肠系膜淋巴结内存在的病毒，随粪便排出，污染周围环境和饲养用具，以散播传染。本病主要经消化道传染，但有人报道本病还可经呼吸道传染，并可由呼吸道分泌物排出病毒。

各种年龄的猪对病毒都很敏感，均能感染发病。哺乳仔猪、断奶仔猪和育肥猪的感染发病率为100%，成年母猪为15%～90%。本病多发生于冬季，夏季极为少见。我国多在12月至次年2月发生流行。

【临床症状】与典型的猪传染性胃肠炎十分相似。人工感染潜伏期1～2天，在自然流行中，可能更长。哺乳仔猪一旦感染，症状明显，表现呕吐、腹泻、脱水、运动僵硬等症状，呕吐多发生于哺乳和吃食之后，体温正常或稍偏高，人工接种仔猪后12～20小时出现腹泻，呕吐于接种病毒后12～80小时出现。脱水见于接毒后20～30小时，最晚见于90小时。腹泻开始时排黄色黏稠便，以后变成水样便并混杂有黄白色的凝乳块，腹泻最严重时（腹泻10小时左右）排出的几乎全部为水样粪便。同时，患猪常伴有精神沉郁、厌食、消瘦、衰竭和脱水。

症状的轻重与年龄有关，年龄越小，症状越重。1周龄以内的哺乳仔猪常于腹泻后2～4天脱水死亡，病死率约50%。新生仔猪感染本病的死亡率更高。断奶猪、育成猪症状较轻，腹泻持续4～7天，逐渐恢复正常。成年猪症状轻，有的仅发生呕吐、厌食和一过性腹泻。

【病理变化】尸体消瘦脱水,皮下干燥,胃内有多量黄白色的乳凝块。小肠病变具有示病性,通常肠管膨满、扩张、充满黄色液体,肠壁变薄,肠系膜充血,肠系膜淋巴结水肿。镜下小肠绒毛缩短,上皮细胞核浓缩,破碎。至腹泻 12 小时,绒毛变得最短,绒毛长度与隐窝深度的比值由正常的 7∶1 降为 3∶1。

【实验室检查】血清学检查。

【类症鉴别】

1. 猪流行性腹泻与猪传染性胃肠炎的鉴别

〖相似点〗猪流行性腹泻与猪传染性胃肠炎的流行病学特点、临床症状、病理变化及病毒粒子形态都十分相近,不好区别,只有通过血清学方法才能将两者区分开,如直接免疫荧光、中和试验和间接酶联免疫吸附试验等。

〖不同点〗一般情况下,猪流行性腹泻的病死率相对比猪传染性胃肠炎稍低,在猪群中传播的速度也较缓慢些,但近年来暴发的猪流行性腹泻在临床上多为混合感染,因而发病率和死亡率均与猪传染性胃肠炎不相上下。在兽医临床诊断上,有专家把症状为严重呕吐和腹泻并具有传染性的猪病称为猪传染性胃肠炎,而把以猪群严重水泻为主、伴有个别猪呕吐并具有传染性的猪病称为猪流行性腹泻。在病理变化方面,猪传染性胃肠炎的主要病变在胃和小肠,部分病死仔猪胃内充满凝乳块,胃底黏膜轻度充血。剖检眼观病变仅限于小肠,肠管膨满、扩张、充满黄色液体,肠壁变薄,肠系膜充血,肠系膜淋巴结水肿的是猪流行性腹泻。

2. 猪流行性腹泻与猪轮状病毒感染的鉴别

〖相似点〗猪流行性腹泻与猪轮状病毒感染均有精神沉郁、腹泻、脱水等临床症状。

〖不同点〗猪轮状病毒感染的病原为轮状病毒。主要危害 7 周龄内特别是 12～36 日龄的哺乳仔猪,7 日龄以内的仔猪一般不发病,发病猪如无继发感染则症状较轻,病死率一般不超过 10%。虽然也有呕吐,但是没有猪流行性腹泻严重,不见胃底出血。肠内容物、粪便或病毒分离的细胞培养物电镜检查可见到轮状病毒粒子。猪流行性腹泻多发生于寒冷季节，大小猪几乎同时发生腹泻，大猪在数日内可康复，乳猪有部分死亡。应用猪流行性腹泻病毒的荧光抗体或免疫电镜，可检测出猪流行性腹泻病毒抗原或病毒。

3. 猪流行性腹泻与仔猪红痢的鉴别

〖相似点〗猪流行性腹泻与仔猪红痢均有精神沉郁、腹泻、脱水等临床症状。

〖不同点〗仔猪红痢的病原为 C 型产气荚膜杆菌（魏氏梭菌）。一般只有 7 日龄以内的仔猪发生，不见呕吐。腹泻为红褐色粪便。病程为最急性或急性。剖检可见小肠出血、坏死，肠内容物呈红色，坏死肠段浆膜下有气泡等病变，能分离出魏氏梭菌。一般来不及治疗。猪流行性腹泻大小猪几乎同时发生腹泻，大猪在数日内可康复，乳猪有部分死亡。剖检眼观病变仅限于小肠，肠管膨满、扩张、充满黄色液体，肠壁变薄，肠系膜充血，肠系膜淋巴结水肿。

4. 猪流行性腹泻与仔猪黄痢的鉴别

〖相似点〗猪流行性腹泻与仔猪黄痢均有精神沉郁、腹泻、脱水等临床症状。

〖不同点〗仔猪黄痢的病原为大肠杆菌。该病多发于 1 周龄以内的仔猪，病猪排黄色稀粪，但较少发生呕吐，病程为最急性或急性。猪流行性腹泻的病原为冠状病毒，多发生于寒冷季节，大小猪几乎同时发生腹泻，大猪在数日内可康复，乳猪有部分死亡。仔猪黄痢剖检可见十二指肠、空肠肠壁变薄，严重的呈透明状。胃黏膜可见红色出血斑，肠内容物多为黄色。细菌分离鉴定，仔猪黄痢可从粪便和肠内容物中分离到致病性大肠杆菌。猪流行性腹泻剖检眼观病变仅限于小肠，肠系膜充血，肠系膜淋巴结水肿。应用猪流行性腹泻病毒的荧光抗体或免疫电镜，可检测出猪流行性腹泻病毒抗原或病毒。

5. 猪流行性腹泻与仔猪白痢的鉴别

〖相似点〗猪流行性腹泻与仔猪白痢均有精神沉郁、腹泻、脱水等临床症状。

〖不同点〗仔猪白痢的病原为大肠杆菌。该病多发于10~20日龄的仔猪。病猪排乳白色稀粪，有特异腥臭味。一般不见呕吐。猪流行性腹泻大小猪几乎同时发生腹泻。初期排黄色黏稠便，以后变成水样便并混杂有黄白色的凝乳块，腹泻最严重时（腹泻10小时左右）排出的几乎全部为水样粪便。仔猪白痢的剖检病变主要在胃和小肠的前部。肠壁薄而透明，不见出血表现。细菌分离鉴定可见致病性大肠杆菌，抗生素和磺胺类药物对该病有较好的疗效。猪流行性腹泻的病变仅限于小肠。药物治疗效果差。

6. 猪流行性腹泻与猪坏死性肠炎的鉴别

〖相似点〗猪流行性腹泻与猪坏死性肠炎均有精神沉郁、腹泻、脱水等临床症状。

〖不同点〗猪坏死性肠炎的病原为坏死杆菌。该病的急性病例多发生于4~12月龄间的猪，主要表现为排焦黑色粪便或血痢并突然死亡。慢性病例常见于6~20周龄的育肥猪，病死率一般低于5%。下痢呈糊状、棕色或水样，有时混有血液，体重下降，生长缓慢（最常见）。剖检最常见的病变部位位于小肠末端50厘米处以及邻近结肠上1/3处，并可形成不同程度的增生变化，可以看到病变部位肠壁增厚，肠管变粗，病变部位回肠内层增厚。猪流行性腹泻多发生于寒冷季节，大小猪几乎同时发生腹泻。初期排黄色黏稠便，以后变成水样便并混杂有黄白色的凝乳块，腹泻最严重时（腹泻10小时左右）排出的几乎全部为水样粪便。剖检眼观病变仅限于小肠，肠管膨满、扩张、充满黄色液体，肠壁变薄，肠系膜充血，肠系膜淋巴结水肿。

7. 猪流行性腹泻与猪痢疾的鉴别

〖相似点〗猪流行性腹泻与猪痢疾均可感染不同年龄的猪，都有精神沉郁、腹泻、脱水等临床症状。

〖不同点〗猪痢疾的病原为密螺旋体，无明显的季节性，猪流行性腹泻多发生于寒冷季节。猪痢疾以黏液性和出血性下痢为特征，初期粪便稀软，后有半透明黏液使粪便呈胶冻样。猪流行性腹泻初期排黄色黏稠便，以后变成水样便并混杂有黄白色的凝乳块，腹泻最严重时（腹泻 10 小时左右）排出的几乎全部为水样粪便。猪痢疾的剖检病变主要在大肠，可见结肠、盲肠黏膜肿胀、出血，肠内容物呈酱色或巧克力色，大肠黏膜可见坏死、有黄色或灰色伪膜。显微镜检查可见猪密螺旋体，每个视野 2～3 个以上。猪流行性腹泻的剖检眼观病变仅限于小肠，肠管膨满、扩张、充满黄色液体，肠壁变薄，肠系膜充血，肠系膜淋巴结水肿。应用猪流行性腹泻病毒的荧光抗体或免疫电镜，可检测出猪流行性腹泻病毒抗原或病毒。

【防制】

1. 预防措施

（1）产房保暖　进入寒冷季节后，要全面检查产房的防寒保暖设备，确保产房温、湿度稳定，使母猪和仔猪有个温暖舒适的生活环境。

（2）严格消毒　猪舍要每天进行清扫，保持猪舍、饲养管理用具及环境的清洁卫生，定期用 0.5% 优氯净或 0.5% 过氧乙酸喷洒消毒。

（3）预防接种　猪传染性胃肠炎、猪流行性腹泻二联灭活苗，3 日龄仔猪～25 千克体重 1 毫升/头，25～50 千克体重 2 毫升/头，50 千克以上 4 毫升/头，后海穴注射，进针深度按猪龄的大小不同可为 0.5～4 厘米；怀孕母猪产前 45 天后海穴注射猪传染性胃肠炎、猪流行性腹泻二联灭活苗，可使仔猪哺乳期至断奶后 7 天得到免疫保护，仔猪断奶后 7 天应后海穴注射猪传染性胃肠炎、猪流行性腹泻二联灭活苗进行免疫。

2. 发病后措施

处方 1： ①将 1 份量猪口服补液盐中的两小袋药品同时放入 1000 毫升的温开水（30℃左右）中，完全溶解后，供猪自由饮用，连用 3～5 天。②乳酸环丙沙星注射液 5 毫克/（千克体重·次），肌内注射，2 次/天，连用 3～5 天。③白头翁散 60～100 克/（头·天），全群混饲，连用 3～5 天（架子猪和种猪）。

处方 2： ①将 1 份量猪口服补液盐中的两小袋药品同时放入

1000 毫升的温开水（30℃左右）中，完全溶解后，供猪自由饮用，连用 3～5 天。②乳酸环丙沙星注射液 5 毫克/（千克体重·次），肌内注射，2 次/天，连用 3～5 天。③硫酸新霉素预混剂，哺乳仔猪 15～20 克/次，断奶仔猪 20～30 克/次，温水调灌服，2 次/天，连用 3～5 天（哺乳仔猪）。

处方 3：①将 1 份量猪口服补液盐中的两小袋药品同时放入 1000 毫升的温开水（30℃左右）中，完全溶解后，供猪自由饮用，连用 3～5 天。②硫酸安普霉素注射液（按硫酸安普霉素计）20 毫克/千克体重，2 次/天，连用 3～5 天。③葡萄糖生理盐水 100～500 毫升、10%碳酸氢钠 5 毫升，静脉注射，1～2 次/天，连用 2～3 天。④猪用干扰素（200 万活性单位/毫升），0.5 毫升/头，肌内注射，1 次/天，连用 3 天（哺乳仔猪）。

十四、伪狂犬病（PR）

伪狂犬病是由伪狂犬病病毒引起的多种家畜和野生动物以发热、奇痒（猪除外）、繁殖障碍、脑脊髓炎为主要症状的一种高度接触性传染病。猪是伪狂犬病病毒的自然宿主，通常与蓝耳病病毒、圆环病毒 2 型、链球菌等混合感染，使猪场的疫病防控更为困难。

【病原】伪狂犬病病毒属于疱疹病毒科，甲型疱疹病毒亚科，猪疱疹病毒Ⅰ型，病毒有囊膜。病毒基因组为双股 DNA。现已知成熟病毒粒子有 50 种蛋白质，已发现并命名的有 11 种糖蛋白，其中与毒力有关的有 GC、GD、GE、GI（新的命名）。血清型只有一种，世界各地分离的毒株表现一致的血清学反应，但毒力却有一定的差异。

本病毒对外界环境的抵抗力较强，加热 56℃经 30～50 分钟灭活，在 4℃或-7℃可保存数年，腐败 11 天，在猪舍内能存活 1 个月以上。对多种消毒剂敏感，1%火碱、福尔马林有效。

【流行病学】猪是该病毒的储存宿主，各种年龄的猪均易感。耐过的、呈隐性感染的成年猪为该病的主要传染源。在自然条件下本病毒还能使牛、羊、犬、猫等动物感染发病。

该病的传播途径主要为消化道和呼吸道，也可通过交配、精液、胎盘传播。病毒可直接接触传播，更容易间接传播，如带有病毒的空气飞沫可随风传到3千米或更远的地方，使健康猪群受到感染。被污染的饲料、带毒的鼠、羊等动物也可传播。病毒通过胎盘传递给胎儿时，由于母猪免疫球蛋白不能通过胎盘屏障，所以病毒对胎儿的感染性是致命的。此外，仔猪可通过吸入急性感染期母猪的乳汁而感染。伪狂犬病毒在猪群中的传播还是以带毒猪的移动和区域传播为主。

本病一年四季均可发生，但以冬春季与产仔旺季多发。由于疫苗的应用，该病从典型转为非典型临床症状，影响猪群的生长与繁殖性能。

【临床症状】病猪的临床症状和病程随年龄和毒株毒力的不同而有所变化。潜伏期一般为3～6天，个别可达10天。新生仔猪与4周龄内的仔猪最为敏感，常表现为最急性型，病程不超过72小时，死亡率高达100%，主要表现为出生后第2天突然发病，高热、精神萎靡、厌食、呕吐或腹泻，出现神经症状，最后昏迷死亡。

育肥猪主要表现为慢性呼吸道症状，轻度发热，有的出现腹泻，可恢复，但增重迟缓、饲料报酬低、上市时间延迟。少数病例出现神经症状和死亡，高死亡率常意味着混合感染或继发感染。

母猪可带毒。妊娠初期，可在感染后10天左右发生流产，流产率可达50%；妊娠后期，常发生死胎和木乃伊胎，且以产死胎为主；产弱仔，2～3天死亡；感染母猪有时还表现屡配不孕、返情率增高。

成年猪多为隐性感染或仅表现为轻微的体温升高，一般不发生死亡，耐过后长期潜伏感染，带毒、排毒。

公猪感染会发生睾丸肿胀、萎缩，失去种用能力。

【病理变化】主要表现为鼻腔卡他性或化脓出血性炎症，扁桃体水肿并出现坏死灶，喉头水肿，气管内有泡沫样液体。死亡或濒死的仔猪，可见全身淋巴结肿大明显（尤其以腹股沟淋巴结凸出于皮肤表面），切面外翻，湿润有较多汁液渗出，2/3以上的病猪肾脏包膜内缺少液体，使肾包膜与肾脏外表面紧贴，不易剥离，牵拉肾包膜，有呈多点镶嵌在表面的现象发生；逆光观察剥去肾包膜的肾脏外表，可见有大小及数量不等、不规则的白色云雾状阴影镶嵌在肾皮质表面。病猪均表现肺水肿及轻微的局灶性肺充血变化；心包轻度积液，肠道呈充血性炎症变化，内容物稀薄，未见出血性变化。其他脏器无肉眼可见的病理变化。有神经症状者，脑膜明显充血、出血和水肿。流产胎儿可见脑壳及臀部皮肤出血。体腔内有棕褐色液体潴留，肾及心肌出血，肝、肾有灰白色坏死点。

【实验室检查】采用兔子接种试验和血清学检验。

【类症鉴别】

1. 猪伪狂犬病与猪瘟的鉴别

〖相似点〗猪伪狂犬病与猪瘟均表现食欲不振、体温升高、木乃伊胎和精神沉郁、运动失调、痉挛等神经症状。

〖不同点〗猪瘟的病原为猪瘟病毒。怀孕母猪感染后，主要发生木乃伊胎和死产现象。死产胎儿呈现皮下水肿、腹水、头部和四肢畸形、皮肤和四肢点状出血、肺和小脑发育不全以及肝脏有坏死灶等病变。采集病猪的扁桃体或死猪的脾脏和淋巴结，送实验室做冰冻切片或组织切片，丙酮固定后用猪瘟荧光抗体染色检查，2～3小时即可确诊，检出率达90％以上。

2. 猪伪狂犬病与猪细小病毒感染的鉴别

〖相似点〗猪伪狂犬病与猪细小病毒感染均表现母猪流产、死胎、木乃伊胎等症状。

〖不同点〗猪细小病毒感染的病原为细小病毒，无季节性，流产几乎只发生于头胎，母猪除流产外无任何症状，其他猪即使感染猪细小病毒，也无任何症状，木乃伊胎现象非常明显。

3. 猪伪狂犬病与猪生殖和呼吸综合征的鉴别

〖相似点〗猪伪狂犬病与猪生殖和呼吸综合征均表现母猪流产、死胎、木乃伊胎等症状。

〔不同点〕猪生殖和呼吸综合征的病原为猪生殖和呼吸综合征病毒，感染猪群早期有类似流感的症状。除母猪发生流产、早产和死产外，患病哺乳仔猪高度呼吸困难，1 周内的新生仔猪病死率很高，主要病变为细胞性间质性肺炎。公猪和育肥猪都有发热、厌食及呼吸困难等症状。

4. 猪伪狂犬病与猪流行性乙型脑炎的鉴别

〔相似点〕猪伪狂犬病与猪流行性乙型脑炎均表现母猪流产、死胎、木乃伊胎和精神沉郁、运动失调、痉挛等神经症状。

〔不同点〕猪流行性乙型脑炎的病原为猪流行性乙型脑炎病毒，仅发生于蚊蝇活动季节，除妊娠母猪发生流产和产死胎外，公猪可发生睾丸肿胀，一般为单侧。其他小猪呈现体温升高，精神沉郁，肢腿轻度麻痹等神经症状。

5. 猪伪狂犬病与猪布氏杆菌病的鉴别

〔相似点〕猪伪狂犬病与猪布氏杆菌病均表现母猪流产、死胎症状。

〔不同点〕猪布氏杆菌病的病原为布氏杆菌，一般发生于布氏杆菌病流行地区，无季节性，体温正常，无神经系统症状，无木乃伊胎。公猪可见双侧睾丸肿胀。如诊断困难，可采血做布氏杆菌凝集试验，呈阳性反应。

6. 猪伪狂犬病与猪衣原体病的鉴别

〔相似点〕猪伪狂犬病与猪衣原体病均表现母猪流产、死胎症状。

〔不同点〕猪衣原体病的病原为衣原体，患病母猪流产前，大多数没有任何先兆。公猪呈现睾丸炎、附睾炎，小猪呈现慢性肺炎、角膜结膜炎、多发性关节炎等症状。病料涂片染色镜检，在细胞内可见到衣原体的包涵体。

7. 猪伪狂犬病与猪链球菌病的鉴别

〔相似点〕猪伪狂犬病与猪链球菌病均表现食欲不振、体温升高，叫声嘶哑和神经症状。

〔不同点〕猪链球菌病的病原为链球菌。病猪除有神经症状外，常伴有败血症及多发性关节炎症状，白细胞数增加。用青霉素等抗生素治疗有良好的效果。

8. 猪伪狂犬病与猪水肿病的鉴别

〖相似点〗猪伪狂犬病与猪水肿病均表现精神沉郁、运动失调、痉挛和神经症状。

〖不同点〗猪水肿病的病原为大肠杆菌，多发生于离乳期。病猪脸部、眼睑水肿，体温不高，声音改变。剖检可见胃壁及结肠肠系膜水肿。从肠系膜淋巴结及小肠内容物中容易分离到致病性大肠杆菌。

9. 猪伪狂犬病与猪食盐中毒的鉴别

〖相似点〗猪伪狂犬病与猪食盐中毒均表现精神沉郁、运动失调、痉挛等神经症状。

〖不同点〗猪食盐中毒为非传染病，有吃食盐过多的病史，其体温不高，喜欢喝水，无传染性，组织学检查在小脑部血管有诊病意义的嗜酸性粒细胞管套。检测血钾达 180~190 毫摩/升，嗜酸性粒细胞减少。

【防制】

1. 预防措施

（1）加强管理　加强饲养管理，搞好环境卫生和消毒，坚持杀虫灭鼠，定期检测猪群，阳性猪妥善处理。实行自繁自养，实行全进全出管理，严禁猪场混养多种畜禽。防止购入种猪时带进病原，要定期隔离观察，无传染病者方可进猪场。

（2）本病流行地区应进行免疫接种　伪狂犬病的弱毒苗、灭活苗、野毒灭活苗及基因缺失苗已研制成功。公猪每 3~4 个月免疫1 次，母猪配种前 7~10 天和产前 20~30 天各免疫 1 次，新生仔猪 1~3 日龄用弱毒苗滴鼻 1 头份，30~50 日龄肌内注射 1.2头份。

2. 发病后措施

本病发生后，尚无有效的药物治疗，必要时用高免血清治疗，可降低死亡率。病死猪深埋，用消毒药消毒猪舍和环境，粪便发酵处理，严禁散养禽类，阻断犬、猫进入猪场。

十五、猪狂犬病

狂犬病是由狂犬病病毒引起的一种以直接接触传染为主的人畜共患传染病，几乎所有的温血动物都能感染发病。其主要特征是先兴奋，有咬人咬物的症状，以后麻痹死亡。

【病原】狂犬病病毒属单负股病毒目弹状病毒科的狂犬病毒属。在电子显微镜下，该病毒呈圆柱体，底部平，另一端钝圆。整个病毒颗粒的外形呈炮弹或枪弹状。

狂犬病病毒能抵抗自溶及腐烂，在自溶的脑组织中可以保持活力 7～10 天。冻干条件下长期存活。反复冻融可使病毒灭活，紫外线照射、蛋白酶、酸、胆盐、甲醛、乙醚、升汞和季铵类化合物（如新洁尔灭）以及自然光、热等都可迅速降低病毒的活力。煮沸 2 分钟可杀死病毒。56℃于 15～30 分钟内、1% 甲醛溶液和 3% 来苏儿于 15 分钟内使病毒灭活。培养细胞中增殖的狂犬病病毒，用 1∶4000β-丙内酯处理 2 小时即可灭活。真空条件下冻干保存的病毒可于 4℃ 存活达数年。pH3～11，均可使狂犬病病毒灭活。60% 以上的酒精也能很快杀死病毒。

【流行病学】该病可以感染所有的温血动物，包括人。猪狂犬病的传染源主要是患狂犬病的犬、其他家畜和野生食肉目动物，如狼等。该病主要通过患病动物直接啃咬传播。被狂暴期病犬、病畜啃咬过的玻璃片、木片、金属片等刺伤也可能感染发病。创伤的皮肤黏膜接触患病动物的唾液、血液、尿、乳汁也可感染。该病还可经呼吸道和消化道感染。在集约化养猪比较发达的地区，猪群接触狂犬病动物的机会很少。

【临床症状】潜伏期的变动范围很大，平均为 20～60 天。病猪的典型经过是突然发作，兴奋不安，横冲直撞，声音嘶哑，咬人咬物，四肢运动失调，举止笨拙，鼻子歪斜，无意识地咬牙，有时用鼻子反复掘地面，大量流涎，全身肌肉痉挛，咬伤处发痒，在间歇期，常隐藏在垫草中，听到轻微声响即从隐藏处窜跳出来，无目的地乱跑，最后发生麻痹，全身衰弱，病程 2～4 天，病死率 100%。

另有麻痹型猪狂犬病，开始后肢和肩部衰弱，运动失调，走路不稳，继而后肢麻痹，全身衰竭而死亡。

【病理变化】眼观一般无特征性变化，表现尸体消瘦，血液浓稠、凝固不良，口腔黏膜和舌黏膜常见溃疡和糜烂。胃内常有石块、泥土、毛发等异物，胃黏膜充血、出血或溃疡，脑水肿，脑膜和脑实质的小血管充血，有的见有出血点。

【类症鉴别】

1. 猪狂犬病与猪伪狂犬病的鉴别

〖相似点〗猪狂犬病与猪伪狂犬病均表现叫声嘶哑和神经症状。

〖不同点〗猪伪狂犬病是由猪伪狂犬病病毒引起的，主要经直接接触和间接接触传染，无季节性，常有较多的哺乳仔猪患病，临床主要表现为兴奋、痉挛、麻痹、意识不清，病死率高达 90% 以上。在哺乳仔猪患病的同时常伴有母猪的流产、死胎和木乃伊胎。

2. 猪狂犬病与猪破伤风的鉴别

〖相似点〗猪狂犬病与猪破伤风均表现严重的神经症状。

〖不同点〗猪破伤风是由破伤风梭菌引起的。幼龄猪多发，多因阉割时消毒不严而感染。特征性症状是四肢僵硬、两耳竖立、尾不摆动、牙关紧闭，重者发生全身痉挛及角弓反张。对外界刺激的兴奋性增高，常有吱吱的尖叫声。

3. 猪狂犬病与猪维生素 A 缺乏症的鉴别

〖相似点〗猪狂犬病与猪维生素 A 缺乏症均表现神经症状。

〖不同点〗维生素 A 缺乏症是一种营养代谢病，以仔猪多发，常于冬末春初青绿饲料缺乏时发生。仔猪呈现明显的神经症状，表现为目光凝视，瞬膜外露，头颈歪斜，共济失调。血浆、肝脏中维生素 A 含量降低，用维生素 A 治疗有效。

【防制】

1. 预防措施

控制和消灭传染源是预防本病的有效措施。犬与猫以及人和其他动物是家畜狂犬病的主要传染源，因此对狂犬病的控制主要是搞好预防狂犬病的工作，每年定期给家犬、警犬注射狂犬病疫苗，扑杀野犬，及时打死疯犬，以防咬伤人、畜。对患病动物一般不应剖检，应将尸体深埋或焚烧。

2. 发病后措施

目前尚无治疗猪狂犬病的有效方法。猪被可疑动物咬伤后，伤口局部处理越早越好，应立即用肥皂水、清水、0.1％新洁尔灭溶液洗涤伤口，然后用40％～70％酒精或2％～3％碘酊处理，如能在伤口周围注射抗狂犬病血清，预防效果更佳。

十六、猪流行性乙型脑炎

流行性乙型脑炎，简称乙型脑炎或乙脑，是由乙型脑炎病毒引起的一种以中枢神经系统病变为主的人畜共患的急性传染病。猪感染后突然发病，高热，精神委顿，嗜睡喜卧。妊娠母猪的主要症状是流产和早产，公猪常发生睾丸炎。

【病原】流行性乙型脑炎病毒属于黄病毒科黄病毒属。病毒粒径为30～40纳米，呈球形，二十面体对称，为单股RNA。能集鹅、鸽、绵羊和雏鸡的红细胞，但不同毒株的血凝滴度有明显差异。病毒对外界环境的抵抗力不强，加热56℃30分钟、100℃2分钟灭活；但在低温下存活时间长，在−20℃可保存1年，但毒力降低；在50％甘油生理盐水中与4℃可存活6个月。常用消毒药可以灭活。

【流行病学】本病为人畜共患的自然疫源性传染病，多种畜禽和人感染后都可成为本病的传染源。本病主要通过带病毒的蚊虫叮咬传播。已知库蚊、伊蚊、按蚊属中不少蚊种以及库蠓等均能传播本病。猪的感染较为普遍，但发病的多为头胎母猪。

本病有明显的季节性，多发生于夏秋蚊子活动的季节。本病在猪群中的流行特点是感染率高，发病率低，绝大多数病愈后不再复发，成为带毒猪。其一个特点是感染率高、发病率低（20％～30％），死亡率低，新疫区发病率高、病情重，以后逐年减轻，最后多无症状的带毒猪；另一个特点是仅一胎母猪发生死胎、木乃伊胎和流产，公猪发生睾丸炎，病愈后不再复发。

【临床症状】通常突然发病，高热 40～41℃，稽留数天，精神委顿，嗜睡，喜卧，个别患猪后肢轻度麻痹。仔猪感染后可出现神经症状，如磨牙、口流白沫，转圈运动，视力障碍，盲目冲撞，严重者倒地不起而死亡。

妊娠母猪的主要症状是流产或早产，胎儿多为死胎或木乃伊胎。公猪除高度精神沉郁外，常发生睾丸肿大，多呈一侧性，也有两侧睾丸同时肿胀的。

【病理变化】成年猪和出生后感染的仔猪，中枢神经系统在外观上缺乏特征性病变，仅见脑脊髓液增多，软脑膜淤血，脑实质有点状出血。此外，其他器官的病变通常无特征性，主要是在病毒血症的基础上，由于急性心力衰竭而导致肝脏和肾脏等实质器官淤血、变性，肺淤血、水肿，消化道呈轻度的卡他性炎症变化。

自然发病公猪的睾丸鞘膜腔内积聚大量的黏液性渗出物，附睾缘、鞘膜脏层出现结缔组织性增厚，睾丸实质潮红，质地变硬，切面出现大小不等的坏死灶，其周围有红晕。慢性者睾丸萎缩、变小和变硬，切开时阴囊与睾丸粘连，睾丸大部分纤维化。

怀孕母猪感染后流产、死胎（死胎大小不等）、黑胎或白胎等。弱仔猪脑水肿而头面部肿大，皮下弥漫性水肿或胶样浸润。胸腔、腹腔积液，浆膜点状出血，肝脏、脾脏出现局灶性坏死。淋巴结肿大、充血。流产母猪子宫内膜附有黏稠的分泌物，黏膜显著充血、水肿并有散在性出血点。

【实验室检查】进行病毒分离和血清学诊断等。

【类症鉴别】

1. 猪流行性乙型脑炎与猪细小病毒感染的鉴别

〖相似点〗猪流行性乙型脑炎与猪细小病毒感染均有母猪流产、死胎、木乃伊胎等症状。

〖不同点〗猪细小病毒感染是由细小病毒引起的，流产、死胎、木乃伊胎在初产母猪多发，其他猪只无症状。不见公猪的睾丸炎和仔猪的神经症状。猪流行性乙型脑炎多发生于夏秋蚊子活动的季节，除母猪发生流产、死胎外，其他猪也有体温升高、精神委顿以及神经症状。

2. 猪流行性乙型脑炎与猪伪狂犬病的鉴别

〖相似点〗猪流行性乙型脑炎与猪伪狂犬病均表现体温升高，母猪流产、死胎、木乃伊胎和精神沉郁、运动失调、痉挛等神经症状。

〖不同点〗猪伪狂犬病的病原是伪狂犬病病毒。膘情好而健壮的初产仔猪，生后第 2 天即出现眼红、昏睡，体温升高至 41～41.5℃，口流白沫，两耳后竖，遇到响声即兴奋尖叫，站立不稳。20 日龄至断奶前后，发病的仔猪表现为呼吸困难、流鼻液、咳嗽、腹泻，有的猪出现呕吐。剖检可见母猪胎盘有凝固性坏死。流产胎儿的实质脏器也出现凝固性坏死。用延脑制成无菌悬液，肌内或皮下注射家兔 2～3 天后，注射部位出现瘙痒，继而被撕咬出血，可以确诊。

3. 猪流行性乙型脑炎与猪生殖和呼吸综合征的鉴别

〖相似点〗猪流行性乙型脑炎与猪生殖和呼吸综合征均有母猪流产、死胎、木乃伊胎等表现。

〖不同点〗猪生殖和呼吸综合征是由猪生殖和呼吸综合征病毒引起的，除了死胎、木乃伊胎外，还表现母猪提前 2～8 天早产，在 2 个星期间流产，早产的猪超过 8%，1 周龄内仔猪的病死率大于 25%，其他猪也出现厌食、昏睡、咳嗽、呼吸困难等症状，耳朵发绀，不见公猪睾丸和仔猪的神经症状（猪流行性乙型脑炎有神经症状）。

4. 猪流行性乙型脑炎与猪弓形体病的鉴别

〖相似点〗猪流行性乙型脑炎与猪弓形体病均表现母猪流产、死胎和精神沉郁、运动失调、痉挛等神经症状。

〖不同点〗猪弓形体病的病原为弓形虫，病猪表现高热，最高可达 42.9℃，呼吸困难。身体下部、耳翼、鼻端出现淤血斑，严重的出现结痂、坏死。体表淋巴结肿大、出血、水肿、坏死。肺膈叶、心叶呈不同程度的间质水肿,表现间质增宽,内有半透明胶冻样物质,肺实质带有小米粒大的白色坏死灶或出血点,磺胺类药物治疗可收到显著的效果。

5. 猪流行性乙型脑炎与猪脑脊髓炎的鉴别

〖相似点〗猪流行性乙型脑炎与猪脑脊髓炎均表现食欲不振、体温升高和精神沉郁、运动失调、痉挛等神经症状。

〖不同点〗猪脑脊髓炎是由猪脑脊髓炎病毒引起的,3周龄以上的猪很少发生,发病及康复均迅速。母猪不见流产,公猪无睾丸炎。

6. 猪流行性乙型脑炎与猪布氏杆菌病的鉴别

〖相似点〗猪流行性乙型脑炎与猪布氏杆菌病均表现母猪流产、死胎等症状。

〖不同点〗猪布氏杆菌病是由布氏杆菌引起的,猪、牛、羊等多种动物均可发病。母猪流产多发生于妊娠后第4周至第12周,有的在第2周至第3周即发生流产。流产前精神沉郁、阴唇、乳房肿胀,有时阴户流黏液性或脓性分泌物,一般产后8~10天可以自愈。仔猪不见神经症状。与日本乙型脑炎不同的是,公猪常见双侧睾丸肿大,触摸有痛感。剖检可见子宫黏膜有许多粟粒大的黄色小结节。胎盘有大量出血点。胎膜显著变厚,因水肿而成胶冻样。

7. 猪流行性乙型脑炎与猪李氏杆菌病的鉴别

〖相似点〗猪流行性乙型脑炎与猪李氏杆菌病均表现精神不振、体温升高和精神沉郁、运动失调,痉挛等神经症状,并均有脑及脑膜充血水肿等病理变化。

〖不同点〗猪李氏杆菌病是由李氏杆菌引起的,多发生于断乳后的仔猪,初期兴奋时表现为盲目乱跑或低头抵墙不动,四肢张开,头颈后仰如观星姿势。剖检可见脑干特别是脑桥、延髓和脊髓变软,有小的化脓灶。

8. 猪流行性乙型脑炎与猪链球菌病(神经型)的鉴别

〖相似点〗猪流行性乙型脑炎与猪链球菌病(神经型)均表现

食欲不振、体温升高和精神沉郁、运动失调、痉挛等神经症状。

〖不同点〗猪链球菌病是由链球菌引起的，脑膜脑炎型猪链球菌病除有神经症状外，常伴有败血症及多发性关节炎、脓肿等症状，白细胞数增加。用青霉素等抗生素治疗有良好的效果。

【防制】

1. 预防措施

（1）免疫接种　免疫接种是防制本病的首要措施。目前猪用乙型脑炎疫苗有灭活疫苗和弱毒疫苗。在流行地区猪场，在蚊蝇滋生前1个月进行免疫接种。猪场在4～5月间接种乙型脑炎弱毒疫苗，每头2毫升，肌内注射。头胎母猪间隔4周再注射1次。第2年加强免疫1次，免疫期可达3年。

（2）综合预防　蚊子是本病重要的传播媒介，因此，灭蚊是控制本病的一项重要措施。经常保持猪场周围环境卫生，填平坑洼，疏通渠道，排除积水，消灭蚊蝇滋生的场所。使用杀虫剂在猪舍内外进行喷洒灭蚊。

2. 发病后措施

处方1：①康复猪血清或抗血清0.1毫升/千克体重，1次/天，连用3～5天。②曲蘗散30～50克/头，1次/天，全群拌料内服，连用3～5天。③100千克饮水添加复方黄芪多糖可溶性粉50克混饮。

处方2：①血清治疗同处方1。②山梨醇注射液100～250毫升/（头·次），静脉注射，1～2次/天。③鱼腥草注射液5～10毫升/（次·头），肌内注射，2次/天，连用3～5天。④100千克饮水添加复方黄芪多糖可溶性粉50克，全群混饮，连用3～5天。

处方3：①木香导滞散30～50克/头，1次/天，全群拌料内服，连用3～5天。②25%葡萄糖注射液250～1000毫升、10%安钠咖5～20毫升、40%乌洛托品5～20毫升/（头·次），1～2次/天，连用3～5天。③复方黄芪多糖可溶性粉500克加水1000千克，全群混饮，连用3～5天。④猪用干扰素（200万活性单位/毫升）；30日龄以前0.5毫升/（头·次），30～70日龄0.75毫升/（头·次），70

日龄以上 1 毫升/（头·次），肌内注射，1 次/天，连用 3 天。

十七、猪传染性萎缩性鼻炎（AR）

猪传染性萎缩性鼻炎是由支气管败血波氏杆菌（主要是 D 型）和产毒素多杀性巴氏杆菌（C 型）引起的猪的一种慢性呼吸道传染病。其临床特征为歪鼻，流鼻血，频繁喷嚏、泪斑和生长发育迟缓。

【病原】病原为支气管败血波氏杆菌（本菌为革兰氏阴性小杆菌，两极着染，有运动性，但不形成芽孢，为严格需氧菌，本菌对外界环境的抵抗力弱，常规消毒药即可达到消毒目的）和多杀性巴氏杆菌（本菌为革兰氏阴性，具两极着染的特点。不形成芽孢，无鞭毛，不能运动，所分离的强毒菌株有荚膜，并产生毒素。本菌的抵抗力不强，一般消毒药均可杀死）。单独感染支气管败血波氏杆菌可引起较温和的非进行性鼻甲骨萎缩，一般无明显的鼻甲骨病变；在健康猪群中，几乎所有的猪都感染支气管败血波氏杆菌和非产毒性多杀性巴氏杆菌，并伴有程度不同的鼻甲骨萎缩；感染支气管败血波氏杆菌后继发感染产毒性多杀性巴氏杆菌时，则常引发严重的萎缩性鼻炎。

【流行病学】病猪和带菌猪是主要的传染源。传播途径为呼吸道感染，主要通过飞沫或气溶胶经口、鼻感染猪，也可通过呼吸道分泌物、污染的媒介物接触传播。易感动物为猪，任何年龄的猪均可发生感染，尤其以幼龄猪和处在生长阶段的猪易感。其他动物也能引起慢性鼻炎和支气管肺炎。

本病多见于春秋季节，呈地方性流行或散发性，其感染率高，病死率低，饲养管理条件的好坏对本病的发生起着重要的影响，饲养管理不良，猪舍拥挤、潮湿、通风不良、卫生条件差，营养缺乏等因素都可促进本病的发生。感染猪易损伤呼吸道正常的结构，使机体抵抗力降低，极易感染支原体、流感病毒、生殖和呼吸综合征病毒等，增加猪的死淘率。

【临床症状】首先出现鼻炎症状，最早见于 1 周龄的仔猪，一

般到 6～8 周龄时最显著。病猪打喷嚏和咳嗽，鼻流清液或黏脓性
分泌物。由于鼻黏膜炎症刺激，病猪表现不安、搔抓或摩擦鼻部。
流泪，因与尘土沾积在眼眶下形成半月形"泪斑"，呈褐色或黑色
斑痕，故有"黑斑眼"之称。

年幼猪的感染特征是鼻甲骨发育受阻和鼻变形。若两侧鼻腔
的损害程度一致时，则造成"鼻上撅"，即鼻腔变小缩短，向上
翘起，下颌相对较长，下门齿突出于上门齿之外，不能正常咬
合。若一侧鼻腔的病变严重，则可造成鼻子歪向一侧，表现为
"歪鼻子"。

【病理变化】病变一般限于鼻腔和邻近组织。鼻腔中常有大量
黏脓性或干酪样渗出物，特征病变是鼻腔的软骨和鼻甲骨软化和萎
缩。尤以下鼻甲骨的下卷曲最为常见，筛骨和上鼻甲骨的萎缩较少
见。严重的鼻甲骨消失，鼻中隔发生部分或完全弯曲。

【实验室检查】细菌分离和鉴定。

【类症鉴别】

1. 猪传染性萎缩性鼻炎与猪坏死性鼻炎（坏死杆菌病）的鉴别

〖相似点〗猪传染性萎缩性鼻炎与猪坏死性鼻炎（坏死杆菌病）
均有精神沉郁，呼吸急促，流脓性鼻液等临床症状。

〖不同点〗猪坏死性鼻炎是由坏死杆菌引起的，病猪鼻黏膜出
现溃疡，并形成黄白色伪膜，严重的蔓延到副鼻窦、气管、肺组
织，从而出现呼吸困难、咳嗽、流化脓性鼻液和腹泻。病料涂片镜
检可见串珠状长丝形菌体。猪传染性萎缩性鼻炎表现呼吸困难，鼻
部发炎，喷嚏频繁，鼻面部变形，有半月形泪斑。病猪表现不安、
搔抓或摩擦鼻部。眼眶下形成半月形"泪斑"，呈褐色或黑色斑痕，
故有"黑斑眼"之称。

2. 猪传染性萎缩性鼻炎与猪巨细胞病毒感染的鉴别

〖相似点〗猪传染性萎缩性鼻炎与猪巨细胞病毒感染均有精神
沉郁，呼吸急促，流鼻液等临床症状。

〖不同点〗猪巨细胞病毒感染是由猪巨细胞病毒引起的，患猪
有贫血、苍白、水肿、颤抖和呼吸困难等症状，严重病例可引起胎

儿和仔猪死亡。

3. 猪传染性萎缩性鼻炎与猪一般性鼻炎的鉴别

〖相似点〗猪传染性萎缩性鼻炎与猪一般性鼻炎均有鼻塞，流鼻液，打喷嚏等临床症状。

〖不同点〗猪一般性鼻炎无传染性，患猪不出现鼻盘上翘，嘴歪一侧。剖检鼻甲骨不萎缩变形。

【防制】

1. 预防措施

（1）检疫制度 应由无本病的猪场引进种猪，对所引进的猪只要做好检疫工作，进场后应隔离饲养至少3个月以上，如血清检查仍为阴性时，可并群饲养。

（2）消毒防病 猪场环境及猪舍应注意打扫，定期以2%来苏儿、3%石炭酸、2%氢氧化钠溶液进行消毒。

（3）环境管理 保持猪舍通风、干燥，有效降低空气中的病原体、尘埃与有害气体浓度。

（4）免疫接种 ①商品猪场：母猪产前1个月，颈部皮下注射猪传染性萎缩性鼻炎灭活菌苗2毫升/头；仔猪出生后的3周，用硫酸庆大霉素注射液0.5毫升，鼻内喷雾1次/3天，直到断奶为止。②种猪场：母猪产前1个月，颈部皮下注射猪传染性萎缩性鼻炎灭活菌苗2毫升/头；仔猪于1周龄和3周龄分别颈部皮下注射猪传染性萎缩性鼻炎灭活菌苗0.2毫升及0.4毫升。

2. 发病后措施

处方1：①强力霉素可溶性粉1000克拌料1000千克，妊娠母猪产前25天，每混饲5天，停药5天，直至产仔。②硫酸庆大霉素注射液，每鼻孔0.5毫升，20日龄仔猪鼻内喷雾，1次/4天，直到断奶为止。

处方2：①复方磺胺对甲氧嘧啶钠预混剂1000克，碳酸氢钠1000克，拌料1000千克，妊娠母猪产前25天，每混饲5天，停药5天，直至产仔。②硫酸卡那霉素注射液，20日龄仔猪鼻内喷雾，每鼻孔0.5毫升，1次/4天，直到断奶为止。

十八、猪链球菌病

猪链球菌病是由数种致病性链球菌引起的多种疾病的总称。急性的常为出血性败血症型和脑炎；慢性的是以关节炎、心内膜炎及淋巴结化脓性炎为特点的疾病。

【病原】链球菌属于链球菌属，为革兰氏阳性、球形或卵圆形球菌。在组织涂片中可见荚膜，不形成芽孢。需氧或兼性厌氧。从抗原上分有19个血清群。在一个血清群内，因表面抗原不同，又将其分为若干型。C群中兽疫链球菌及类马链球菌常引起急性和亚急性、具有肺炎及神经症状的败血症，或者发生脓肿、化脓性关节炎、皮炎及心内膜炎；而D群某些链球菌则引起心内膜炎、脑膜炎、肺炎和关节炎；E群主要引起淋巴结脓肿，也可引起化脓性支气管肺炎、脑脊髓炎；L群可致猪的败血病、脓毒血症、化脓性脑脊髓炎、肺炎、关节炎、皮炎等。A至U的其他血清群以及尚未分类的链球菌亦可致猪发病。本菌的致病力取决于产生毒素和酶的活力。该菌对高温及一般消毒药的抵抗力不强，50℃2小时、60℃30分钟可灭活，但在组织或脓汁中的菌体，在干燥条件下可存活数周。

【流行病学】仔猪和成年猪对链球菌病均有易感性，其中新生仔猪、哺乳仔猪的发病率及死亡率最高，架子猪和成年猪发病较少。存在于病猪和带菌猪鼻腔、扁桃体、颚窦和乳腺等处的链球菌是主要的传染源。伤口和呼吸道是主要的传播途径，新生仔猪通过脐带伤口感染。由于本菌耐酸，故病猪肉可经泔水传染。用病料或该菌培养物给猪皮下、肌内、静脉和腹腔注射，皮肤划痕以及滴鼻、喷雾等途径均能引发本病。

该病无明显的季节性，多发于春、夏两季，呈散发性传染，多表现为急性败血症型，短期内可波及全群，如不治疗和预防，则发病率和死亡率极高。在新疫区，流行期一般持续2～3周，高峰期1周左右。在老疫区，多呈散发性。

【临床症状】由于猪链球菌病群和感染途径的不同，其致病力的差异较大，因此，其临床症状和潜伏期的差异较大，一般潜伏期为 1～3 天，最短 4 小时，长者可达 6 天以上。根据病程可将猪链球菌病分为如下类型。

（1）最急性型　无前期症状而突然死亡。

（2）急性型

① 败血型。病猪体温突然升高达 41℃ 以上，呈稽留热；厌食，精神沉郁，喜卧，步态跟跄，不愿活动，呼吸加快，流浆液性鼻液；腹下、四肢下端及耳呈紫红色，并有出血斑点；眼结膜充血并有出血斑点，流泪；便秘或腹泻带血，尿呈黄色或血尿。如果有多发性关节炎，则表现为跛行，常在 1～2 天内死亡。

② 脑膜脑炎型。大多数病例首先表现厌食，精神沉郁，皮肤发红，发热，共济失调，麻痹和肢体出现划水动作，角弓反张，口吐白沫、震颤和全身骚动等。当人接近或触及躯体时，病猪发出尖叫或抽搐，最后衰竭或麻痹死亡。

③ 胸膜肺炎型。少数病例表现肺炎或胸膜炎型。病猪呼吸急促、咳嗽，呈犬坐姿势，最后窒息死亡。

（3）慢性型　该病例可由急性型转化而来或为独立的病型。

① 关节炎型。常见于四肢关节。发炎关节肿痛，呈高度跛行，行走困难或卧地不起。触诊局部多有波动感，少数变硬，皮肤增厚。有的无变化但有痛感。

② 化脓性淋巴结炎型。主要发生于刚断乳至出栏的育肥猪。以颌下淋巴结最为常见。咽部、耳下及颈部等淋巴结也可受侵害，或为单侧性的，或为双侧性的。淋巴结发炎肿胀，显著隆起，触诊坚实，有热痛。病猪全身不适，由于局部的压迫和疼痛，可影响采食、咀嚼、吞咽甚至呼吸。有的咳嗽和流鼻涕。随后发炎的淋巴结化脓成熟，肿胀中央变软，表面皮肤坏死，自行破溃流脓。脓带绿色，浓稠，无臭。一般不引起死亡。

③ 局部脓肿型。常见于肘或跗关节以下或咽喉部。浅层组织脓肿突出于体表，破溃后流出脓汁。深部脓肿触诊敏感或有波动，穿刺可见脓汁，有时出现跛行。

④ 心内膜炎型。该型生前诊断较为困难，表现精神沉郁、平卧、当受到触摸或惊吓时，表现疼痛不安，四肢皮肤发红或发绀，体表发冷。

⑤ 乳腺感染型。初期乳腺红肿，温度升高，泌乳减少，后期可出现脓乳或血乳，甚至泌乳停止。

⑥ 子宫炎型。病母猪体温一般正常，精神、食欲和体况无明显变化，个别严重的病猪，食欲稍减，略见消瘦。阴门常排出分泌物，尤其是在分娩后和流产后分泌物更多。病初排出的分泌物为灰白色浑浊的半透明黏性物，后为淡黄色不透明的脓性分泌物，而且有腥臭气味。正常分娩的母猪 2～3 天后就见阴道排出不正常分泌物，逐渐严重，病期长，受胎率低。有的流产前阴道已排脓性分泌物，流产后分泌物更多。流产的死胎充血、出血或有水肿，个别木乃伊化，胎衣浑浊，常有腐败臭味。

【病理变化】

(1) 急性败血型　尸体皮肤发红，血液凝固不良。胸、腹下和四脚皮肤有紫斑或出血点。全身淋巴结肿大、出血，有的淋巴结切面坏死或化脓。黏膜、浆膜、皮下均有出血点。胸腔、腹腔、心包腔积液增多、浑浊，有的与脏器发生粘连。脾脏肿大呈红色或紫黑色，柔软易脆裂。肾脏肿大、充血和出血。胃和小肠黏膜有不同程度的充血和出血。

(2) 急性脑炎型　脑和脑膜水肿和充血，脑脊髓液增多。脑切面可见到实质有明显的小出血点。部分病例在头、颈、背、胃壁、肠系膜及胆囊有胶样水肿。

(3) 急性胸膜肺炎型　化脓性支气管肺炎，多见于尖叶、心叶和膈叶前下部。病部坚实，灰白、灰红和暗红的肺组织相互间杂，切面有脓样病灶，挤压后从细支气管内流出脓性分泌物。肺胸膜粗糙、增厚、与胸壁粘连。

(4) 慢性关节炎型　患猪常见四肢关节肿大，关节皮下有胶冻样水肿，严重者关节周围化脓坏死，关节面粗糙，滑液浑浊呈淡黄色，有的伴有干酪样黄白色絮状物。

（5）慢性淋巴结炎型　常发生于颌下淋巴结，淋巴结肿大发热，切面有脓汁或坏死。

（6）局部脓肿型　脓肿主要在皮下组织内。初期红肿、化脓后有波动感，切开后有脓汁流出，严重时引起蜂窝织炎、脉管炎和局部坏死。

（7）慢性心内膜炎型　心瓣膜比正常增厚2～3倍，病灶为不同大小的黄色或白色赘生物。赘生物呈圆形，如粟粒大小，光滑坚硬，常常盖住受损瓣膜的整个表面。赘生物多见于二尖瓣、三尖瓣。

（8）子宫炎型　子宫黏膜肿胀、充血、出血和多量黏液脓性分泌物，子宫颈口充血。其他内脏无明显变化。皮肤见2～3个脓肿，切开脓肿内充满淡黄色浓稠的脓液。

【实验室检查】根据本病的流行特点、临床表现和病理变化可初步诊断，确诊需进行实验室检查。

1. 涂片镜检

败血型病猪无菌采取病死猪的心血、肝、脾、关节囊液等病料；淋巴结脓肿病猪可用灭菌注射器抽取未破溃淋巴结脓肿的脓汁；脑膜炎型以无菌操作采取脑脊髓液及少量脑组织用上述病料涂片，染色，镜检，可发现革兰氏阳性单个或成对或短链状排列的球状细菌。

2. 分离培养

死猪的心血、肝、脾、关节囊液、淋巴结和脑等病料，在鲜血琼脂培养基上培养，37℃恒温培养48小时，培养基表面可以长出灰白色、圆形、透明、露珠状的细小菌落，多数致病菌株具有溶血能力。取菌落涂片、镜检，有大量成对或排成短链的革兰氏阳性球菌。

3. 动物实验

病料制成1：10稀释悬液，接种实验动物如家兔，可皮下或腹腔注射0.5～1毫升，如小鼠可腹腔注射0.1～0.2毫升。接种动物常于12～72小时呈急性败血症死亡。从脏器中可分离出同样的病原菌。

【类症鉴别】

1. 猪链球菌病与猪瘟的鉴别

〖相似点〗猪链球菌病与猪瘟均有精神沉郁，体温升高，食欲不振，呼吸困难，行走不稳，皮肤发绀等临床症状。

〖不同点〗猪瘟是由猪瘟病毒引起的，病猪口渴，废食，嗜液，皮肤和黏膜紫绀和出血，多数病猪有明显的脓性结膜炎，有的病猪出现便秘，随后出现下痢，粪便恶臭。剖检可见全身淋巴结肿大，尤其是肠系膜淋巴结，外表呈暗红色，中间有出血条纹，切面呈红白相间的大理石样外观，扁桃体出血或坏死。胃和小肠呈出血性炎症。在大肠的回盲瓣段黏膜上形成特征性的纽扣状溃疡。肾呈土黄色，表面和切面有针尖大的出血点，膀胱黏膜层布满出血点。用抗生素和磺胺类药物治疗无效。

2. 猪链球菌病与猪丹毒的鉴别

〖相似点〗猪链球菌病与猪丹毒均有精神沉郁，体温升高，食欲不振，呼吸困难，行走不稳，皮肤表面有出血斑点等临床症状。

〖不同点〗猪丹毒是由丹毒杆菌引起的，病猪常表现卧地不起，驱赶甚至脚踢也不动弹，全身皮肤潮红。有方形、菱形、圆形的高出周边皮肤的红色或紫红色疹块。剖检可见脾呈桃红色或暗红色，被膜紧张、松软，白髓周围有红晕。淋巴结肿胀，切面灰白，周边暗红。采取脾脏、肾脏或血液涂片染色，镜检可见到革兰氏阳性（呈紫红色）纤细的小杆菌。

3. 猪链球菌病与猪李氏杆菌病的鉴别

〖相似点〗猪链球菌病与猪李氏杆菌病均有精神沉郁，体温升高，食欲不振，呼吸困难，行走不稳，皮肤发绀等临床症状。

〖不同点〗猪李氏杆菌病是由李氏杆菌引起的。脑膜炎型李氏杆菌病主要表现头颈后仰，前肢或四肢张开呈典型的观星姿势，剖检可见脑膜、脑实质充血、发炎和水肿，脑脊液增加、浑浊，脑桥、延脑、脊髓变软并有点状化脓灶，血管周围有细胞浸润。采血液或肝、脾、肾、脊髓液涂片染色镜检，可见革兰氏阳性呈"V"

字形或"Y"字形排列的小杆菌。

【防制】

1. 预防措施

(1) 严格消毒 猪场应制订严格的消毒防病措施,场区及猪畜舍、饲养用具等应定期以 0.3%洗必泰或 0.01%度灭芬等进行消毒。

(2) 伤口消毒 注意接生、断脐、断尾、阉割、注射等手术的消毒,防止感染。

(3) 免疫接种 猪链球菌病多价蜂胶灭活疫苗,哺乳仔猪 15～30 日龄 2 毫升/头,颈部肌内注射;种猪 3 毫升/头,颈部肌内注射,每年 2 次。

2. 发病后措施

处方 1:①乳酸环丙沙星注射液 5 毫克/(千克体重·次),肌内注射,2 次/天,连用 3～5 天。②阿莫西林可溶性粉 5～10 毫克/千克体重,全群混饮,1 次/天,连用 3～5 天。③葡萄糖生理盐水 500～1500 毫升、柴胡注射液 5～20 毫升、康福那心注射液 5～10 毫升,肌内注射,2 次/天,连用 3～5 天。

处方 2:①磺胺甲噁唑注射液首次量 100 毫克/(千克体重·次)(维持量 50 毫克/千克体重)、5%碳酸氢钠 30～50 毫升、葡萄糖生理盐水 500～1500 毫升、柴胡注射液 5～20 毫升,静脉注射,2 次/天,连用 3～5 天。②阿莫西林可溶性粉 10～15 毫克/(千克体重·次),全群混饮,2 次/天,连续应用 3～5 天。

处方 3:①头孢噻呋钠粉针 0.1 毫升/千克体重,注射用水稀释,肌内注射,2 次/天,连用 3～5 天。②强力霉素可溶性粉,200 千克水加本品 100 克,全群混饮,连续应用 3～5 天。③复方康福那心注射液 5～10 毫升、葡萄糖生理盐水 500～1500 毫升、40%乌洛托品 10～25 毫升/(头·次),静脉注射,1～2 次/天,连用 3～5 天。

十九、仔猪副伤寒

仔猪副伤寒是由猪霍乱沙门菌和猪副伤寒沙门菌引起的仔猪传

染病。本病是一种条件性传染病，当猪的抵抗力降低时，通过消化道进入体内的细菌，在肠道内大量繁殖，产生毒素，引起肠黏膜的炎症。

【病原】除猪霍乱沙门菌和猪副伤寒沙门菌外，鼠伤寒沙门菌、德尔俾沙门菌和肠炎沙门菌等也常引发本病。为革兰氏阴性杆菌，中等大小，均为需氧兼性厌氧菌，在普通培养基上生长良好。引起仔猪副伤寒的沙门菌的血清型相当复杂。

本菌对外界环境因素的抵抗力较强，在干燥的环境经 4 个月不死，在污染的水和土壤中能生存 4 个月以上，在粪便中可存活 10 个月。直接阳光照射能够迅速杀死，在 70℃下 20 分钟可以杀死，75℃5 分钟即可死亡。在含 10％～19％氯化钠的腌肉中能生存 75 天。本菌对化学消毒剂的抵抗力不强，3％石炭酸、0.1％升汞、3％来苏儿可在 15～20 分钟内将其杀死。

【流行病学】本病一年四季均可发生，但以春冬气候寒冷多变及多雨潮湿季节为多。环境污染、潮湿、拥挤，饲料和饮水的品质不良，气候突变，突然更换饲料、断乳过早、长途运输等都是发病的应激因素。一般呈散发性或地方性流行。常与猪瘟、猪肺疫等病混合感染。

本病常发生于 6 月龄以下的仔猪，尤以 2～4 月龄的仔猪多见，成年猪多以伴发病的形式出现。本病的主要传染源是病猪和带菌猪，可由分泌物、排泄物以及流产的胎儿、胎衣和羊水排出病菌。病菌污染饲料、饮水、猪舍、环境，健康猪经消化道感染发病。病猪与健康猪的交配及病公猪精液人工授精均可感染。有少数可通过带菌母体子宫或脐带感染。健康的带菌猪在外界不良因素的影响下，使猪的抵抗力下降时，病菌便大量繁殖，毒力增强，引起内源性感染。

【临床症状及病理变化】

1. **急性型**（败血型）

多见于断奶不久的小猪，体温突然升高至 41～42℃，精神不振，食欲减退或废绝。间有下痢，排出淡黄色恶臭的液状粪便。耳根、胸前和腹下皮肤出现紫红色斑块。出现症状 24 小时内死亡，但多数病程为 2～4 天。群内的发病率虽不高，但病死率却较高。腹部上有紫红色斑，脾脏肿大，呈暗红色，全身淋巴结肿大，切面似大理石状花纹，大肠黏膜有糠麸样坏死物。

2. 亚急性和慢性型

本类型多见，体温升高至 40.5～41.5℃，精神不振，寒战，扎堆，逐渐消瘦，长期腹泻，泻出物有恶臭，并混有大量的坏死组织碎片或纤维状物。病程拖延 2～3 周或更长，拉稀时发时停，最后极度消瘦，衰竭而死。盲肠、结肠肠壁淋巴小结肿大，逐渐发生坏死，形成溃疡，溃疡周缘隆起中央凹陷，黏膜坏死，肠壁肥厚，肝脏切面有坏死灶（副伤寒结节）。根据流行病学和病理变化不难做出诊断。

【实验室检查】

1. 涂片镜检

急性型病例用实质器官（如肝脏、肾脏、脾脏和淋巴结等）涂片、固定、染色、镜检。沙门菌为两端椭圆或卵圆形、不运动、不形成芽孢和荚膜的革兰氏小杆菌。

2. 分离培养

将肝脏、肾脏、脾脏和淋巴结等病料直接划线，接种在选择培养基（S.S 培养基、D.C 培养基）和鉴别培养基（麦康凯琼脂、伊红美兰琼脂）各一平板，37℃培养 24 小时。沙门菌一般为无色透明或半透明、中等大小、边缘整齐、光滑、较扁平的菌落。有的沙门菌因产生硫化氢，S.S 培养基或 D.C 培养基上形成中心带黑色的菌落。挑取沙门菌可疑菌落接种于双糖铁斜面，37℃培养 24 小时。观察底层葡萄糖产酸或产酸产气，产生硫化氢的变棕黑色，上层斜面乳糖不分解、不变色，则可初步判定为沙门菌。慢性型病例不易分离出病原，有时虽已分离到沙门菌，也须结合其他症状病变及流行特点来综合分析，应排除混合感染。

【类症鉴别】

1. 仔猪副伤寒与猪瘟的鉴别

〖相似点〗急性仔猪副伤寒与急性猪瘟，慢性仔猪副伤寒与慢性猪瘟在临床上有很多相似之处。

〖不同点〗猪瘟的病原是猪瘟病毒。感染猪瘟，猪的皮肤常有小出血点，精神高度沉郁，不食，各种药物治疗无效，病死率极高，并且不同年龄的猪都能发病，传播迅速。剖检时肝脾不肿大，无坏死灶，但脾有出血性梗死，回盲口附近有扣状溃疡（或称轮层状溃疡）。抗生素治疗无效。仔猪副伤寒主要是感染 2～4 月龄的猪，脾脏肿大，呈暗红色。大肠黏膜有糠麸样坏死物。肝脏切面有坏死灶（副伤寒结节），抗生素治疗有效。

2. 仔猪副伤寒与猪肺疫的鉴别

〖相似点〗仔猪副伤寒与猪肺疫均表现高热，皮肤有出血点、出血斑，咳嗽、呼吸困难等临床症状。

〖不同点〗猪肺疫是由多杀性巴氏杆菌引起的，可以在各个年龄的猪中发生，主要以肺炎为主。而仔猪副伤寒主要是 2～4 月龄的猪感染，以顽固性腹泻为主。猪肺疫病猪剖检可见肺肝变区扩大，并呈灰黄色、灰白色坏死灶，内含干酪样物质。胸腔有纤维素沉着。用病猪的淋巴结、血液涂片，可见革兰氏阴性、两端明显浓染的卵圆形小杆菌。而仔猪副伤寒病猪肝脏切面有坏死灶（副伤寒结节），用肝脏、肾脏、脾脏和淋巴结等涂片，可见两端椭圆或卵圆形、不运动、不形成芽孢和荚膜的革兰氏小杆菌。

3. 仔猪副伤寒与猪痢疾的鉴别

〖相似点〗仔猪副伤寒与猪痢疾均有精神沉郁，体温升高，食欲不振，腹泻等临床症状。

〖不同点〗猪痢疾是由猪痢疾密螺旋体感染引起的，不同年龄不同品种的猪均可发生，1.5～4 月龄的猪最为常见，无明显的季节性，以黏液性和出血性下痢为特征，初期粪便稀软，后有半透明黏液使粪便成胶冻样。剖检时见大肠黏膜表层有弥漫性坏死、出血，或有黏液，不发生像猪副伤寒那样的深层坏死。显微镜检查可见猪痢疾密螺旋体，每个视野 2～3 个以上。

4. 仔猪副伤寒与猪传染性胃肠炎的鉴别

〖相似点〗仔猪副伤寒与猪传染性胃肠炎均有精神沉郁、腹泻、脱水等临床症状。

〖不同点〗猪传染性胃肠炎的病原是传染性胃肠炎病毒。各个年龄的猪均可发生，腹泻呈水样，有部分猪只发生呕吐，不见体温升高。仔猪副伤寒多发生于 2～4 月龄的仔猪，体温升高（41～42℃），腹泻粪便中混有血液和假膜。可见耳根、胸前、腹下皮肤有紫红色出血斑。猪传染性胃肠炎胃肠充满凝乳块，胃黏膜充血。小肠充满气体，心、肺、肾未见明显的肉眼病变。而仔猪副伤寒剖检可见肝脏有糠麸样的细小的灰黄色坏死点。脾脏肿大，呈暗蓝色，坚度如橡皮。

5. 仔猪副伤寒与猪流行性腹泻的鉴别

〖相似点〗仔猪副伤寒与猪流行性腹泻均有精神沉郁、腹泻、脱水等临床症状。

〖不同点〗猪流行性腹泻的病原为猪流行性腹泻病毒（PEDV）。10 日龄以内的仔猪病死率较高，5 周龄以上的病死率就非常低。主要症状是呕吐和腹泻。仔猪副伤寒多发生于 2～4 月龄的仔猪，可见耳根、胸前、腹下皮肤有紫红色出血斑。

6. 慢性仔猪副伤寒与猪丹毒的鉴别

〖相似点〗慢性仔猪副伤寒与猪丹毒多发生于架子猪，均有体温升高、精神不振以及皮肤均有紫斑。

〖不同点〗猪丹毒的病原是丹毒杆菌。以炎热多雨的季节发病较多，主要呈散发性或地方性流行。病猪很少发生腹泻，耳根、腹部、两腿内侧皮肤出现特征性的俗称"打火印"的疹块。胃和小肠有严重的出血性炎症。脾肿大，呈樱桃红色。淋巴结、肾淤血肿大。仔猪副伤寒的季节性不明显，发病率不高，流行缓慢。猪患慢性副伤寒时反复下痢，耳根、胸前及腹下皮肤有紫斑。肠系膜淋巴结肿大，肝有黄色或灰白色的点状坏死灶，脾肿大，呈暗紫色，坚度如橡皮。

7. 仔猪副伤寒与猪链球菌病的鉴别

〖相似点〗仔猪副伤寒与猪链球菌病均有体温升高，精神不振，呼吸困难等临床表现。

〔不同点〕猪链球菌病的病原是链球菌。无明显的易感年龄，表现为稽留热，主要是以呼吸系统症状、运动系统症状、神经系统症状为主。仔猪副伤寒以 2～4 月龄的仔猪多见，主要表现为败血症和肠炎症状。多在耳后、腹下和四肢出现明显的深红色或青紫色。病变是败血症，脾脏呈暗紫色、肿大。

【防制】

1. 预防措施

（1）饲养管理　预防本病的根本措施是认真搞好饲养管理和卫生工作，消除发病的应激因素；喂给全价优质饲料，以增强猪只的抗病能力。

（2）口服接种　在本病常发猪场，仔猪副伤寒活疫苗，按瓶签注明头份，以 5 倍冷开水稀释为 5 毫升/头，1 月龄以上的仔猪灌服。注意：该疫苗不得用于注射。

（3）肌肉接种　在本病常发猪场，仔猪副伤寒活疫苗，以 20%氢氧化铝胶生理盐水按瓶签注明头份稀释，1.0 毫升/头，肌内注射。

（4）淘汰病猪　治愈的猪有很多为带菌者，愈后多发育不良，且有传播疾病的危险，在集约化养猪场应做淘汰处理。

（5）个人防护　猪场管理人员、饲养员、技术人员、屠宰人员和肉品经营人员应注意个人防护，加强消毒工作，严防受到感染。

2. 发病后措施

处方 1：①乳酸环丙沙星注射液 5 毫克/（千克体重·次），肌内注射，2 次/天，连用 3～5 天。②硫酸黏菌素预混剂 3～5 毫克/（千克体重·次）（按硫酸黏菌素计），拌料内服，1～2 次/天，连用 3～5 天。③猪腹泻补液盐 1 份量，将两小袋药物同时放入 1000 毫升的温开水（30℃左右）中，完全溶解后，供猪饮用。

处方 2：①全群以黄白痢散 20 克、大蒜素 5 克/（头·次），1 次/天，拌料内服，连用 3～5 天。②硫酸安普霉素注射液 20 毫克/（千克体重·次）（按硫酸安普霉素计），肌内注射，2 次/天，连用 3～5 天。③猪腹泻补液盐 1 份量，将两小袋药物同时放入

1000 毫升的温开水（30℃左右）中，完全溶解后，供猪饮用。

处方 3：①阿米卡星注射液，每次 20 万～40 万单位，肌内注射，每日 2～3 次。②1％盐酸多西环素注射液，3～10 毫升/次，肌内注射，每日 1 次，连用 3～5 天。③盐酸土霉素每千克体重 50～100 毫克用药，分 2～3 次喂服。

处方 4：黄连 15 克，蒲公英 8 克，木香 7 克，白芍 20 克，槟榔 10 克，茯苓 20 克，滑石 25 克，甘草 10 克，水煎分 3 次服，2 次/天，连用 2～3 剂。

二十、猪痢疾

猪痢疾是由猪痢疾蛇形螺旋体引起的猪的一种严重的肠道传染病。其特征为大肠黏膜发生卡他性出血或纤维素性坏死性炎症，临床表现黏液性或出血性下痢。

【病原】密螺旋体又称猪蛇形螺旋体或猪痢疾短螺旋体。革兰氏阴性菌，暗视野观察活菌，呈现活泼的蛇形运动，有 2～6 个弯，两端尖锐，呈缓慢旋转的螺丝线状，标准型呈双雁翅状。本菌为严格厌氧菌，对培养的要求高，酪蛋白胰酶消化大豆鲜血琼脂或酪蛋白胰酶消化大豆汤的培养基，纯培养可以使用鲜血培养基，将培养基放在厌氧罐中，在 1 个大气压，80％氮气、20％二氧化碳，以钯为催化剂，38℃培养 6 天，鲜血琼脂培养基上可呈现 β 型溶血，在溶血带的边缘，有云雾状薄层生物或针尖状透明菌落。

【流行病学】本病在自然流行中除猪以外，其他畜禽不见发生各种年龄和不同品种的猪均可发病，但以 2～3 月龄的仔猪最易感，其发病率和死亡率均较成年猪高。

本病的主要传染源是病猪和带菌猪，康复猪带菌可长达数月，经从粪便中排出大量菌体，污染周围环境、饲料、饮水，或经饲养员、用具、运输工具的携带而传播。本病经消化道感染，健康猪采食被猪粪污染的饲料、饮水后发病。运输、拥挤、寒冷、过热或环境卫生不良等诱因，都是本病发生的应激因素。

本病的流行经过比较缓慢，持续时间较长，且可反复发病。往往在一个猪舍开始发生几头，以后逐渐蔓延开来。发生较大流行时，常常拖延几个月。

【临床症状及病理变化】

1. 最急性和急性

常常不见症状而突然死亡，病初精神稍差，食欲减少，迅速下痢，体温升高至40.5℃以上，粪便充满血液和黏液，有恶臭。渴欲增加，食欲显著减退，精神沉郁，很快消瘦，腹部凹陷，站立不稳，衰竭而死，盲肠、结肠黏膜充血和水肿。

2. 亚急性和慢性

病势较轻，持续下痢，粪便中黏液及坏死组织碎片较多，血液较少；病程较长，进行性消瘦，生长发育迟缓，死亡率较低。盲肠、结肠黏膜肿胀，常有点状、片状坏死，形成伪膜，肠壁淋巴小结肿大。

【实验室检查】刮取大肠黏膜涂片，用结晶紫染色，用光学显微镜观察。或者将粪便或大肠黏膜刮取物悬浮于适量生理盐水中，取一滴置于载玻片上覆盖玻片，在暗视野显微镜下观察，如发现活泼的蛇形运动，有2～6个弯曲，呈双雁翅状的猪密螺旋体，即可确诊。

【类症鉴别】

1. 猪痢疾与猪副伤寒的鉴别

〖相似点〗猪痢疾与猪副伤寒的发病年龄相似，多为2～4月龄的幼猪，腹泻、体温升高（41～42℃），粪便中混有血液、假膜。病变部位均为大肠，表现为大肠壁增厚，黏膜有坏死，上面附有伪膜如麸皮样。

〖不同点〗猪副伤寒可见耳根、胸前、腹下皮肤有紫红色出血斑，亚急性型眼有脓性分泌物，粪便淡黄色或灰绿色。剖检可见肝脏有糠麸样细小的灰黄色坏死点。脾脏肿大，呈暗蓝色，坚度如橡皮。

2. 猪痢疾与猪传染性胃肠炎的鉴别

〖相似点〗猪痢疾与猪传染性胃肠炎均有精神沉郁，体温升高，腹泻等临床症状。

〖不同点〗猪传染性胃肠炎的病原为猪传染性胃肠炎病毒，病猪腹泻呈水样，不见血便。发病迅速，很快传播全场，在冬、春季节多发。部分猪有呕吐症状，无论是大猪还是小猪均可感染，尤其是 10 日龄以内的仔猪，病死率可达 100％。小肠黏膜涂片或冷冻切片直接免疫荧光检查，呈阳性。

3. 猪痢疾与猪胃肠炎的鉴别

〖相似点〗猪痢疾与猪胃肠炎均有腹泻症状。

〖不同点〗猪胃肠炎可见呕吐，眼结膜先潮红后黄染，镜检不见密螺旋体。

4. 猪痢疾与猪流行性腹泻、猪轮状病毒感染、猪大肠杆菌病等疾病的鉴别

可参见猪传染性胃肠炎。

【防制】

1. 预防措施

（1）自繁自养　猪场应采用自繁自养的方法，不从外地引入猪只，是预防本病的首要措施。如必须从外地购入种猪时，应进行严格检疫，确认无本病时方可混群饲养。

（2）卫生管理　猪场环境及猪舍应注意打扫，处理好粪便，定期以 3％来苏儿、2％氢氧化钠溶液进行消毒。

（3）淘汰病猪　应将血清学反应阳性猪，全部肥育淘汰，以除祸患。

2. 发病后措施

处方 1：①痢菌净（乙酰甲喹）注射液 2.5～5 毫克/千克体重，肌内注射，2 次/天，连用 5～7 天。②二甲硝咪唑 200～500克，拌料 1000 千克，全群混饲，连用 5～7 天。③猪腹泻补液盐 1份量，将两小袋药物同时放入 1000 毫升的温开水（30℃左右）中，完全溶解后，供猪饮用。

处方 2：①硫酸黏菌素预混剂（按硫酸黏菌素计）3～5 毫克/（千克体重·次），拌料内服，1～2 次/天，连用 5～7 天。②痢菌净

（乙酰甲喹）注射液 2.5～5 毫克/千克体重，肌内注射，2 次/天，连用 3～5 天。③葡萄糖生理盐水 500～1500 毫升、盐酸多西环素 3 毫克/千克体重、10%樟脑磺酸钠注射液 5～15 毫升/头，静脉注射，2 次/天，连用 3～5 天。

二十一、仔猪黄痢

仔猪黄痢是由大肠杆菌引起的 1 周龄以内的初生乳猪的一种急性肠道传染病。

【病原】大肠杆菌是革兰氏阴性、两端钝圆、中等大小的杆菌，有鞭毛，无芽孢，能运动，但也有无鞭毛、不运动的变异株。少数菌株有荚膜，多数无菌毛。本菌为需氧或兼性厌氧。能致仔猪黄痢或水肿的菌株，多数可溶解绵羊红细胞，血琼脂上呈溶血。本菌的血清型甚多，已确定的大肠杆菌 O 抗原有 171 种，H 抗原有 56 种，K 抗原有 80 种。

由于病原性大肠杆菌的类型不同和猪的日龄、生理机能与免疫状态等的差异，引发的疾病也有所不同，主要有仔猪黄痢（为某些致病性溶血性大肠杆菌）、仔猪白痢和仔猪水肿病。

【流行病学】主要发生于出生后数小时至 7 日龄内的仔猪，以 1～3 日龄最为多见，1 周以上很少发病。同窝仔猪中发病率很高，常在 90%以上；病死率也很高，有的全窝死亡。主要传染源是带菌母猪。病原体主要通过消化道感染。带菌母猪由粪便排出病菌污染母猪乳头、皮肤和环境，新生仔猪吸母乳和接触母猪皮肤时吃进病菌引起发病。下痢的仔猪由粪便排出病原菌，污染饲料、饮水、用具、环境，再传染给其他母猪，也可成为新的传染源。

本病没有季节性。舍内湿度大、温度低和污染较大、管理不善，可增加发病。第一胎母猪所产仔猪的发病和死亡率最高，随着母猪长期感染大肠杆菌而逐渐产生对该菌的免疫力，随着胎次的增加，仔猪发病率逐渐减少。

【临床症状】潜伏期短的在出生后 12 小时内发病。主要症状为突然腹泻，排出腥臭的黄色或灰黄色稀粪，内含凝乳块小片，顺肛门流下。捕捉小猪时，常从肛门流出稀薄的粪水。不久脱水，吃乳无力，口渴，四肢无力，里急后重，昏迷死亡。急性的不见下痢，而突然倒地死亡。

【病理变化】尸体呈严重脱水状态，干而消瘦，体表污染黄色稀粪。颈部、腹部皮下常有水肿，皮肤、黏膜和肌肉苍白。最显著的病理变化表现为急性卡他性胃肠炎，少数为出血性胃肠炎。其中十二指肠最严重，空肠和回肠次之，结肠较轻微。胃膨胀，胃内充满多量带酸臭味的白色、黄色或混有血液的凝固乳块，胃壁水肿。胃底部黏膜呈红色乃至暗红色，湿润而有光泽。肠壁菲薄，呈半透明状。

【实验室检查】采用涂片染色镜检、分离培养、生化试验、血清学试验和动物实验等。

【类症鉴别】

1. 仔猪黄痢与仔猪红痢的鉴别

〖相似点〗仔猪黄痢与仔猪红痢均有精神沉郁，体温升高，食欲不振，腹泻等临床症状。

〖不同点〗仔猪红痢是由 C 型魏氏梭菌感染引起的，病猪下痢，粪便中带有血液，呈红褐色，并含有坏死组织碎片。剖检可见皮下胶冻样浸润、胸腔、腹腔、心包积液，呈樱桃红色，胃和十二指肠不见病变，空肠内充满血色液体。慢性经过的猪只，肠壁增厚、弹性消失，浆膜可见黄色或灰黄色的假膜，易剥离，黏膜下有高粱粒大和小米粒大的气泡。用心血、肺、胸水等涂片或分离细菌，染色后在光学显微镜下观察，可见两端钝圆的单个或双个革兰氏阳性杆菌，进一步生化鉴定为魏氏梭菌。仔猪黄痢突然腹泻，排出腥臭的黄色或灰黄色稀粪，内含凝乳块小片，顺肛门流下。

2. 仔猪黄痢与仔猪白痢的鉴别

〖相似点〗仔猪黄痢与仔猪白痢均有精神沉郁，体温升高，食欲不振，腹泻等临床症状。

〖不同点〗仔猪白痢主要以 10～30 日龄多发，以 20 日龄左右最常见，3 日龄以内和 1 月龄以上很少发生。粪便白色或灰白色，

有特殊的腥臭味。病死率低。仔猪黄痢主要发生于出生后数小时至
7日龄内的仔猪，以1～3日龄最为多见，1周以上很少发病。突然
腹泻，排出腥臭的黄色或灰黄色稀粪，内含凝乳块小片，顺肛门
流下。

3. 仔猪黄痢与猪传染性胃肠炎的鉴别

〖相似点〗仔猪黄痢与猪传染性胃肠炎均有精神沉郁，体温升
高，食欲不振，腹泻等临床症状。

〖不同点〗猪传染性胃肠炎是由猪传染性胃肠炎病毒引起的，
各年龄段的猪只均可发生，尤其以冬春寒冷季节多发，部分猪只出
现呕吐，无论是大猪小猪均可发生。发病迅速，几天即可导致全群
发病。水样腹泻，粪便黄色、绿色或白色，有恶臭或腥臭味。病变
部位在小肠，表现为肠壁菲薄透明，肠内容物稀薄如水，呈黄色，
内有大量的凝乳块，抗生素和磺胺类药物治疗无效。仔猪黄痢没有
季节性，1周以上很少发病。抗生素和磺胺类药物治疗有效。

4. 仔猪黄痢与猪伪狂犬病的鉴别

〖相似点〗仔猪黄痢与猪伪狂犬病均有精神沉郁，体温升高，
食欲不振，腹泻等临床症状。

〖不同点〗猪伪狂犬病是由猪伪狂犬病病毒引起的，病猪体温
升高达41～41.5℃，发病后有呕吐，同时表现出神经症状，遇到
声音的刺激兴奋尖叫，步态不稳，肌肉痉挛，角弓反张等。同群或
同场的怀孕母猪出现流产、死胎、木乃伊胎等症状。剖检可见鼻出
血性或化脓性炎症，肺水肿，胃底部大面积出血，小肠黏膜充血。
仔猪黄痢缺乏这些表现。抗生素和磺胺类药物治疗有效。

5. 仔猪黄痢与仔猪副伤寒的鉴别

〖相似点〗仔猪黄痢与仔猪副伤寒均有精神沉郁，体温升高，
食欲不振，腹泻等临床症状。

〖不同点〗仔猪副伤寒是由沙门菌引起的，多发生于2～4月龄
的仔猪，体温升高达41～42℃，粪便中混有血液、假膜。病变部
位在大肠，表现为大肠壁增厚，黏膜有坏死，上面附有伪膜如麸皮
样。耳根、胸前、腹下皮肤有紫红色出血斑。亚急性型眼有脓性分

泌物，粪便淡黄色或灰绿色。剖检可见肝脏有糠麸样的细小的灰黄色坏死点。脾肿大，呈暗蓝色，坚度如橡皮。

【防制】

1. 预防措施

（1）产房卫生　母猪进入产房前，产房及临产母猪要进行彻底消毒；产前及产后 2～3 天内对母猪的乳房及腹部皮肤每天用 0.1%高锰酸钾消毒 1 次。

（2）药物预防　母猪产前 2～3 天应用硫酸黏菌素预混剂 3～5 毫克/（千克体重·次）（按硫酸黏菌素计），拌料内服，1～2 次/天，或以大蒜素 15 克/（头·天），拌料内服。连续用至产后 3 天，可有效地防止仔猪发生感染。

（3）仔猪预防　仔猪出生后立即喂服地衣芽孢杆菌 0.25 克/次，3 次/天，或乳酸菌素片 2 粒/次，2 次/天，可获良好的预防效果。

（4）免疫接种　在多发地区猪场，可用仔猪大肠杆菌三价灭活苗 5 毫升/次，给产前 40 天和 15 天的怀孕母猪肌内注射，以通过母乳使仔猪获得被动免疫保护。

2. 发病后措施

处方 1：①乳酸环丙沙星注射液 5 毫克/（千克体重·次），肌内注射，2 次/天，连用 3～5 天。②硫酸黏菌素预混剂 5 毫克/千克体重（按硫酸黏菌素计），灌服，1～2 次/天，连用 3～5 天。③猪腹泻补液盐 1 份量，将两小袋药品同时放入 1000 毫升的温开水（30℃左右）中，完全溶解后，供仔猪饮用。④白头翁散 80～120 克/（头·次），1 次/天，母猪拌料内服，连用 3～5 天。

处方 2：①白头翁散 80～120 克/（头·次），1 次/天，母猪拌料内服，连用 3～5 天。②硫酸黏菌素预混剂 5 毫克/（千克体重·次）（按硫酸黏菌素计），灌服，1～2 次/天，连用 3～5 天。③猪腹泻补液盐 1 份量，将两小袋药品同时放入 1000 毫升的温开水（30℃左右）中，完全溶解后，供仔猪饮用。④林格尔液 100～250 毫升、庆大-小诺霉素注射液 0.5～1 毫升/千克体重、复方康福那心注射液 3～5 毫升，静脉注射，1～2 次/天，连续应用 3～5 天。

处方3： ①黄白痢散 80～100 克、大蒜素 5 克/（头·次），1 次/天，母猪拌料内服，连用 3～5 天。②猪腹泻补液盐 1 份量，将两小袋药品同时放入 1000 毫升的温开水（30℃左右）中，完全溶解后，供仔猪饮用。③硫酸安普霉素注射液 20 毫克/（千克体重·次）（按硫酸安普霉素计），肌内注射，2 次/天，连续应用 3～5 天。④硫酸新霉素预混剂 10 克/次，灌服，2 次/天，连续应用 3～5 天。

二十二、仔猪白痢

仔猪白痢是由产肠毒性大肠杆菌引起的，10～30 日龄的猪常患的一种急性肠道传染病。

【病原】仔猪白痢的大肠杆菌一部分与仔猪黄痢和猪水肿病相同，以 K08、K88 较多见。

【流行病学】仔猪白痢又称迟发性大肠杆菌病，一般发生于产后 10～30 天的仔猪，尤以 10～20 天的仔猪发病较多，也最为严重，1 月龄以上则很少发病。该病的发病率较高，而死亡率相对较低，但会严重影响仔猪的生长发育，出现僵猪。

本病一年四季都有发生，但以严冬、早春及炎热季节发病较多。饲养管理条件不良是引起本病的主要原因。气候骤然变化，饲料的突然更换，缺乏维生素和矿物质，母乳过浓、过稀、过多、过少都可促进本病的发生。

【临床症状】突然发生腹泻，腹泻次数不等，排出乳白色或灰白色的浆状、糊状粪便，腥臭，性黏腻。体温不高。病程 2～3 天，长的 1 周左右，能自行康复，死亡的很少。如管理不当，症状会很快加剧，病猪出现精神萎靡、食欲废绝、消瘦，最后脱水死亡。

【病理变化】死于白痢的仔猪无特征性病变，而且随病程的长短不同表现也不一致。经过短促的病例，胃内含有凝乳，小肠内有多量黏液性液体和气体或稀薄的食糜，部分黏膜充血，其余大部分黏膜呈黄白色，几乎不见胃肠炎变化。肠系膜淋巴结稍有水肿。严重者心、肝、肾等脏器有出血点，有的还有小的坏死灶。

【实验室检查】可采用涂片染色镜检、分离培养、测定其肠毒素、血清学试验和动物实验等方法诊断。

1. 涂片染色镜检

取自然病死的哺乳仔猪和断乳仔猪的心血、肺、肝、脾或肾分别涂片或触片，革兰氏染色，镜检均发现有革兰氏阴性无芽孢的卵圆形的短小杆菌，其大小为（1～3）微米×（0.4～0.37）微米。另外，分离培养大肠杆菌，并进行生化试验和血清学试验鉴定，可确定为病原性大肠杆菌引起的疾病。

2. 测定其肠毒素

最简单的方法是猪小肠结扎试验；也可用幼兔口服；兔皮内蓝斑试验或乳鼠胃内接种试验检测肠毒素。

【类症鉴别】

1. 仔猪白痢与猪传染性胃肠炎的鉴别

〔相似点〕仔猪白痢与猪传染性胃肠炎均有精神沉郁，体温升高，食欲不振，腹泻等临床症状。

〔不同点〕猪传染性胃肠炎是由猪传染性胃肠炎病毒引起的，各年龄段的猪只均可发生，尤其以冬春寒冷季节多发，部分猪只出现呕吐，无论是大猪还是小猪均可发生。发病迅速，几天即可导致全群发病。水样腹泻，粪便黄色、绿色或白色，有恶臭或腥臭味，病变部位在小肠，表现为肠壁菲薄透明，肠内容物稀薄如水，呈黄色，内有大量凝乳块。抗生素和磺胺类药物治疗无效。仔猪白痢以10～20天的仔猪发病较多，也最为严重，1月龄以上则很少发病，突然发生腹泻，腹泻次数不等，排出乳白色或灰白色的浆状、糊状粪便，腥臭，性黏腻。抗生素和磺胺类药物治疗有效。

2. 仔猪白痢与猪流行性腹泻的鉴别

〔相似点〕仔猪白痢与猪流行性腹泻均有精神沉郁，体温升高，食欲不振，腹泻等临床症状。

〔不同点〕猪流行性腹泻是由猪流行性腹泻病毒引起的，各种年龄的猪均可感染发病。有部分猪只出现呕吐，粪便呈水样，粪便灰黄色、灰白色，不见血样便，偶见胃黏膜出血点-胃黏膜溃疡，十二指肠、空肠、小肠段肠壁变薄透明。抗生素、磺胺类药物治疗无效。仔猪白痢主要发生于 5～25 日龄的哺乳仔猪，1 月龄以上则很少发病，不见呕吐，突然发生腹泻，排出乳白色或灰白色的浆状、糊状粪便，腥臭，性黏腻。抗生素、磺胺类药物治疗有效。

3. 仔猪白痢与猪痢疾的鉴别

〖相似点〗仔猪白痢与猪痢疾均有精神沉郁，体温升高，食欲不振，腹泻等临床症状。

〖不同点〗猪痢疾是由猪痢疾密螺旋体引起的，不同年龄不同品种的猪均可感染，1.5～4 月龄的猪最为常见，无明显的季节性，以黏液性和出血性下痢为特征，初期粪便稀软，后有半透明黏液使粪便成胶冻样，结肠、盲肠黏膜肿胀、出血。肠内容物呈酱色或巧克力色，大肠黏膜可见坏死，有黄色、灰色伪膜。显微镜检查可见猪痢疾密螺旋体，每个视野 2～3 个以上。仔猪白痢主要发生于 5～25 日龄的哺乳仔猪，1 月龄以上则很少发病。突然发生腹泻，排出乳白色或灰白色的浆状、糊状粪便，腥臭，性黏腻。

4. 仔猪白痢与仔猪红痢的鉴别

〖相似点〗仔猪白痢与仔猪红痢均有精神沉郁，体温升高，食欲不振，腹泻等临床症状。

〖不同点〗仔猪红痢是由 C 型魏氏梭菌引起的，主要发生于 1～3 日龄的哺乳仔猪，7 日龄以上很少发病。病猪下痢，粪便中带有血液，呈红褐色，并含有坏死组织碎片。剖检可见皮下胶冻样浸润，胸腔、腹腔、心包积液，呈樱桃红色，胃和十二指肠不见病变，空肠内充满血色液体。慢性经过的猪只，肠壁增厚、弹性消失，浆膜可见黄色或灰黄色的假膜，易剥离，黏膜下有高粱粒大和小米粒大的气泡。用心血、肺、胸水等涂片或分离细菌，染色后在光学显微镜下观察，可见两端钝圆的单个或双个革兰氏阳性杆菌，进一步生化鉴定为魏氏梭菌。

5. 仔猪白痢与仔猪黄痢的鉴别

〖相似点〗仔猪白痢与仔猪黄痢均有精神沉郁，体温升高、食欲不振，腹泻等临床症状。

〖不同点〗仔猪黄痢表现为生后 12 小时突然有 1～2 头发病，以后相继发生腹泻，腹泻的粪便呈黄色，病变部位主要在十二指肠、空肠，肠壁变薄，严重的呈透明状，胃黏膜可见红色出血斑。肠内容物多为黄色。仔猪白痢腹泻便一般为灰白色，胃和十二指肠不见病变，空肠可见出血、呈暗红色。肠内容物多为灰白色。

【防制】

参见仔猪黄痢。

二十三、仔猪红痢

仔猪红痢又称仔猪出血性肠炎，是由 C 型魏氏梭菌引起的仔猪急性肠道传染病。其临床特征为患病仔猪出血性下痢，病程短，死亡率高。

【病原】C 型产气荚膜梭菌（魏氏梭菌）是一种革兰氏阳性、有荚膜、不运动的厌氧大杆菌，它能够产生 α 和 β 毒素，引起仔猪肠毒血症、坏死性肠炎。病菌在动物体内形成荚膜，在体外以芽孢形式存在。该菌广泛存在于人畜的肠道内和土壤中，母猪将其随粪便排出体外，污染地面、圈舍、垫草、运动场等。梭菌繁殖体的抵抗力并不强，一般消毒药均可将其杀灭，但芽孢对热、干燥、消毒药的抵抗力显著增强。被本菌污染的圈舍最好用火焰喷灯、3％～5％烧碱或 10％～20％漂白粉消毒。

【流行病学】本病常发于 1～3 日龄的哺乳仔猪，7 日龄以上很少发病。本病的发病季节不明显，任何产仔季节均可发病，任何品种的猪均可感染，带菌母猪和病猪是主要的传染源。病菌随粪便排出体外，污染猪舍和哺乳母猪的乳头、皮肤，初生仔猪通过吮吸母猪乳头或舔食污染地面而感染。病菌侵入空肠中，在肠壁内繁殖，产生强烈的外毒素，使受害肠壁充血、出血和坏死。

该菌在自然界分布很广，如人、畜肠道、土壤、粪便及污水中均含有，其芽孢对外界的抵抗力很强。病菌一旦传入猪场，病原就会长期存在，如不采取有效的预防措施，以后出生的仔猪将会继续发生本病。

【临床症状】本病的潜伏期很短，一般可分为急性型、亚急性型和慢性型 3 种。

1. 急性型

此型最为常见，仔猪初生后 3 小时左右或当日即可发病，表现突然下痢，排出血样稀便，随之虚弱，衰竭，拒绝吮乳，数小时内死亡。也有少数病猪未见下痢，有的本次吮乳时正常，下次吮乳时死于一旁。

2. 亚急性型

病程在 2 天左右。病猪下痢，食欲不振，消瘦、脱水，其后躯沾满血样或稍带黄色稀便，并常混有坏死组织碎片和小气泡。一窝仔猪往往所剩无几或全部死亡，其死亡日龄常在 5 日龄左右。

3. 慢性型

此种类型除由急性型或亚急性型不死转为慢性型外，也有初生后就以慢性经过。病猪呈现持续性出血性腹泻，粪便黄灰色糊状，或稍带红色，肛门周围附有粪痂，生长停滞，于 10 日龄左右死亡或成为僵猪。

【病理变化】主要在空肠，有时扩展到整个回肠，十二指肠一般不受损伤。空肠呈暗红色，肠腔内充满血样液体。肠系膜淋巴结鲜红色。病程稍长的病例，肠管的出血性病变不严重，而以坏死性炎症为主。肠壁变厚，黏膜呈黄色或灰色坏死性假膜，容易剥离。心肌苍白，心外膜有出血点。肾呈灰白色，皮质部小点出血，膀胱黏膜也有小点出血。

【类症鉴别】

1. 仔猪红痢与仔猪黄痢的鉴别

〖相似点〗仔猪红痢与仔猪黄痢均有传染性，出生 1 周内发病，且以 1～3 日龄最多见，发病率、病死率较高，拉稀等。

〖不同点〗仔猪黄痢是由致病性大肠杆菌引起的，出生后相继发生腹泻，粪便呈黄色浆状，内含凝乳小片，有腥臭味。剖检胃内容物，充满酸臭的凝乳块，部分黏膜红色、有出血斑。十二指肠膨胀变薄，黏膜、浆膜充血、出血、水肿，肠腔内充满腥臭的黄色或黄白色稀薄的内容物，有时有血液、凝乳块（血痢，胃、十二指肠无变化）。从肠内容物和粪便中可分离出致病性大肠杆菌。仔猪红痢腹泻便一般为红褐色，一般在胃和十二指肠不见病变，空肠可见出血、呈暗红色。

2. 仔猪红痢与仔猪白痢的鉴别

〖相似点〗仔猪红痢与仔猪白痢均有传染性，仔猪突发腹泻，粪便呈浆状或糊状。

〖不同点〗仔猪白痢是由致病性大肠杆菌引起的，主要以 10～30 日龄多发，以 20 日龄左右最常见，多发生于严冬和盛夏季节。粪便为乳白色，有特殊的腥臭味。剖检主要病变在胃和小肠前部，胃黏膜充血、出血、水肿，有少量凝乳块，肠壁菲薄，呈灰白色、半透明，肠黏膜易剥离，肠内容物空虚，有大量气体和少量酸臭的乳白色或灰白色粪便。从肠内容物中可分离出大肠杆菌。仔猪红痢常发于 1～3 日龄的哺乳仔猪，7 日龄以上很少发病，腹泻便一般为红褐色，胃和十二指肠不见病变，空肠可见出血、呈暗红色。

3. 仔猪红痢与猪传染性胃肠炎的鉴别

〖相似点〗仔猪红痢与猪传染性胃肠炎均有精神沉郁，体温升高，食欲不振，腹泻等临床症状。

〖不同点〗猪传染性胃肠炎是由猪传染性胃肠炎病毒引起的，主要多发于冬、春寒冷季节，从出生的仔猪到成年猪均可发病。而仔猪红痢常发于 7 日龄以内的仔猪，尤其以 1～3 日龄的发病更为严重。猪传染性胃肠炎有部分猪只出现呕吐，而仔猪红痢不见呕吐。猪传染性胃肠炎腹泻粪便呈水样，粪便黄色、绿色或白色，不见血样便，偶见胃黏膜出血点，或胃底潮红，胃黏膜溃疡，十二指肠、空肠、小肠段肠壁变薄透明。抗生素、磺胺类药物治疗无效。而仔猪红痢腹泻便一般为红褐色，胃和十二指肠不见病变，空肠可见出血、呈暗红色。

4. 仔猪红痢与猪流行性腹泻的鉴别

〖相似点〗仔猪红痢与猪流行性腹泻均有精神沉郁，体温升高，食欲不振，腹泻等临床症状。

〖不同点〗猪流行性腹泻是由猪流行性腹泻病毒引起的，主要多发于寒冷季节，从初生的仔猪到成年猪均可发病。而仔猪红痢常发于 7 日龄以内的仔猪，尤其以 1～3 日龄的发病更为严重。猪流行性腹泻有部分猪只出现呕吐，而仔猪红痢不见呕吐。猪流行性腹泻病初粪便色黄黏稠，后变水样，粪中含有黄白色凝乳块。剖检眼观病变仅限于小肠，肠管膨满、扩张、充满黄色液体，肠壁变薄，肠系膜充血，肠系膜淋巴结水肿。抗生素、磺胺类药物治疗无效。而仔猪红痢腹泻便一般为红褐色，胃和十二指肠不见病变，空肠可见出血、呈暗红色。

5. 仔猪红痢与猪伪狂犬病的鉴别

〖相似点〗仔猪红痢与猪伪狂犬病均有传染性，出生后第 2 天开始发病，有腹泻，病程短，死亡快等临床症状。

〖不同点〗猪伪狂犬病是由猪伪狂犬病病毒引起的，病猪体温升高达 41～41.5℃，发病时眼红，闭目，昏睡，流涎，呕吐，两耳后竖，遇响声即兴奋鸣叫，站立不稳，肌肉痉挛，呈癫痫发作等。同群或同场的怀孕母猪出现流产、死胎、木乃伊胎等症状。剖检可见鼻出血性或化脓性炎症，肺水肿，胃底部大面积出血，小肠黏膜充血。抗生素、磺胺类药物治疗无效。仔猪红痢腹泻便一般为红褐色，胃和十二指肠不见病变，空肠可见出血、呈暗红色。抗生素、磺胺类药物治疗有效。

6. 仔猪红痢与猪水肿病的鉴别

〖相似点〗仔猪红痢与猪水肿病均伴有流涎、呕吐、腹痛、腹泻以及昏迷的临床表现。

〖不同点〗猪患水肿病多见于断奶前后，个体大、生长快的猪。剖检可见猪喉头水肿，胃大弯至贲门处黏膜水肿，胃壁、肠系膜水肿，切开胃壁内有红色胶冻样物质。仔猪红痢主要发生于刚出生不久的仔猪，通过猪排血便，肛门下方有血污样粪便，易于诊断。猪肠壁肿胀，弹性消失，肠管硬化，黏膜上有伪膜生成均属其剖检特点。

7. 仔猪红痢与苦楝子中毒的鉴别

〖相似点〗仔猪红痢与苦楝子中毒均有流涎、呕吐、腹痛、腹泻以及昏迷的临床表现。

〖不同点〗苦楝子中毒多因猪舍旁栽了苦楝树，夏秋季节苦楝子自行脱落时，猪食入后引起呕吐、口吐白沫、呼吸困难等，临诊时应注意猪舍附近是否有楝树，树上是否有苦楝子则可迅速诊断。

【防制】

1. 预防措施

（1）保持猪舍、产房和分娩母猪体表的清洁　一旦发生本病，要认真做好消毒工作，最好用火焰喷灯和 5%烧碱进行彻底消毒。待产母猪进产房前，进行全身清洗消毒。

（2）免疫接种　怀孕母猪产前 30 天和 15 天各肌注 C 型魏氏梭菌福尔马林氢氧化铝类毒素 10 毫升。实践表明，该苗能使母猪产生坚强的免疫力，使初生仔猪免患仔猪红痢病。

（3）被动免疫　用育肥猪或淘汰母猪，经多次免疫后，采血分离血清，对受该病威胁的初生仔猪于生后逐头肌注 1～2 毫升，可防止仔猪发病。

（4）药物预防　在受到本病威胁的猪场，对怀孕母猪于产前 15 天，在饲料中添加抗生素，连喂 5～7 天；停药 5 天；于分娩前 2 天，更换添加另一种抗生素，连续饲喂 7 天，可取得良效。

2. 发病后措施

处方 1：①阿莫西林可溶性粉（按阿莫西林计）10～15 毫克/千克体重，怀孕母猪产前 15 天拌料混饲，2 次/天，连用 5 天，停药 5 天；更换为硫氰酸红霉素可溶性粉（按硫氰酸红霉素计）5 毫克/千克体重，拌料混饲，2 次/天，连用 7 天。②盐酸环丙沙星可溶性粉（按盐酸环丙沙星计）5 毫克/千克体重，初生仔猪混饮，连用 5～7 天。

处方 2：①甲磺酸培氟沙星可溶性粉 10 毫克/千克体重（以甲磺酸培氟沙星计），怀孕母猪产前 15 天拌料混饲，2 次/天，连用 5 天，停药 5 天；更换为硫氰酸红霉素可溶性粉（按硫氰酸红霉素计）5毫克/千克体重，拌料混饲，3次/天，连用7天。②阿莫西林可溶性粉（按阿莫西林计）10～15毫克/千克体重，初生仔猪混饮，连用5～7天。

二十四、仔猪水肿病

仔猪水肿病是由某些溶血大肠杆菌引起的一种急性、致病性疾病。

【病原】引起本病的大肠杆菌一部分与仔猪黄白痢相同，但表面抗原有所不同。致病性大肠杆菌所产生的内毒素、溶血素和水肿病毒素被吸收后，损伤小动脉和动脉壁而引发本病。

【流行病学】本病主要发生于断乳猪，从数日龄至4月龄，个别成年猪也有发生。主要传染源是带菌母猪和感染仔猪。病原菌随粪便排出体外，污染饲料、饮水和环境。主要通过消化道感染。本病多发于4～5月和9～10月。呈地方流行，有时散发。一般认为，仔猪断乳后喂给不适的饲料，或突然更换饲料，改变了仔猪的适口性，加喂饲料易引起胃肠机能紊乱，诱发本病。管理不善，猪舍卫生条件差，缺乏运动，或应激因素影响，或缺乏维生素、矿物质，食入高蛋白质料等，引起肠道微生物区系的变化，促进了致病微生物的生长繁殖，也可引起发病。本病的发病率差异较大，但病死率高达80%～100%。

【临床症状】发病前2～3天见有腹泻，排出灰白色粥状稀粪，有的未见腹泻即突然发病。呈现兴奋不安，共济失调，倒地抽搐，四肢乱动或步态不稳，盲目行走或转圈，有的两前肢跪地，两后肢直立，有的呈两前肢外展趴地，有的呈两后肢外展趴地而不能运步。触之惊叫，叫声嘶哑。眼睑和眼结膜水肿，有的可延至颜面、颈部，有的无水肿变化。后期反应迟钝，呼吸困难，卧地不起，四肢乱动，昏迷而死。有的初期体温升至41℃以上，很快降至常温或偏低。病程数小时，长者1～2天。有的无临床表现而突然死亡。

【病理变化】病变是面部、额部、眼睑及下颌部，皮下呈灰白色凉粉样水肿。结肠系膜及其淋巴结水肿，切开时呈凉粉样，并有多量液体流出；肠黏膜红肿，有肠炎变化。皮下组织及心、肝、肾、脾、淋巴结和脑膜等组织器官均有不同程度的出血变化。

【实验室检查】可采用涂片染色镜检、分离培养、生化试验、血清学试验和动物实验等方法。

【类症鉴别】

1. 猪水肿病与猪营养不良性水肿的鉴别

〖相似点〗猪水肿病与猪营养不良性水肿均有精神沉郁，体表水肿等临床症状。

〖不同点〗猪营养不良性水肿多由于饲料中蛋白质含量不足或乳汁摄入量不够所导致，没有明显的年龄界限，很少发生，不见神经症状，在发病猪病料中不能分离出致病性大肠杆菌。

2. 猪水肿病与猪其他神经性疾病的鉴别

〖相似点〗猪水肿病与猪其他神经性疾病均表现出神经症状。

〖不同点〗其他具有神经症状的疾病不见水肿变化，同时还伴有其他的临床表现，可以与猪水肿病相区别。

【防制】

1. 预防措施

仔猪水肿病与仔猪黄白痢均由大肠杆菌所引起，预防措施可参照仔猪黄痢项下。

2. 发病后措施

处方1：①25％葡萄糖注射液250～1500毫升、庆大-小诺霉素注射液0.5～1毫升/千克体重、复方康福那心注射液10～20毫升，静脉注射，1～2次/天，连用3～5天。②硫酸钠25～50克/（头·次），灌服或拌料喂服，必要时第2天再使用1次。③硫酸黏菌素预混剂（以硫酸黏杆菌素计）3～5毫克/（千克体重·次），拌料混饲，1～2次/天，连用3～5天。

处方2：①硫酸钠25～50克/（头·次），灌服或拌料喂服，必要时第2天再使用1次。②硫酸黏菌素预混剂5毫克/（千克体重·次）（按硫酸黏菌素计），灌服，1～2次/天，连用3～5天。③10％葡萄糖注射液500～1000毫升、20％甘露醇250毫升、庆大-小诺霉素注射液 0.5～1 毫升/千克体重、复方康福那心注射液 10～20 毫升、40% 乌洛托品 30 毫升，静脉注射，1～2 次/天，连用 3～5 天。

　　处方 3：芒硝 50 克，大青叶 25 克，川军 25 克，二丑 20 克，茵陈 25 克，栀子 20 克，龙胆草、茯苓，郁金，陈皮，川朴，车前子各 15 克，芦荟 10 克，瓜蒂 10 克，研为细末，开水 3000 毫升冲调，加红糖 250 克为引，治疗猪水肿病，治愈率为 97%。

　　处方 4：用茯苓、白术、厚朴、青皮、生姜各 20 克，泽泻、甘草各 15 克，陈皮、大枣各 30 克，乌梅 4 个，煮水内服，每日 1 剂，连服 2 天。配合磺胺五甲氧嘧啶 20 毫升，维生素 C 10 毫升，50% 葡萄糖 10 毫升，1 次静脉注射，每日 2 次，连用 3 天，同时肌注 20% 安钠咖 1 毫升，维生素 B_1（100 毫克/2 毫升）3 毫升，每日 1 次，连用 3 天，疗效确实。

　　处方 5：用黄柏、大腹皮、陈皮各 20 克，黄连、黄芩、桑白皮、茯苓皮、姜皮（夏天可不用姜皮）各 15 克（每头小猪的量），煎汁喂服，3 次/天，治疗仔猪水肿病的治愈率为 98% 以上。

二十五、猪丹毒

　　猪丹毒俗称"打火印"，是猪的一种急性、败血性传染病。急性型和亚急性型以发热和皮肤上出现紫色疹块为特征（青霉素的治疗效果良好），慢性型主要表现为非化脓性关节炎和疣状心内膜炎的症状。多见于夏季，4～6 月龄的猪易感。

　　【病原】猪丹毒杆菌是极纤细的小杆菌，直形或微弯，革兰氏染色阳性。猪丹猪抗原的血清型已被公认的有 22 个。该菌对外界环境的抵抗力较强，病猪的肝和脾 4℃ 存放 159 天仍有毒力。病死猪尸体掩埋后 7～10 天，病菌仍然不死。在阳光下能够存活 10 天之久。可在腌肉和熏制的病猪肉内存活 4 个月。本菌对热的抵抗力不强，70℃ 加热 5 分钟可被杀灭，煮沸后很快死亡。被病菌污染的粪尿及垫草，堆沤发酵 15 天，可将病菌杀死。猪丹毒杆菌对消毒药很敏感，如 1% 漂白粉、1% 烧碱、10% 石灰乳、0.5%～1% 复合酚，均可在 5～15 分钟内将其杀灭。

【流行病学】在自然条件下，猪对本病敏感。不同年龄的猪均有易感性，但以 3～6 月龄的猪发病率最高，3 月龄以下和 6 月龄以上的猪很少发病。猪丹毒的流行有明显的季节性，一般来说，多发生在气候温暖的初夏和晚秋季节。华北和华中地区 6～9 月为流行季节，华南地区以 9～12 月发病率最高。病猪、康复猪和健康带菌猪为传染源。病原体随粪、尿、唾液和鼻液等排出体外，污染土壤、圈舍、饲料、饮水等，主要经消化道感染，皮肤伤口也可感染。健康带菌猪在机体抵抗力下降时，可发生内源性感染。黑花蚊、厩蝇和虱也是本病的传染媒介。

【临床症状及病理变化】

1. 急性败血型

急性败血型见于流行初期，病猪表现体温升高达 42～43℃，稽留不退。少食或不食，粪便干硬呈栗状，表面附有黏液，后期可能发生腹泻。病猪耳、颈、背的皮肤出现红斑，继而变为紫红色。经 3～4 天，体温急剧降低而死亡，不死者转为疹块型或慢性型。全身淋巴结充血、肿大，呈浆液性出血性炎。脾脏呈暗红褐色，显著肿大，边缘增厚。胃底部和十二指肠黏膜潮红、肿胀，有弥漫性出血。肝脏呈暗红褐色，充血，心内、外膜有出血点。

2. 疹块型

疹块型皮肤表面出现疹块，口渴、便秘，精神不振，体温升高至 41℃ 以上。在胸、腹、背、肩和四肢等部的皮肤上发生疹块，疹块呈方形、菱形，稍凸起于皮肤表面，大小约 1 厘米至数厘米，从几个到几十个不等。

3. 慢性型

慢性型有慢性关节炎、慢性心内膜炎和皮肤坏死等。皮肤坏死一般常单独发生，而慢性关节炎和心内膜炎有时在一头病猪身上可同时存在。慢性关节炎主要表现为腕、跗关节和膝、髋关节的炎性肿胀，病腿僵硬、疼痛，呈现一肢或两肢的跛行。心内膜炎溃疡或菜花样疣状赘生，特别是二尖瓣膜，表面着生疣状物。

【类症鉴别】

1. 猪丹毒与猪瘟的鉴别

〖相似点〗猪丹毒与猪瘟均有精神沉郁，体温升高，食欲不振，行走不稳，皮肤表面有出血斑点等临床症状；并均有肠道、肺、肾出血等病理变化。

〖不同点〗猪瘟是由猪瘟病毒感染引起的，急性病例的死亡常常在出现症状几天后，发展到发病高峰期比较慢。常有腹泻。脾不肿大而有楔形的出血性梗死。淋巴结出血，切面呈大理石状斑纹，肾不见肿大而呈密集小点出血。猪丹毒病猪死亡常在初期症状出现后数小时至两三天，发病高峰出现得快，不常见腹泻。脾轻度肿大、紧张、蓝红色，淋巴结充血、肿胀、呈紫红色，肾常淤血肿大，俗称"大红肾"。

2. 猪丹毒与猪肺疫的鉴别

〖相似点〗猪丹毒与猪肺疫均有精神沉郁，体温升高，精神不振，行走不稳，皮肤表面有出血斑点等临床症状。

〖不同点〗猪肺疫是由多杀性巴氏杆菌感染引起的，咽喉型病猪咽喉部肿胀，呼吸困难，犬坐姿势，流涎。胸膜肺炎型病猪咳嗽，流鼻液，犬坐姿势，呼吸困难，叩诊肋部有痛感，并引起咳嗽。剖检皮下有大量胶冻样淡黄色或灰青色纤维素性浆液，肺有纤维素炎，切面呈大理石样。胸膜与肺粘连，气管、支气管发炎且有黏液。用淋巴结、血液涂片镜检可见有革兰氏阴性、卵圆形、呈两极浓染的短杆菌。

3. 猪丹毒与猪败血型链球菌病的鉴别

〖相似点〗猪丹毒与猪败血型链球菌病均有精神沉郁，体温升高，食欲不振，行走不稳，呼吸困难，皮肤表面有出血斑点等临床症状；并均有肝、肺、肾出血等病理变化。

〖不同点〗猪链球菌病是由链球菌感染引起的，病猪从口、鼻流出淡红色泡沫样黏液，腹下有紫红斑，后期少数耳尖、四肢下端、腹下皮肤出现紫红色或出血性红斑。剖检可见脾肿大1～3倍，呈暗红色或紫蓝色，偶见脾边缘黑红色出血性梗死灶。采心血、脾、肝病料或淋巴结脓汁涂片，可见到革兰氏阳性、多数散在或成双排列的短链圆形或椭圆形无芽孢球菌，可与猪丹毒杆菌区分。

4. 猪丹毒与猪流感的鉴别

〖相似点〗猪丹毒与猪流感均有精神沉郁，体温升高，食欲不振，呼吸困难，行走不稳等临床症状。

〖不同点〗猪流感的病原为猪流感病毒，病猪呼吸急促，常有阵发性咳嗽，眼流分泌物，眼结膜肿胀，鼻液中常有血，皮肤不变色。抗生素治疗无效。

5. 猪丹毒与猪弓形体病的鉴别

〖相似点〗猪丹毒与猪弓形体病均有精神沉郁，体温升高，食欲不振，行走不稳，皮肤表面有出血斑点等临床症状。

〖不同点〗猪弓形体病是由弓形虫引起的，病猪粪便呈煤焦油样，呼吸浅快，耳郭、耳根、下肢、下腹、股内侧有紫红斑。剖检可见肺呈橙黄色或淡红色，间质增宽、水肿，支气管有泡沫；肾黄褐色，有针尖大小的坏死灶，坏死灶周围有红色炎症带。胃有出血斑，片状或带状溃疡。肠壁肥厚、糜烂和溃疡；病料（肺、淋巴结、脑、肌肉）涂片或病料悬液注入小白鼠腹腔，发病后取病料涂片，可见到半月形的弓形虫。

【防制】

1. 预防措施

（1）卫生管理 猪场、猪舍应经常打扫、清除猪舍和猪栏表面的尖锐物体，防止划伤皮肤，猪舍定期以 2% 氢氧化钠、3% 来苏儿溶液进行消毒。

（2）免疫预防 常用的疫苗有以下三种，可根据情况选用。

猪丹毒克 C_{42} 弱毒冻干苗：按瓶签标明头份，每头份加入 20% 铝胶生理盐水稀释液 1 毫升，摇溶后应用，断奶后 15 天后，不论大小。①口服 2 毫升/头，按需免疫头数将疫苗拌入料中空腹 1 次喂给。②注射 1 毫升/头，耳后皮下注射。免疫期为 6 个月（病猪、妊娠 60 天以上的母猪、哺乳仔猪和刚断奶的仔猪不宜使用）。

猪丹毒 $G4T_{10}$ 弱毒冻干苗：按瓶签标明头份，每头份加入

20％铝胶生理盐水稀释液 1 毫升，摇溶后应用。断奶后 15 天后，不论大小，一律皮下或肌内注射 1 毫升/头。免疫期为 6 个月。

猪丹毒、猪肺疫氢氧化铝胶二联菌苗：10 千克以上的断奶仔猪，皮下或肌内注射 5 毫升/头；10 千克以下及哺乳仔猪，皮下或肌内注射 3 毫升/头，45 天后再注射 3 毫升/头。免疫期为 6 个月。

2. 发病后措施

处方 1：①头孢曲松钠注射液，0.1 毫升/千克体重，肌内注射，1 次/天，连用 3～5 天。②恩诺沙星可溶性粉 100 克拌料 100 千克，全群喂给，2 次/天，连用 3～5 天。

处方 2：①左旋氧氟沙星注射液，0.1 毫升/千克体重，肌内注射，2 次/天，连用 3～5 天。②玄参散 50～80 克/头，拌料喂给，1 次/天，连用 3～5 天。

处方 3：①抗猪丹毒血清，仔猪 5～10 毫升/（头·次），3～12 月龄 30～50 毫升/（头·次），成年猪 50～70 毫升/（头·次）、左旋氧氟沙星注射液 0.1 毫升/千克体重、葡萄糖生理盐水 250～1000 毫升，静脉注射，2 次/天，连用 3～5 天。②头孢羟氨苄可溶性粉 30～40 毫克/千克体重（以头孢羟氨苄计），全群拌料喂给，2 次/天，连用 3～5 天。

二十六、猪李氏杆菌病

李氏杆菌病是由产单核细胞李氏杆菌感染引起的一种散发性传染病。患病动物表现为脑膜脑炎、败血症和妊娠母畜流产，还可出现单核细胞增多。

【病原】产单核细胞李氏杆菌属于李氏杆菌属，是一种革兰阳性的小杆菌，不抗酸，无芽孢，菌体两端钝圆，稍有弯曲，常呈弧形。在涂片中或单个分散，或两个菌排成 "V" 字形并列。现在已知的有 7 个血清型、16 种血清变种。本菌在 pH 值 5.0 以下缺乏耐受性，pH 值 5.0 以上才能繁殖，pH 值 9.6 仍能生长。对食盐的耐受性强，在含 10％食盐的培养基中能生长，在 20％食盐溶液内能经久不死。对热的耐受性比大多数无芽孢杆菌强，常规巴氏消毒法不能杀灭它，65℃需30～40分钟才可杀灭。但一般消毒剂都易将其灭活。

【流行病学】患病和带菌动物是本病的传染源。从患病动物的粪尿、乳汁、精液以及眼、鼻、生殖道的分泌物中都曾分离到本菌。自然感染可能是通过消化道、呼吸道、眼结膜以及皮肤伤口感染。饮水和饲料可能是主要的传染媒介。本病为散发性，偶尔呈现地方性流行，但不广泛传播，发病率只有百分之几，但致死率很高。各种年龄、品种、性别的猪都可感染，但以育成猪为多见。

【临床症状】潜伏期为2～3周，体温一般正常，后期下降至36～36.5℃，并维持较长时间。多数病猪表现脑炎症状，意识障碍，运动失调，做转圈运动。有的前肢开张，头颈后仰，呈典型的观星姿势。有的表现全身性的阵发性痉挛，口吐白沫，倒于地上，四肢做游泳状。妊娠母猪除上述症状外，常发生流产。仔猪多发生败血症，体温明显升高至41～42℃，精神高度沉郁，食欲减少或废绝，口渴，腹泻，肺水肿，呼吸困难等，病程为1～3天，病死率很高。

【实验室检查】

1. 显微镜检查

采取肝、脾、脊髓液及脑桥等病料涂片，革兰氏染色，镜检，若发现革兰氏阳性小杆菌，在排除猪丹毒的情况下即可确诊。

2. 分离培养鉴定

病料接种于兔血琼脂平板、0.05％亚锌酸盐胰蛋白琼脂平板、麦康凯琼脂平板和1％葡萄糖血清肉汤进行分离培养，在平皿上菌落周围呈β溶血，亚锌酸盐平板上长成圆形、隆起、湿润、黑色的菌落，麦康凯上不生长，肉汤培养呈均匀浑浊，形成颗粒状沉淀。本菌发酵葡萄糖、水杨苷和果糖，产酸不产气，靛基质及H_2S试验阴性；不液化明胶，不还原硝酸盐，MR试验和V-P试验阳性。

【类症鉴别】

1. 猪李氏杆菌病与猪传染性脑脊髓炎的鉴别

[相似点] 猪李氏杆菌病与猪传染性脑脊髓炎均表现食欲不振、

体温升高和精神沉郁、运动失调、痉挛等临床症状。

〖不同点〗猪脑脊髓炎是由猪脑脊髓炎病毒引起的，仅发生于猪。病猪四肢僵硬，常倒向一侧，肌肉、眼球震颤，呕吐，受到声响或触摸的刺激时能引起强烈的角弓反张和大声尖叫，皮肤知觉反射减少或消失，最后因呼吸麻痹死亡。剖检可见脑膜水肿、脑膜和脑血管充血。病料触片镜检无细菌。用病料制成悬液脑内接种易感猪，出现特征性症状和中枢神经典型病变。猪李氏杆菌病病猪有转圈运动、观星姿势、四肢做游泳状等表现。母猪有流产。

2. 猪李氏杆菌病与猪伪狂犬病的鉴别

〖相似点〗猪李氏杆菌病与猪伪狂犬病均表现食欲不振、体温升高和精神沉郁、运动失调、痉挛等临床症状。

〖不同点〗猪伪狂犬病是由猪伪狂犬病病毒引起的，能侵害各种家畜和野生动物，怀孕母猪常发生流产和死胎。哺乳仔猪得病后常表现呼吸困难、呕吐、下痢，特征性的神经症状是初期兴奋状态，后期麻痹。剖检肝、肾坏死灶最具特征，周围有红色晕圈，中央呈黄白色或灰白色。猪李氏杆菌病病猪有转圈运动、观星姿势、四肢做游泳状等表现。

3. 猪李氏杆菌病与猪血凝性脑脊髓炎的鉴别

〖相似点〗猪李氏杆菌病与猪血凝性脑脊髓炎均表现食欲不振、体温升高和精神沉郁、运动失调、痉挛等临床症状。

〖不同点〗猪血凝性脑脊髓炎是由猪血凝性脑脊髓炎病毒引起的，多见于2周龄以下的哺乳仔猪。病猪表现初期厌食，后期昏睡、呕吐、便秘，常堆聚、打喷嚏、咳嗽、磨牙，对响声和触摸过敏、尖叫。剖检可见脑脊髓有炎症（脑膜脑实质不充血，仅发炎、水肿，没有小化脓灶），呼吸道分泌物或脑脊髓经处理后，接种于猪胎肾原代单层细胞或甲状腺单层细胞，如有血凝性脑脊髓炎病毒存在，可见融合细胞形成。

4. 猪李氏杆菌病与猪水肿病的鉴别

〖相似点〗猪李氏杆菌病与猪水肿病均表现食欲不振、体温升高和精神沉郁、运动失调等临床症状。

〖不同点〗猪水肿病是由致病性大肠杆菌引起的，主要发生于断奶前后的仔猪，膘情好的更易患病。病猪常出现眼睑、头部、皮下水肿。剖检可见胃壁水肿、增厚，肠系膜水肿。细菌分离可鉴定为致病性大肠杆菌。

5. 猪李氏杆菌病与其他引起高热、皮肤发绀性疾病的鉴别

参见猪瘟的类症鉴别。

【防制】

1. 预防措施

应用本病病原体进行免疫接种未获成功，应加强饲养管理和检疫，不从疫区引进种猪和猪苗；猪场应制订严格的消毒防病程序，场区及猪舍、饲养用具等应定期以 2.5%石炭酸、3%氢氧化钠等进行消毒。粪便消毒处理，灭鼠驱虫，被污染的水源可用漂白粉消毒。

2. 发病后措施

处方 1：①乳酸环丙沙星注射液 5 毫克/(千克体重·次)，肌内注射，2 次/天，连用 3～5 天。②全群以阿莫西林可溶性粉 5～10 毫克/千克体重，混饮，1 次/天，连用 3～5 天。③10%葡萄糖 250～1500 毫升、山梨醇 100～250 毫升、盐酸氯丙嗪 0.5～1 毫克/千克体重，静脉注射，1 次/天，连用 3～5 天。

处方 2：①盐酸诺氟沙星注射液 5 毫克/(千克体重·次)，肌内注射，2 次/天，连用 3～5 天。②阿莫西林可溶性粉 5～10 毫克/千克体重，全群混饮，1 次/天，连用 3～5 天。③葡萄糖盐水 250～1000 毫升、40%乌洛托品注射液 20～30 毫升、10%磺胺嘧啶钠注射液 1 毫升/千克体重，静脉注射，1～2 次/天，连用 3～5 天。④盐酸氯丙嗪 0.5～1 毫克/千克体重，肌内注射，2 次/天，连用 3～5 天。

二十七、炭疽病

炭疽病是由炭疽杆菌引起的一种人、畜共患的急性败血性传染病。临床特征是患畜突然发生高热，可视黏膜发绀，天然孔出血，尸体呈败血症变化。表现为僵尸不全，血液凝固不良，皮下和黏膜下结缔组织呈出血性胶样浸润，脾脏肿大和脾髓软化。

【病原】炭疽杆菌是一种大型需氧芽孢杆菌，形似竹节状，在动物体内能产生荚膜，排出体外可在适当的环境中形成芽孢。炭疽杆菌菌体对外界理化因素的抵抗力不强，但芽孢则有坚强的抵抗力，120℃需5～10分钟才能杀死全部芽孢。常用消毒剂对炭疽芽孢的消毒效果不理想，仅对0.25%碘液、0.1%升汞、0.5%过氧乙酸等敏感，在5～10分钟内可将其杀死。

【流行病学】各种家畜、野生动物对炭疽杆菌都有不同程度的易感性。其中以马、牛、绵羊、山羊及鹿的易感性最强，犬、猫和猪的易感性较低。人对炭疽杆菌也很易感。炭疽病畜是本病的主要传染源，本病主要经消化道、皮肤伤口、呼吸道感染，发生相应的皮肤型炭疽、肠炭疽或肺炭疽，其次是通过带有炭疽杆菌的吸血昆虫叮咬而感染。

本病常为地方流行。炎热的夏季，雨水多、吸血昆虫猖獗时容易发生传播。猪多在人、牛、羊等感染炭疽时，引起发病。

【临床症状】潜伏期一般为1～5天。猪咽型炭疽表现为咽喉部和附近淋巴结明显肿胀，体温升高，精神沉郁，食欲不振。病情严重时，可视黏膜发绀，呼吸困难，最后窒息而死。肠型炭疽表现呕吐、停食、拉稀或便秘，粪便混有血液，重症者死亡，轻症者也有自愈的。为防止扩大散播病原，造成新的疫源地，怀疑为炭疽病时应禁止剖检，应火化、深埋。

【实验室检查】怀疑有本病时，需进行实验室检查。串珠试验用于区别类炭疽杆菌。将分离菌培养4～12小时的肉汤培养物，取一铂耳接种于含有青霉素0.5单位/毫升的薄琼脂平板上，涂布于1/4～1/2板面，孵育3～4小时。覆以盖玻片，镜检。若为炭疽杆菌则呈串珠状。

【类症鉴别】

1. 猪炭疽病与猪肺疫（最急性型）的鉴别

〖相似点〗咽喉部肿胀的猪炭疽病变与最急性型猪肺疫相似。

〖不同点〗最急性型猪肺疫有明显的急性肺水肿症状，口鼻流泡沫样分泌物，呼吸特别困难。从肿胀部抽取病料涂片，用碱性美兰染色液染色镜检，可见到两端浓染的巴氏杆菌。

2. 猪炭疽病与猪水肿病的鉴别

〖相似点〗猪炭疽病与猪水肿病均表现食欲不振，精神沉郁，头、颈、胸部水肿等临床症状。

〖不同点〗猪水肿病是由致病性大肠杆菌引起的，主要发生于断奶前后的仔猪，膘情好的更易患病。病猪常出现眼睑、头部皮下水肿。剖检可见胃壁水肿、增厚，肠系膜水肿。细菌分离可鉴定为致病性大肠杆菌。

3. 猪炭疽病与猪败血性链球菌病的鉴别

〖相似点〗猪炭疽病与猪败血性链球菌病均有精神沉郁，体温升高，食欲不振，行走不稳，呼吸困难，皮肤表面有出血斑点等临床症状。

〖不同点〗猪链球菌病是由链球菌引起的，病猪从口、鼻流出淡红色泡沫样黏液，腹下有紫红斑，后期少数耳尖、四肢下端、腹下皮肤出现紫红色或出血性红斑。剖检可见脾肿大 1～3 倍，呈暗红色或紫蓝色，偶见脾边缘黑红色出血性梗死灶。采心血、脾、肝病料或淋巴结脓汁涂片，可见到革兰氏阳性、多数散在或成双排列的短链、圆形或椭圆形无芽孢球菌。

【防制】

1. 预防措施

（1）及时上报　发生本病时，应立即上报疫情，封锁发病场所，实施一系列防疫措施。屠宰厂应加强对屠宰猪只的检疫工作，屠宰厂和动物医院发现炭疽病猪，应立即采取封锁、消毒、毁尸的坚决措施。

（2）严格消毒　猪场应制订严格的消毒防病措施，场区及猪畜舍、饲养用具等应以 1%聚维酮碘水溶液、2%过氧乙酸水溶液等进行喷洒消毒。

（3）预防接种　无毒炭疽芽孢苗，成猪 1 毫升/头，断奶仔猪

0.5 毫升/头，皮下注射，免疫期 1 年。

2. 发病后措施

患炭疽病的动物一般不进行治疗，而是销毁。必须治疗时，应在严格隔离的条件下进行，所有与病猪接触的人员要加强个人防护，以防感染。

处方 1：①苯唑西林钠 15～20 毫克/（千克体重·次），2～3 次/天，肌内注射，连用 5～7 天。②强力霉素可溶性粉，100 千克水 50 克，全群混饮，连用 5～7 天。

处方 2：①抗炭疽血清 50～120 毫升/（头·次），肌内注射，1 次/天，连用 3 天。②头孢噻呋钠 5 毫克/千克体重，注射用水适量，肌内注射，1 次/天，连用 5～7 天。③阿莫西林可溶性粉 10～15 毫克/（千克体重·次），全群混饮，2 次/天，连用 5～7 天。

二十八、猪气喘病

猪霉形体肺炎（国外称猪地方流行性肺炎，我国又称"气喘病"）是猪的一种慢性呼吸道传染病。以咳嗽、气喘和肺叶肉变为特征。本病呈慢性过程，集约化猪场的发病率高达 70% 以上。虽然病死率很低，但严重影响猪体的生长发育，造成饲料浪费，给养猪业带来极大的危害。

【病原】猪肺炎支原体呈革兰氏阴性，无细胞壁，姬姆萨氏或瑞特氏染色呈多形性，有球状、环状、杆状、点状和两极状。对外界环境的抵抗力不强，在外界环境中存活不超过 36 小时，病肺组织块内的病原体在 −15℃可保存 45 天，在 10℃可保存 7 天。常用的化学消毒药均能将其杀灭。猪肺炎支原体对青霉素、磺胺类药物不敏感，对奇霉素、土霉素、卡那霉素、林可霉素和泰乐菌素敏感。

【流行病学】本病只感染猪，不感染其他动物和人。一年四季均可发生，以冬、春寒冷季节多发，不同年龄、性别、品种的猪均可感染，但多见于断奶前后的仔猪，气候突变、饲养管理不善，都能促使本病的发生和加重病情。主要通过呼吸道感染，呈散发或地方性流行，传染源是病猪和隐性病猪，在其咳嗽、气喘、喷嚏时，健康猪吸入含病原体的飞沫而感染。

【临床症状】本病的潜伏期一般为 11～16 天，最短 3～5 天，最长可达 1 个月以上。主要症状是咳嗽、气喘，尤其是早晚吃食或运动时，常发生短声连咳。随着病程的发展，呼吸加快，每分钟达 50～60 次，甚至 100 次以上。腹式呼吸明显，呼吸快而浅，到后期呼吸慢而深，甚至张口喘气。病初有少量浆液鼻汁，病重时，流出黏液性或脓性鼻汁。食欲和体温一般正常，仅在患病后期继发其他传染病时，出现体温升高、食欲减退等症状。患病小猪消瘦衰弱，被毛粗乱，生长发育停滞。隐性感染猪无明显症状，仅偶尔出现轻咳。

【病理变化】主要病变在肺、肺门淋巴结和纵膈淋巴结，肺有不同程度的水肿和气肿。在心叶、尖叶、中间叶及部分膈叶下方呈小叶融合性支气管肺炎变化。肺呈淡灰色或灰红色半透明状，病变界限明显，似鲜嫩肌肉样。当病程延长、病情加重时，病变部呈淡紫色或深紫色、灰黄色，坚韧度增加。病变部切面湿润致密，常从小支气管流出浑浊的灰白色泡沫状浆液或黏液。肺门和纵膈淋巴结显著增大，切面外翻，湿润，呈黄白色。

【类症鉴别】

1. 猪气喘病与猪传染性胸膜肺炎的鉴别

〖相似点〗猪气喘病与猪传染性胸膜肺炎均有精神不振，体温升高，呼吸困难，咳嗽等临床症状。

〖不同点〗猪传染性胸膜肺炎是由胸膜肺炎放线杆菌引起的，病猪口鼻分泌泡沫状物，鼻、耳尖、下腹部和四肢出现紫红色斑。病猪剖检可见肺弥漫性急性出血性坏死，尤其是膈叶背侧。严重的可引起胸膜炎和胸膜粘连，可以与猪气喘病相区别。

2. 猪气喘病与猪生殖和呼吸综合征的鉴别

〖相似点〗猪气喘病与猪生殖和呼吸综合征均有精神不振，呼吸困难，咳嗽等临床症状。

〖不同点〗猪生殖和呼吸综合征是由有囊膜的核糖核酸病毒引

起的，病猪呈多灶性至弥漫性肺炎，流鼻涕、高热。呼吸困难的猪只有极少部分出现耳朵发绀，胸部淋巴结水肿、增大，呈褐色。同时母猪可出现死胎、流产和木乃伊胎。无特效药物治疗。猪气喘病发病缓慢，体温、食欲通常无显著变化，咳嗽（呈连咳，在早晚或吃食时更明显）、喘气、呼吸增快及腹式呼吸。肺部病变部位的颜色变深，呈淡紫色或灰白色带泡沫的浆性或黏性液体，半透明的程度减轻，坚韧度增加，也俗称"胰变"或"虾肉样变"。治疗时选用药物泰乐菌素、林可霉素、金霉素、土霉素、卡那霉素及支原净等连用5～7天有较好的效果。

3. 猪气喘病与猪流感的鉴别

〖相似点〗猪气喘病与猪流感均有精神不振，体温升高，呼吸困难，咳嗽等临床症状。

〖不同点〗猪流感是由流感病毒引起的，表现为阵发性咳嗽、体温升高、眼鼻有黏性分泌物。病猪咽、喉、气管和支气管内有黏稠的黏液，肺有下陷的深紫色区，可与猪气喘病相区别。

4. 猪气喘病与猪应激综合征的鉴别

〖相似点〗猪气喘病与猪应激综合征均有呼吸急促、张口呼吸、气喘和体温升高等临床症状。

〖不同点〗猪应激综合征同时还表现肌肉苍白、松软或有渗出，与猪气喘病不同。

5. 猪气喘病与猪肺疫的鉴别

〖相似点〗猪气喘病与猪肺疫均有连续咳嗽、呼吸困难等临床表现。

〖不同点〗猪肺疫的病原是多杀性巴氏杆菌。表现为连续咳嗽，时有喘鸣声，咽喉部肿胀导致呼吸困难，呈犬坐，体温升高等。病变为颈部皮下高度水肿，有黄色清亮液体，呈胶冻样。颌下、咽后和左面部淋巴结充血、出血、坏死，气管内有大量泡沫样黏液。肺充血、水肿，红色肝变样，并伴发纤维素性胸膜肺炎，严重时粘连，胸腔有积液和纤维蛋白渗出。猪气喘病发病缓慢，体温、食欲通常无显著变化，咳嗽、喘气、呼吸增快及腹式呼吸。肺部颜色变深，呈淡紫色或灰白色带泡沫的浆性或黏性液体，半透明的程度减轻，坚韧度增加，也俗称"胰变"或"虾肉样变"。

6. 猪气喘病与副猪嗜血杆菌病的鉴别

〖相似点〗猪气喘病与副猪嗜血杆菌病均有咳嗽、呼吸困难等临床表现。

〖不同点〗副猪嗜血杆菌病的病原是副猪嗜血杆菌。常引起10日龄以后的猪发病，多发生于哺乳与保育阶段的猪。表现为短促咳嗽，流浓鼻液，发热，腕、跗关节肿大等。体温升高，有神经症状，病猪震颤、共济失调，临死前角弓反张，四肢呈游泳状。急性感染母猪可流产，公猪发生跛行。猪气喘病体温、食欲通常无显著变化，咳嗽、喘气、呼吸增快及腹式呼吸。肺部颜色变深，呈淡紫色或灰白色带泡沫的浆性或黏性液体，半透明的程度减轻，坚韧度增加，也俗称"胰变"或"虾肉样变"。

7. 猪气喘病与猪萎缩性鼻炎的鉴别

〖相似点〗猪气喘病与猪萎缩性鼻炎均有咳嗽、呼吸困难等临床表现。

〖不同点〗猪传染性萎缩性鼻炎的病原为支气管败血波氏杆菌（主要是D型）和产毒素多杀性巴氏杆菌（C型）。表现为咳嗽、打喷嚏、鼻歪、有黑色泪斑等。病变多局限于鼻腔和邻近组织。病的早期可见鼻黏膜及额窦有充血和水肿，有多量黏液性、脓性甚至干酪性渗出物蓄积。猪气喘病表现咳嗽、喘气、呼吸增快及腹式呼吸。病变在肺、肺门淋巴结和纵膈淋巴结，肺有不同程度的水肿和气肿。

8. 猪气喘病与猪链球菌病的鉴别

〖相似点〗猪气喘病与猪链球菌病均有咳嗽、呼吸困难等临床表现。

〖不同点〗猪链球菌病表现为咳嗽、高热和关节肿胀，皮肤表面有出血斑点等临床症状。

9. 猪气喘病与猪肺丝虫病的鉴别

〖相似点〗猪气喘病与猪肺丝虫病均有咳嗽等临床表现。

〖不同点〗猪肺丝虫病表现为阵发性咳嗽、脓黏性鼻涕。猪气喘病短声连咳。病初有少量浆液鼻汁，病重时，流出黏液性或脓性鼻汁。

10. 猪气喘病与异物性咳嗽的鉴别

〖相似点〗猪气喘病与异物性咳嗽均有咳嗽的表现。

〖不同点〗异物性咳嗽不具有传染性，表现为突发的连续性、剧烈、痛苦的咳嗽，异物咳出后，咳嗽平息。

【防制】

1. 预防措施

（1）自繁自养　猪场应采用自繁自养的方法，不从外地引入猪只，是预防本病的首要措施。如必须从外地购入种猪时，必须进行严格的检疫，确认无本病时方可混群饲养。

（2）加强饲养管理，保持圈舍清洁、干燥　最好饲喂全价日粮，如无此条件，在饲料调配时，要尽量多样化，注意青绿饲料和矿物质饲料的供给。猪圈要保持清洁、干燥、通风、温暖，避免过度拥挤，并定期做好消毒（猪场环境及猪舍应注意打扫，定期以2%来苏儿、2%氢氧化钠溶液等进行消毒）和驱虫工作。

（3）药物预防　根据猪霉形体肺炎的感染和发病特点，可用如下药物预防方案。

① 母猪。产前和产后各1周，每吨饲料添加2%氟苯尼考1000～1500克和泰乐菌素200～250克；或泰妙菌素100克和土霉素（或金霉素）300克；或泰乐菌素100克和土霉素（或金霉素、利高霉素）1500克。该措施可抑制或清除体内霉形体的繁殖，降低排菌率，减轻对产房的污染，防止哺乳仔猪感染。

② 哺乳仔猪。在3日龄、7日龄、21日龄注射长效土霉素制剂，每次0.5毫升。

③ 保育猪。从断奶前1周至断奶后2～3周，每吨料中加2%氟苯尼考2000克；或泰妙菌素50克和土霉素（或金霉素、强力霉素）150克。为控制副猪嗜血杆菌的感染，同时加入阿莫西林（每吨饲料250克）等抗菌药。

④ 育肥猪。仔猪转群后 1 周龄、13 周龄、17 周龄，每吨料中加 2％氟苯尼考 1000～1500 克和泰乐菌素 200～250 克；或泰妙菌素 100 克和土霉素（或金霉素）300 克；或泰妙菌素 100 克和磺胺二甲嘧啶 1000 克。

（4）免疫接种　猪支原体肺炎活疫苗按瓶签标明头份，每头份加入生理盐水稀释液 5 毫升，摇溶后应用，5 毫升/头，右侧肩胛骨后缘 3.3～6.6 厘米处两肋间进针胸腔内注射。

2. 发病后措施

处方 1：①左旋氧氟沙星注射液 3～5 毫克/千克体重，肌内注射，2 次/天，连用 5～7 天。②强力霉素可溶性粉 100 克拌料 100 千克，全群混饲，连用 5～7 天。

处方 2：①盐酸强力霉素 3 毫克/千克体重、注射用水 5 毫升，溶解后做气管注射或肺俞穴注射，5 天后对侧肺俞穴注射 1 次。注射时，须站立保定，以免压迫窒息死亡，注射容量宜小，速度以缓慢为妥。②磷酸替米考星可溶性粉（按磷酸替米考星计）300～500 克，拌料 1000 千克，全群混饲，连用 5 天。

处方 3：贝母、知母各 30 克，半夏、百部各 20 克，麦冬、桔梗各 15 克，用水 1.5 千克，熬至 1 千克，滤渣取液，每头大猪每天灌服 70 毫升，小猪 20～30 毫升，每天 2 次，连用 3～4 天。

处方 4：桑白皮、金银花各 30 克，秦皮、桔梗、天花粉、百部、苏子、连翘、陈皮各 15 克，知母、葶苈子各 10 克，甘草 6 克，煎水内服，每天 1 剂，连用 3～4 剂。

处方 5：葶苈子、爪姜、当归、麻黄各 30 克，金银花 50 克，桑白皮 20 克，白芷、白芍各 15 克，茯苓、甘草各 25 克，煎水内服，每天 1 剂，连用 3 剂。

二十九、猪破伤风

猪破伤风是由破伤风梭菌引起的一种人畜共患的创伤性传染病，其特征为患猪对外界刺激的反射兴奋性增高，肌肉持续性痉挛。

【病原】破伤风梭菌为革兰氏染色阳性、两端钝圆、细长、正直或略弯曲的大杆菌，大多单在、成双或偶有短链排列。无荚膜，在动物体内外能形成芽孢。破伤风梭菌在动物体内及人工培养基内均能产生痉挛毒素、溶血素和非痉挛毒素。痉挛毒素是一种蛋白质，对酸、碱、日光、热、蛋白分解酶等敏感，65～68℃经5分钟即可灭活，通过0.4%甲醛灭活、脱毒21～31天，可将它变成类毒素。破伤风繁殖体对一般理化因素的抵抗力不强，煮沸5分钟死亡。兽医上常用的消毒药液均能在短时间内将其杀死。但芽孢型破伤风梭菌的抵抗力很强，在土壤中能存活几十年，煮沸1～3小时才能死亡；5%石炭酸经15分钟，5%煤酚皂液经5小时，0.1%升汞经30分钟，10%碘酊、10%漂白粉和30%过氧化氢经10分钟，3%福尔马林经24小时才能杀死芽孢。

【流行病学】各种家畜均可感染，马、驴、骡最易感，猪、羊、牛次之。在自然感染时，通常是小而深的创伤侵入病原体，产生毒素而引起发病。本病多为散发，常见于猪阉割、外伤及仔猪脐部感染之后。如果该菌芽孢侵入伤口，而伤口又被泥土、粪便、痂皮封盖造成缺氧条件，这样对芽孢增殖更为有利，加速本病的发生或加重症状。

【临床症状】本病的潜伏期最短1天，最长可达90天以上。病初期只见患猪行动迟缓，吃食较慢，易被疏忽。随着病情的发展，可见四肢僵硬，腰部不灵活，两耳竖立，尾部不活动，瞬膜露出，牙关紧闭，流口水，肌肉发生痉挛。当强行驱赶时，痉挛加剧并嘶叫，倒地后不能起立，出现角弓反张或偏侧反张，角弓反张出现后很快死亡。

【病理变化】患猪死后血液凝结不全，呈黑红色，没有明显的肉眼可见病变，肺有充血和水肿，有的有异物性坏疽性肺炎，浆膜有时有出血点或斑。

【类症鉴别】

1. 猪破伤风与猪传染性脑脊髓炎的鉴别

〖相似点〗猪破伤风与猪传染性脑脊髓炎均有废食，肌肉发生痉挛，四肢僵硬，角弓反张，音响可激起大声尖叫等临床症状。

〖不同点〗猪传染性脑脊髓炎是由脑脊髓炎病毒引起的，病猪体温升高（40～41℃），有呕吐，惊厥持续 24～36 小时，进一步发展知觉麻痹，卧地，四肢做游泳动作，皮肤反射减弱或消失。将病料脑内接种易感小猪，接种猪出现特征性症状和中枢神经系统典型病变。

2. 猪破伤风与猪狂犬病的鉴别

〖相似点〗猪破伤风与猪狂犬病均有牙关紧闭，角弓反张，腰发硬，局部肌肉痉挛等症状。

〖不同点〗猪狂犬病的病原是狂犬病毒，表现瞬膜不露出，尾不高举，有意识扰乱或昏迷不醒，并有麻痹症状。

3. 猪破伤风与猪土霉素中毒的鉴别

〖相似点〗猪破伤风与猪土霉素中毒均有全身肌肉震颤，四肢站立如木马，腹式呼吸，口吐白沫等临床症状。

〖不同点〗猪土霉素中毒是因过量注射土霉素而发病，注射几分钟即出现烦躁不安，结膜潮红，瞳孔散大，反射消失。

4. 猪破伤风与急性肌肉风湿症的鉴别

〖相似点〗猪破伤风与急性肌肉风湿症均有四肢僵硬，腰部不灵活，肌肉发生痉挛，不能起立等临床症状。

〖不同点〗急性肌肉风湿症无传染性，无创伤史，患部肌肉强硬，结节性肿胀，有疼痛，头颈伸直或四肢拘僵，体温升高 1℃以上。缺乏兴奋性，无牙关紧闭、瞬膜外露、两耳竖立、尾高举等症状，水杨酸制剂治疗有效。

【防制】

1. 预防措施

对猪实施阉割手术时，所用器械和术部均应消毒，手术后猪不要接触泥土，圈舍保持清洁、干燥；圈舍内不应有尖锐物品，修理圈门时应注意，不要使钉子与铁丝露头。

2. 发病后措施

当患猪出现牙关紧闭、四肢强直等症状时很难治愈，只有在病初时治疗才有希望。当怀疑是本病时，应及时将患猪移至暗室，使之安静，避免光线和声音刺激，彻底清除伤口内的坏死组织和分泌物，用3％双氧水、2％高锰酸钾冲洗消毒，然后可采取下列治疗措施。

处方1：破伤风抗毒素，1万～2万单位，肌内或静脉注射，以中和游离毒素，为缓解肌肉痉挛，可用氯丙嗪25～50毫升，肌内注射。不能采食和饮水时，应静脉注射10％葡萄糖，每次10～50毫升。为防止继发症，也可肌内注射青霉素，每千克体重1万单位，24小时1次；链霉素肌内注射，每天每千克体重0.01～0.02克。

处方2：大蒜疗法，以体重25千克的患猪为例，其他患猪按体重大小适当增减用蒜量。治疗时，取30克左右的紫皮大蒜，去根去皮，捣细成泥，然后迅速加入100℃的开水10毫升，待凉时用注射器吸取蒜汁20毫升，注入患猪后腿内侧皮下，每腿注射10毫升。发病3天内有效，1次不愈者，间隔5小时后重复1次。

三十、猪肺疫

猪肺疫是由多杀性巴氏杆菌感染引起的猪的一种传染病。本病除以独立性疾病的形式发生外，还成为猪其他传染病的继发病或伴发病。由于感染的菌型不同，可分为地方性流行和散发性流行两种。地方流行性猪肺疫是由于感染FG型菌引起的，发病急，死亡快，生前均表现有体温升高，呼吸困难，颈部红肿，故俗称"锁喉疯"。散发性猪肺疫多由FO型菌引起，病程较长，可拖延至1～2周才死亡，亦可转为慢性而呈长期经过，其主要病变特征是发生纤维素性胸膜肺炎或慢性关节炎。

【病原】多杀性巴氏杆菌为巴氏杆菌属、两端钝圆、中央微凸的短杆菌，单个存在，无鞭毛，也无运动性，革兰氏染色阴性。本菌存在于病畜全身各组织、体液、分泌物及排泄物中，只有少数病例仅存在于肺脏的小病灶里。健康家畜的上呼吸道也可能带菌。本菌对外界的抵抗力不强。直射阳光下10～15分钟死亡。在浅层土壤可存活 7～8 天。在疏松粪便中 14 天死亡，60℃加热 1 分钟，加热 100℃立即死亡。一般消毒药，如 1％火碱、3％来苏儿、0.1％升汞、1％漂白粉等均能很快将其杀死。

【流行病学】本病一般为散发性，在猪群中只有少数几头先发病，有时可呈地方性流行。以外源感染为主，病猪由其排泄物、分泌物不断排出有毒力的病菌，污染饲料、饮水、用具和外界环境，主要经消化道和呼吸道传染健康猪。内源性感染，是由寄生在猪体内的弱毒菌，在外界环境发生突变（气候阴湿、寒冷、长途运输等），猪体的抵抗力降低时，大量繁殖、毒力增强引起的。经吸血昆虫的媒介和损伤皮肤、黏膜亦有感染。

本病无明显的季节性，多发生于春初、秋冬等气候骤变季节，中等猪和小猪易感。我国北方地区，多为散发或继发型猪肺疫，南方则多为急性猪肺疫。猪只的饲养管理不当，卫生条件过劣，饲养环境的突然改变和长途运输都是促进本病发生的重要诱因。

【临床症状及病理变化】

1. 最急性型

突然发病，即迅速死亡。病程稍长的，体温升高达 41～42℃，呼吸困难，心跳急速，可视黏膜发绀，食欲废绝，咽部发热、红肿、坚硬，严重者向上伸至耳根。病猪常做犬坐姿势，伸长头颈呼吸，口鼻流出泡沫，终因窒息而死，所以群众多称为"锁喉疯"。咽喉部及其周围结缔组织的出血性浆液浸润，全身淋巴结肿大，为浆液性出血性炎。

2. 急性型

一般表现痉挛性干咳，鼻有黏性鼻漏，有时混有血液。后变为湿咳，咳时感痛，触诊胸部有剧烈的疼痛，听诊有啰声和摩擦音。病势发展后，张口吐舌，做犬坐姿势。初便秘后腹泻，病猪消瘦无力，卧地不起，病程 4～5 天。纤维素性肺炎。肺有不同程度的肝变区，周围常伴有水肿和气肿，胸膜常有纤维素附着物与肺发生粘连。

3. 慢性型

表现慢性肺炎或慢性胃肠炎症状，有时有持续性咳嗽与呼吸困难，鼻孔不时流出黏性或脓性分泌物，胸部触诊有痛感。精神不振，食欲较差，时发腹泻，进行性消瘦，终因衰竭而亡，病程2周左右。肺脏肝变区较大，有黄色或灰色坏死灶，外面包有结缔组织的包被，内含干酪样物质，有的形成空洞，与支气管相通。

【实验室检查】通过病原分离、动物实验和玻片凝集反应或噬菌体诊断法（后两种为快速诊断法）即可确诊。

【类症鉴别】

1. 猪肺疫与猪瘟的鉴别

〔相似点〕猪肺疫与猪瘟均有精神沉郁，体温升高，食欲不振，行走不稳，皮肤表面有出血斑点等临床症状；并均有肠道、肺、肾出血，大理石样等剖检症状。

〔不同点〕猪瘟是由猪瘟病毒引起的，病猪口渴，废食，嗜液，皮肤和黏膜紫绀和出血，多数病猪有明显的脓性结膜炎，有的病猪出现便秘，随后出现下痢，粪便恶臭。剖检可见全身淋巴结肿大，尤其是肠系膜淋巴结，外表呈暗红色，中间有出血条纹，切面呈红白相间的大理石样外观，扁桃体出血或坏死。胃和小肠呈出血性炎症。大肠有扣状肿和溃疡灶。脾不肿大，多有出血性梗死。肾脏有麻雀蛋样出血点，膀胱黏膜层布满出血点。猪肺疫表现为连续咳嗽，时有喘鸣声，咽喉部肿胀导致呼吸困难，呈犬坐，体温升高等。病变为颈部皮下高度水肿，有黄色清亮液体，呈胶冻样。

2. 猪肺疫与猪气喘病的鉴别

〔相似点〕猪肺疫与猪气喘病均有精神沉郁，体温升高，食欲不振，呼吸困难等临床症状。

〔不同点〕猪气喘病是由猪肺炎支原体引起的，临床主要症状为咳嗽（反复干咳）和气喘，一般不打喷嚏，不出现疼痛反应，病程长。死亡率极低。病变特征是融合性支气管肺炎。于尖叶、心叶、中间叶和膈叶前缘呈"肉样"或"虾肉样"实变。猪肺疫表现为连续咳嗽，时有喘鸣声，咽喉部肿胀导致呼吸困难，呈犬坐，体温升高等。病变为颈部皮下高度水肿，有黄色清亮液体，呈胶冻样。

3. 猪肺疫与猪流感的鉴别

〖相似点〗猪肺疫与猪流感均有精神沉郁，体温升高，食欲不振，呼吸困难等临床症状。

〖不同点〗猪流感是由猪流感病毒引起的，发病迅速，全群性发生，发病率高，死亡率低。病猪咽、喉、气管和支气管内有黏稠的黏液。肌肉关节痛，不愿活动，触摸敏感尖叫，怀孕母猪可出现流产、死胎、木乃伊胎。肺脏病变部位通常仅限于尖叶，心叶和中间叶呈不规则对称，深紫红色，有血样浸润病灶。可与猪肺疫相区别。

4. 猪肺疫与猪生殖和呼吸综合征的鉴别

〖相似点〗猪肺疫与猪生殖和呼吸综合征均有精神沉郁、体温升高，食欲不振，咳嗽消瘦，呼吸困难，呈犬坐姿势等临床症状。

〖不同点〗猪生殖和呼吸综合征是由猪生殖和呼吸综合征病毒引起的，病发初期有类似流感的症状，母猪出现流产、早产和死产。病猪有神经症状，育肥猪轻度感染偶见咳嗽，无明显病变。剖检病猪肺部肿大、橡皮肺，间质性肺炎明显，胃底黏膜出血。

5. 猪肺疫与猪传染性胸膜肺炎的鉴别

〖相似点〗猪肺疫与猪传染性胸膜肺炎均有精神沉郁，体温升高，食欲不振，呼吸困难，行走不稳，呈犬坐姿势，皮肤表面有出血斑点等临床症状。

〖不同点〗猪传染性胸膜肺炎是由胸膜肺炎放线菌引起的，口鼻流出泡沫分泌物。剖检可见肺弥漫性急性出血性坏死，尤其是膈叶背侧特别明显。猪肺疫表现为连续咳嗽，时有喘鸣声，咽喉部肿胀。

6. 猪肺疫与猪丹毒的鉴别

〖相似点〗猪肺疫与猪丹毒均有呼吸道症状和败血变化。

〖不同点〗猪丹毒是由猪丹毒杆菌引起的急性、热性传染病。无喉部肿胀，皮肤多典型的红色疹块，指压褪色，剖检可见脾肿大，心内膜有菜花样赘生物。猪肺疫颈下咽喉部发热，红肿，坚硬，严重者向上延及耳根，向后可达胸前。病猪呼吸极度困难，呈犬坐姿势，伸长头颈呼吸。剖检咽喉部及其周围结缔组织的出血性浆液浸润为特征。

7. 猪肺疫与副猪嗜血杆菌病的鉴别

〖相似点〗猪肺疫与副猪嗜血杆菌病均有呼吸道症状和败血变化。

〖不同点〗副猪嗜血杆菌病的病原是副猪嗜血杆菌。广泛存在于猪的上呼吸道中，常引起 10 日龄以后的猪发病，多发生于哺乳与保育阶段的猪，多表现为多发性浆膜炎和关节炎，发病率为 5%～15%，死亡率不超过 50%。发热 40～40.5℃，有神经症状，病猪震颤、共济失调，临死前角弓反张，四肢呈游泳状。急性感染母猪可流产，公猪发生跛行。

8. 猪肺疫与猪弓形体病的鉴别

〖相似点〗猪肺疫与猪弓形体病均有呼吸道症状和败血变化。

〖不同点〗弓形体病的病原是弓形体。高热 41～43℃，粪便干硬呈算盘珠样，有黏液包裹，后期下痢，全身皮肤发红，死后血凝不良。肝脏有粟粒样灰黄色坏死灶，肺间质增宽，淋巴结肿大、切面外翻，有大小不一的灰黄色坏死灶，胸腹腔有大量黄亮积液，磺胺类药物特效。母猪感染可见高热、流产、死胎。高热稽留，个别猪有黄疸症状，呕吐，病程可达 10～15 天。

9. 猪肺疫与链球菌病的鉴别

〖相似点〗猪肺疫与链球菌病均有呼吸道症状和败血变化。

〖不同点〗单纯链球菌关节炎病猪饮食无明显变化，关节肿胀无跛行。败血型的剖检可见天然孔出血，尸僵不全，猪皮剥离后可见全身肌肉似煮熟样；肺充血、出血、肿胀，肾脏多为灰褐色，有出血点。肝脏肿大，表面有纤维素样附着物，胆囊充盈。另外，脑炎型链球菌有神经症状，叫声嘶哑。

10. 猪肺疫与猪传染性萎缩性鼻炎的鉴别

〖相似点〗猪肺疫与猪传染性萎缩性鼻炎均有呼吸道症状和败

血变化。

〖不同点〗猪传染性萎缩性鼻炎的病原体之一即产毒素多杀性巴氏杆菌，寄生于鼻黏膜深处上皮细胞中。表现喷嚏、咳嗽，初期可见鼻部发痒拱地现象，时间长可见有鼻泪痕，鼻部歪曲，流鼻血（常见一侧）。剖检可见鼻甲骨萎缩甚至消失。可与猪肺疫区别。

11. 猪肺疫与猪伪狂犬病的鉴别

〖相似点〗猪肺疫与猪伪狂犬病均有呼吸道症状和败血变化。

〖不同点〗猪伪狂犬病哺乳仔猪的死亡率可高达100%，有明显的神经症状，母猪繁殖障碍，育成育肥猪有明显的呼吸道症状，生长缓慢，死亡率不高。公猪易见睾丸肿胀和萎缩。

【防制】

1. 预防措施

（1）加强管理　预防本病的根本措施是认真搞好饲养管理和卫生工作，消除发病的应激因素；喂给全价优质饲料，以增强猪只的抗病能力。

（2）严格消毒　猪场应制订严格的消毒防病措施，场区及猪畜舍、饲养用具等定期以2%氢氧化钠水溶液、1%聚维酮碘水溶液、1%过氧乙酸水溶液等进行消毒。

（3）免疫接种　每年春、秋两季对断奶仔猪用猪肺疫氢氧化铝胶菌苗5毫升/头，股内侧皮下注射，免疫期半年。

（4）口服接种　猪肺疫弱毒冻干菌苗679-230株，按瓶签注明头份，以冷开水稀释后，不论个体大小，1头份/头，混入少量饲料内服下，免疫期半年。注意：该疫苗不得用于注射。

2. 发病后措施

处方1：①乳酸环丙沙星注射液5毫克/（千克体重·次），肌内注射，2次/天，连用3~5天。②以阿莫西林可溶性粉5~10毫克/千克体重，全群混饮，1次/天，连用3~5天。③全群以清肺止咳散60~80克/头，拌料混饲，1次/天，连用3~5天。

处方2：①5%左旋氧氟沙星注射液0.1毫升/千克体重，肌内注射，2 次/天，连用 3～5 天。②以清肺止咳散 60～80 克/头，拌料全群混饲，1 次/天，连用 3～5 天。③阿莫西林可溶性粉 5～10 毫克/千克体重，全群混饮，连用 3～5 天。

处方 3：①头孢噻呋钠粉针 0.1 毫升/千克体重，注射用水稀释，肌内注射，2 次/天，连用 3～5 天。②强力霉素可溶性粉 100 克加水 200 升，全群混饮，连续应用 3～5 天。③清肺止咳散 60～80 克/头，拌料全群混饲，1 次/天，连用 3～5 天。

三十一、副猪嗜血杆菌病

副猪嗜血杆菌病（革拉泽氏病）是由副猪嗜血杆菌（HPS）引起的一种严重的接触性传染病和全身性疾病。临床上以发热、咳嗽、严重呼吸困难、发绀、疼痛、被毛粗乱、进行性消瘦、部分猪出现关节肿胀、跛行和中枢神经症状，以及极高的死亡率为特征。剖检病变主要表现为纤维素性多发性浆膜炎、间质性肺炎、心包炎、胸膜炎、腹膜炎、多发性关节炎和脑膜炎。

【病原】副猪嗜血杆菌具有多种不同的形态，从单个的球杆菌到长的、细长的乃至丝状的菌体，革兰氏染色为阴性，无芽孢，无鞭毛，通常可见荚膜。

本菌对外界的抵抗力不强，干燥环境中易死亡，60℃5～20 分钟被灭活。4℃可存活 7～10 天。常用消毒药可将其杀死。

【流行病学】病猪和带菌猪是主要的传染源。主要传染途径是呼吸道，与病猪接触后，病菌可通过鼻汁等分泌物经飞沫直接传播，易引起群发，有时呈地方性流行。

本病只感染猪，可感染 2 周龄至 4 月龄的哺乳仔猪、保育仔猪和生长猪，但以断奶后和保育阶段的猪较易发病，尤以 5～8 周龄的猪最易感（因 HPS 的母源抗体在仔猪 4～6 周龄时降低，不再受母源抗体保护的敏感保育猪很容易与致病菌携带猪相接触而发病；有的早在断奶后 1 周就开始发病，这表明仔猪缺乏母源抗体保护力）。一旦暴发，通常以并发感染或混合感染出现，发病率一般为 15%～30%，严重时死亡率高达 50%～60%；幸存者常成僵猪，生长缓慢。

饲养环境恶劣、营养不良、天气突变、密度过大、通风不良、不同日龄的猪混养、断奶、转群等各种应激因素常为诱因，导致本病的暴发。

本病常与其他各种病毒和细菌混合感染或者继发感染，单纯性感染较少。猪瘟、支原体肺炎、萎缩性鼻炎、猪伪狂犬病等原发病的流行为本病的继发感染和混合感染提供了可乘之机。特别是随着圆环病毒病和蓝耳病这两种所谓的"猪的艾滋病"的流行，使机体免疫功能下降，更易乘机暴发本病。本病往往是这两种病的影子。临床实践证明，保育舍内暴发蓝耳病后，HPS的存在和继发感染可加剧病情并使临床表现复杂化，是造成10周龄以前仔猪死亡率升高的重要的细菌性致病因子。反过来HPS的严重感染又成为蓝耳病存在的"指示病"。

本病无明显的季节性，但冬春寒冷季节多发。

【临床症状】取决于炎症损伤的部位及菌株毒力的强弱及感染病菌的剂量。临床上多继发于其他呼吸系统疾病，如圆环病毒病、蓝耳病、猪支原体肺炎等，其表现不尽相同。

1. 急性型

发病很快，接触病原菌后几天内就发病。病初期，未出现典型的多发性浆膜炎时的急性病例，可引起败血症或急性副猪嗜血杆菌性肺炎。早期症状包括发热（40.5～42℃），精神沉郁，反应迟钝，不愿行走，采食量下降或不食，并伴有咳嗽或打喷嚏，严重呼吸困难，呼吸次数加快，呈腹式呼吸，有的张口喘鸣；疼痛（可由尖叫推断）；跗、腕关节肿胀，严重的会瘸腿；有的出现颤抖，共济失调，耳尖发紫，眼睑发乌肿胀以及中枢神经系统症状等。病情严重者随之可能死亡。临死前侧卧或四肢呈划水样。通常发病后2～5天死亡（通常由败血性休克或内毒素休克所致，在不出现典型的多发性浆膜炎时就出现发绀、皮下水肿及肺水肿，及至死亡）。最急性的个别猪可能不表现任何症状而突然猝死。耐过急性发病的猪可转为亚急型或慢急型。

2. 亚急型或慢急型

常由急性型转化而来或由中等毒力毒株引起，主要表现为多发性浆膜炎、关节炎、脑膜炎等。病猪食欲下降，精神沉郁、发抖、扎堆、咳嗽、呼吸困难、被毛粗乱、渐进性消瘦、体表皮肤苍白；行动迟缓僵硬，后肢不协调；四肢无力，不愿站立；关节肿大或跛行。副猪嗜血杆菌性脑膜炎的症状，除共济失调、步伐蹒跚、头向后仰、四肢呈游泳状以外，笔者还观察到一种特殊表现：喜欢向同一侧躺卧，将猪翻过来它又很快便自动翻回去，可反复数次（可用复方磺胺间甲氧嘧啶配合阿莫西林或氨苄西林分别肌注，效果较好）。慢性型有的可拖之10多天后终因衰竭而死。侥幸不死的极度消瘦或生长缓慢。

【病理变化】主要的特征性病变是单个或多个浆膜面发生浆液性或化脓性纤维蛋白渗出物，表现为心包炎（心包积液，心包内常有干酪样甚至豆腐渣样渗出物，使心外膜与心脏粘连在一起，形成"绒毛心"。"绒毛心"是本病最为特征的病理变化，通常出现在病程较长的病例，急性发作或病程较短的病例难以见到此变化）、间质性肺炎、胸膜肺炎（胸腔有大量的淡红色液体及纤维素性渗出物凝块；肺表面覆盖有大量的纤维素性渗出物并与胸壁粘连，多数为间质性肺炎，部分有对称性肉样变化，肺水肿）、腹腔炎（常表现为化脓性或纤维素性腹膜炎，腹腔积液或内脏器官粘连）、多发性关节炎（跗、腕关节居多，关节肿大，关节腔内有大量浆液性纤维蛋白渗出物）、脑膜炎（脑膜表面出血或充血）等，尤以心包炎和胸膜肺炎的发生率最高。病初期也可引起败血病变化，在未出现典型的多发性浆膜炎时就呈现耳尖、四肢末端皮肤发绀、皮下水肿和肺水肿、出血、淤血（肺间质灰白色到血样、胶冻样水肿也是本病的主要特征性病变之一），各脏器急性出血性病变，全身淋巴结肿大，呈暗红色，以及心包液、胸水和腹水增多等。

【实验室检查】细菌的分离培养往往不能成功，确诊需借助实验室 PCR 检测和基因组分型。

【类症鉴别】

1. 副猪嗜血杆菌病与猪肺疫的鉴别

〖相似点〗副猪嗜血杆菌病与猪肺疫均有体温升高、精神不振、食欲减退，咳嗽和呼吸困难等临床表现。

〖不同点〗猪肺疫的病原是巴氏杆菌。猪肺疫表现为连续咳嗽，时有喘鸣声，咽喉部肿胀导致呼吸困难，呈犬坐等。皮肤及淋巴结有出血点。病变局限于肺和胸腔，可与副猪嗜血杆菌病区别。

2. 副猪嗜血杆菌病与猪气喘病的鉴别

〖相似点〗副猪嗜血杆菌病与猪气喘病均出现喘咳和腹式呼吸症状。

〖不同点〗气喘病多为个别少量发病，体温不高，病程长。呈连声咳嗽，用支原体敏感药物治疗有效。副猪嗜血杆菌病则呈两三声短咳，且多伴有体表、耳朵发绀，关节肿痛和脑膜炎等症状。猪气喘病的肺呈胰样或肉样病变，肺部病灶周围有结缔组织包裹。副猪嗜血杆菌病的胸腔、腹腔、心包腔甚至颅腔都能发生纤维素性渗出性炎症，心包积液，常出现"绒毛心"这一典型症状。常见腹腔内器官与腹膜发生粘连，严重时剖开腹腔可见整个腹腔脏器被黄白色渗出物所形成的伪膜包裹，并伴有严重的腹水与怪臭味，但无败血症病变，脾脏不肿大。

3. 副猪嗜血杆菌病与猪圆环病毒感染的鉴别

〖相似点〗副猪嗜血杆菌病与猪圆环病毒感染均有渐进性消瘦、被毛粗乱等症状。

〖不同点〗圆环病毒感染用抗生素治疗无效，而副猪嗜血杆菌病在病初用敏感药物施治治疗效果尚可。

4. 副猪嗜血杆菌病与关节炎型链球菌病的鉴别

〖相似点〗副猪嗜血杆菌病与关节炎型链球菌病均是细菌性疾病，可以引起关节肿大和神经症状。

〖不同点〗猪链球菌病一般能在关节处发现外伤，肿大的关节触摸有热感，切开关节后流出化脓性液体，比较浓稠，色泽深，有絮状炎性物。而关节炎型副猪嗜血杆菌病，肿大的关节触摸无热感，关节切开后流出的积液为清亮或微黄色。链球菌病也能发生纤维素性渗出性炎症，但症状较轻，腹腔内也没有较多的腹水渗出，以出血性炎症为主要表现，有败血症的症状；链球菌病脾脏肿大，是正常的 2～4 倍，边缘出血性梗死。而副猪嗜血杆菌病的胸腔、腹腔、心包腔甚至颅腔都能发生纤维素性渗出性炎症，心包积液，常出现"绒毛心"这一典型症状。常见腹腔内器官与腹膜发生粘连，严重时剖开腹腔可见整个腹腔脏器被黄白色渗出物所形成的伪膜包裹，并伴有严重的腹水与怪臭味，但无败血症病变，脾脏不肿大。

5. 副猪嗜血杆菌病与传染性胸膜肺炎的鉴别

〔相似点〕副猪嗜血杆菌病与传染性胸膜肺炎均有呼吸困难的临床表现。

〔不同点〕传染性胸膜肺炎表现为喘气、咳嗽，严重呼吸困难，常呈犬坐张口呼吸姿势，口鼻可流出带血样的分泌物。而副猪嗜血杆菌病病猪咳声轻微，且每次只表现 2～3 声短咳，口鼻无血样分泌物流出。传染性胸膜肺炎是单侧性肺炎，病变主要在肺的尖叶，基本不出现腹膜炎，尿素酶试验阳性，能溶血等。而副猪嗜血杆菌感染引起的病变主要表现为心包炎、胸膜炎、腹膜炎、关节炎、脑膜炎等多发性炎症，尤其以心包炎最为常见。尿素酶试验阴性，不溶血等。混合感染时，仅靠剖检很难区别，必须经实验室鉴定。

6. 副猪嗜血杆菌病与蓝耳病的鉴别

〔相似点〕副猪嗜血杆菌病与蓝耳病均有发热、呼吸困难、消瘦、食欲不振、结膜水肿、共济失调等表现。

〔不同点〕蓝耳病的病原是猪生殖和呼吸综合征病毒。无论大小公母都可发生。常伴有明显的母猪流产和种猪的一系列其他繁殖障碍。病变为皮下、扁桃体、心脏、膀胱、肝脏和肠道均可见出血点和出血斑，可见脾脏边缘或表面出现梗死灶。副猪嗜血杆菌病的危害主体只是 2 周龄至 4 月龄的仔猪和生长猪。关节肿大、跛行、疼痛、颤抖、共济失调、可视黏膜发绀。剖检变化表现为胸膜炎、肺炎、心包炎、腹膜炎、关节炎和脑膜炎等。

7. 副猪嗜血杆菌病与猪附红细胞体病的鉴别

〖相似点〗副猪嗜血杆菌病早期与猪附红细胞体病均有患猪的皮肤充血、潮红和后期因为脏器出血造成的皮肤苍白。

〖不同点〗附红细胞体病的皮肤出血是因为附红细胞体吞噬血红细胞，血红细胞破裂、溶血造成的皮肤毛孔出血，因为伴有黄疸而造成褐红色出血。而副猪嗜血杆菌病的皮肤发红是毛细血管充血造成的。猪附红细胞体病多发生在蚊虫繁殖旺盛的温、热、湿季节。而副猪嗜血杆菌病每年各季均有发生。

8. 副猪嗜血杆菌病与猪弓形体病的鉴别

〖相似点〗副猪嗜血杆菌病与猪弓形体病均有高热、皮肤潮红、耳朵发绀、呼吸困难等症状。

〖不同点〗猪弓形体病的体表出血与副猪嗜血杆菌病的体表皮肤潮红发绀有明显的区别。

9. 副猪嗜血杆菌病与猪流感的鉴别

〖相似点〗副猪嗜血杆菌病与猪流感均有高热、喘咳和呼吸困难等症状。

〖不同点〗猪流感多发于冬春季节，发病急剧，一旦发生，很快在猪群中传播蔓延，病猪精神委顿和咳嗽喷嚏症状明显，若无继发、并发症，少见体表、耳朵发绀症状，且1周左右常康复自愈，几无死亡。

10. 副猪嗜血杆菌病与猪瘟的鉴别

〖相似点〗副猪嗜血杆菌病与猪瘟均有发病快、传播快、高热稽留，全身皮肤出血、发红，高发病率，高死亡率等临床表现。

〖不同点〗猪瘟的病原是猪瘟病毒。各年龄段的猪均易感，乳猪、仔猪、育肥猪都会造成严重的临床症状和高死亡率，母猪会引起流产、死胎等繁殖障碍。解剖症状是广泛的脏器针状、刷状、大理石样、灶性出血。用抗生素治疗无效果，但是用猪瘟疫苗紧急接种可以起到一定的控制效果。副猪嗜血杆菌病主要危害60～90日龄的猪，哺乳仔猪、育肥猪、种猪很少表现严重的临床症状和发生高的死亡率。用抗生素有治疗效果。

11. 副猪嗜血杆菌病（脑炎型）与猪伪狂犬病的鉴别

〖相似点〗副猪嗜血杆菌病（脑炎型）与猪伪狂犬病均有神经症状。

〖不同点〗猪伪狂犬出现的是肌肉跳动，有特征性的尖叫声；而副猪嗜血杆菌病患猪四肢抽搐，一般无特征性的尖叫声。

【防制】

1. 预防措施

（1）加强生物安全 严格兽医卫生，杜绝外来病原菌，特别要防止引种时引入病原；要按科学合理的免疫程序做好猪瘟、伪狂犬病、蓝耳病、支原体肺炎等的防疫工作，搞好舍内外环境卫生及经常化的隔离、消毒（猪场环境及猪舍应注意打扫，定期以 3% 来苏儿、1% 优氯净、2% 氢氧化钠溶液进行消毒），防控好圆环病毒病及其他病毒性病原病，消除其他呼吸道病原；产房和保育舍应坚持严格的"全进全出"制度。要严格分群，避免将不同日龄的猪只混养。

（2）饲养管理 猪舍要保持干燥、通风、密度适中、温度适宜。采取相应的措施，将断奶、转群、防疫注射等应激因素减到最小范围，消除诱因。供给全价饲料和清洁饮水，做好夏季防暑、冬季保暖工作。

（3）免疫接种 副猪嗜血杆菌病灭活疫苗，不论猪只大小 2 毫升/头，颈部肌内注射。怀孕母猪产前 8～9 周首免，3 周后二免，以后每胎产前 4 周免疫 1 次；种公猪每半年免疫 1 次；仔猪 2 周龄首免，3 周后二免。免疫期为 6 个月。

（4）药物预防 每吨饲料添加替米考星 200 克，或氟奇霉素 800～1000 克，连用 2 周。或每吨饲料添加 50～100 克头孢噻呋钠和 100 克甲氧苄氨嘧啶（TMP），连喂 1 周后剂量减半，再继续喂 1～2 周。

2. 发病后措施

处方 1：①左旋氧氟沙星注射液 3～5 毫克/千克体重，肌内注射，2 次/天，连用 3～5 天。②阿莫西林可溶性粉（按阿莫西林

计）5~10毫克/千克体重，拌料全群混饲，连用 3~5 天。③复方
黄芪多糖可溶性粉 50 克加水 100 升，全群混饮，连用 3~5 天。

处方 2：①头孢噻呋钠粉针 3~5 毫克/千克体重，注射用水适
量，肌内注射，2 次/天，连用 3~5 天。②强力霉素可溶性粉 1000
克拌料 1000 千克，全群混饲，连用 3~5 天。③复方黄芪多糖可溶
性粉 50 克加水 100 升，全群混饮，连用 3~5 天。

三十二、仔猪渗出性皮炎

渗出性皮炎是严重危害仔猪生长发育的一种全身性皮肤传染病。

【病原】病原体是葡萄球菌属的表皮葡萄球菌，常呈葡萄串状
排列，或呈双球或短链排列。本菌对外界环境的抵抗力很强，耐干
燥、耐高温。在尘埃中可存活数月，在 70℃ 能存活 1 小时，80℃
下 30 分钟被杀死。对消毒药的耐受力也较强，可抵抗 1% 酚溶液
15 分钟，1% 升汞液 30 分钟，50%~70% 酒精 10 分钟。对龙胆紫
敏感。

【流行病学】猪最易感。病猪、带菌猪和外界环境是本病的传
染源，本菌在外界环境中广泛存在，如空气、尘埃、污水以及土壤
中都有存在。主要通过接触感染，尤其是损伤的皮肤和黏膜，甚至
可经汗腺、毛囊侵入机体组织，引起坏死性皮炎。

该病多发于 3~5 日龄的哺乳仔猪，少数在 10 日龄以后发病，
同窝仔猪的传染性较高，发病率和死亡率可高达 80% 以上。该病
主要是接触感染，尤其是 3 日龄内的仔猪吮乳时抢夺母猪奶头相互
咬伤，通过伤口较易感染。随着天气转暖，特别是外来种猪，其皮
薄，容易被强烈的太阳光灼伤，出现皮肤发红，严重的形成坏死感
染，导致疾病的发生。

冬春是仔猪渗出性皮炎的高发季节。本病的发生与流行，与各
种诱发因素有密切关系，如饲养管理条件差、环境恶劣、污染程度
严重、有并发病存在使机体抵抗力低等，均易诱发本病。

【临床症状】病初首先在肛门和眼睛周围、耳郭、腹部等无被
毛处皮肤上出现红斑，发生 3.4 毫米大小的微黄色水疱。水疱迅速

破裂，渗出清朗的浆液和黏液，与皮屑、皮脂和污垢混合、干燥后形成微棕色鳞片状结痂，发痒。痂皮脱落，露出鲜红色创面。通常于 1～2 天蔓延至全身表皮。患病仔猪食欲减退，饮欲增加，并迅速消瘦。一般经 30～40 天可康复，但影响发育。严重病例于发病后 4～6 天死亡。本病也可发生在较大仔猪、育成猪或者是母猪乳房上，但病变轻微，无全身症状。此病的临床症状与缺乏烟酸所致的癞皮病有相似之处，诊断时应注意区别。

【类症鉴别】

1. 猪渗出性皮炎与猪丹毒的鉴别

〖相似点〗猪渗出性皮炎与猪丹毒均有精神沉郁，食欲不振，皮肤发红，有红色疹块等临床症状。

〖不同点〗猪丹毒的病原为丹毒杆菌，病猪常表现卧地不起，驱赶甚至脚踢也不动弹，全身皮肤潮红，有方形、菱形、圆形的高出周边皮肤的红色或紫红色疹块。剖检可见脾呈桃红色或暗红色，被膜紧张、松软，白髓周围有红晕。淋巴结肿胀，切面灰白，周边暗红。采取脾脏、肾脏或血液涂片染色，镜检可见到革兰氏阳性（呈紫红色）纤细的小杆菌。猪渗出性皮炎在肛门和眼睛周围、耳郭、腹部等无被毛处皮肤上出现红斑，发生 3.4 毫米大小的微黄色水疱。水疱迅速破裂，渗出清朗的浆液和黏液，与皮屑、皮脂和污垢混合、干燥后形成微棕色鳞片状结痂，发痒。

2. 猪渗出性皮炎与猪皮肤真菌病的鉴别

〖相似点〗猪渗出性皮炎与猪皮肤真菌病均有精神沉郁、食欲不振，皮肤发红、有红色疹块，消瘦，生长受阻等临床症状。

〖不同点〗猪皮肤真菌病的病原为皮肤癣菌、曲霉菌和念珠菌，患猪皮肤充血、水肿、发炎，出现红色丘疹、水疱，而后形成结痂，有奇痒感，不断摩擦墙壁、食槽等粗糙物。

3. 猪渗出性皮炎与猪维生素 B_2 缺乏症的鉴别

〖相似点〗猪渗出性皮炎与猪维生素 B_2 缺乏症均有食欲不振，生长受阻，皮肤干燥、出现红斑、疹块等临床症状。

〖不同点〗猪维生素 B_2 缺乏症是因饲料中缺乏维生素 B_2 所

致,无传染性。患猪呕吐,腹泻,有溃疡性结肠炎、肛门黏膜炎。腿弯曲强直,步态僵硬,行走困难,角膜发炎,晶体浑浊。

4. 猪渗出性皮炎与猪马铃薯中毒的鉴别

〖相似点〗猪渗出性皮炎与猪马铃薯中毒均有精神沉郁,食欲不振,皮肤发红,有红色疹块等临床症状。

〖不同点〗猪马铃薯中毒有饲喂马铃薯史,病猪初期兴奋不安、狂躁、呕吐、流涎、腹痛、腹泻。继而精神沉郁、昏迷、抽搐,后肢无力,后渐进性麻痹。呼吸极度困难,可视黏膜发绀,心脏衰弱,共济失调,瞳孔放大。

【防制】

1. 预防措施

本病是一种环境性疾病,所以应注意改善环境卫生,定期清扫消毒圈舍;加强饲养管理,不喂有毒、有刺激性的饲料,同时要防止发生外伤,外科手术后应严格消毒;接种疫苗和类毒素制剂,可预防本病的发生,如对母猪进行表皮葡萄球菌死菌苗免疫,所生仔猪具有对本病的免疫力。进行预防注射时,应按操作规程进行,坚持彻底消毒,每头猪一个注射器,防止感染。

2. 发病后措施

发病初期可使用抗生素进行治疗,使用抗生素时,应做药敏试验,以免该菌产生抗药性。青霉素,一次肌内注射40万～80万单位,每天2次,连续数天。或硫酸卡那霉素,一次肌内注射1毫升,每天2次,连续数天。或10%磺胺嘧啶钠,一次肌内注射10毫升,每天2次,连续数天。

三十三、猪接触传染性胸膜肺炎

猪接触传染性胸膜肺炎是猪的一种呼吸道传染病。多发于10～12月和6～7月,急性病例出现呼吸道炎症表现,特征为出血性坏死性肺炎和纤维素性胸膜炎。本病具有高度的传染性。

【病原】病原为胸膜肺炎放线杆菌(胸膜肺炎嗜血杆菌)。革兰氏染色阴性小杆菌。一般呈球状、丝状、棒状。在鲜血琼脂或巧克力琼脂培养基上生长良好，菌落细小，周围呈 β 溶血。病料中的胸膜肺炎放线杆菌呈两极着色，有荚膜，能产生毒素。至 1993 年为止，世界上已鉴定出 12 个血清型。本菌的抵抗力不强，易被一般的消毒药杀死。

【流行病学】各种年龄、性别的猪都有易感性，但以 3 月龄左右的青年猪最为易感。病猪及带菌猪是主要的传染源，病猪咳嗽或呼气时将病菌散布于空气中，通过空气传染给健康猪。潜伏期为 1～2 天，有急性和慢性。

【临床症状及病理变化】

1. 急性型

突然发病，体温升高至 41.5℃ 以上，精神沉郁，心跳加快，鼻、耳、四肢、体侧皮肤发绀，迅速出现呼吸急促、高度困难，伸颈或呈犬坐姿势，张口伸舌，状极痛苦，如不及时治疗常在 24～36 小时内窒息而死，死前从口、鼻中流出大量带血色的泡沫状液体。肺脏的心叶、尖叶充血，呈紫红色，质地坚实，切面似肝，肺炎区有纤维素性渗出物附着于表面，胸腔有大量污黄色纤维素性渗出液。

2. 慢性型

体温不高，间歇性咳嗽，食欲不振，增重缓慢。如能耐过 4 天以上，则症状可逐渐消退，自行康复。很多病猪感染后，症状轻微，当遇到应激时，如长途运输、气候剧变等可导致急性发作。纤维素性胸膜炎是其特征，肺脏有肝变的肺炎区，肺炎区为硬化或坏死性病灶，肺胸膜与肋胸膜粘连。

【实验室检查】取肺脏病变接种于犊牛血液巧克力琼脂平皿或加有少量胆盐的巧克力琼脂平皿上，37℃ 培养 24 小时后，见有针尖大小、圆形、边缘整齐、扁平的、呈灰白色半透明的菌落生长；或取肝、脾、肾及纯分离培养的细菌抹片，革兰氏染色镜检，可见到革兰氏阴性的小球杆菌。

【类症鉴别】

1. 猪接触传染性胸膜肺炎与猪气喘病的鉴别

〖相似点〗猪接触传染性胸膜肺炎与猪气喘病的临床症状相似。

〖不同点〗猪气喘病是由猪肺炎支原体引起的，临床主要症状为咳嗽（反复干咳、频咳）和气喘，一般不打喷嚏，不出现疼痛反应，病程长。病变特征是融合性支气管肺炎，于尖叶、心叶、中间叶和膈叶前缘呈"肉样"或"虾肉样"实变。猪接触传染性胸膜肺炎呼吸高度困难，伸颈或呈犬坐姿势，口鼻可流出带血样的分泌物。单侧性肺炎，病变主要在肺的尖叶。

2. 猪接触传染性胸膜肺炎与猪流感的鉴别

〖相似点〗猪接触传染性胸膜肺炎与猪流感均有精神沉郁，体温升高，食欲不振，呼吸困难等临床症状。

〖不同点〗猪流感是由 A 型流感病毒引起的，病猪咽、喉、气管和支气管内有黏稠的黏液，肺有下陷的深紫色区，可与猪接触传染性胸膜肺炎相区别。抗生素和磺胺类药物治疗无效。

3. 猪接触传染性胸膜肺炎与猪生殖和呼吸综合征的鉴别

〖相似点〗猪接触传染性胸膜肺炎与猪生殖和呼吸综合征均有精神沉郁，体温升高，食欲不振，呼吸困难等临床症状。

〖不同点〗猪生殖和呼吸综合征是由猪生殖和呼吸综合征病毒引起的，病猪发病初期具有类似流感的症状，母猪出现流产、早产和死产。剖检可见褐色、斑驳状间质性肺炎，淋巴结肿大，呈褐色。

4. 猪接触传染性胸膜肺炎与猪肺疫的鉴别

〖相似点〗猪接触传染性胸膜肺炎与猪肺疫均有精神沉郁，体温升高，食欲不振，呼吸困难，行走不稳，呈犬坐姿势，皮肤表面有出血斑点等临床症状及相似的肺部病变，也能产生类似胸膜炎的病变。

〖不同点〗猪肺疫表现为连续咳嗽、时有喘鸣声、咽喉部肿胀，皮下组织、浆膜以及淋巴结有出血点，肺部感染病变多在前下部；猪接触传染性胸膜肺炎的病变往往局限于肺和胸膜，肺部感染部位多在后上部，且有局限性的纤维素性胸膜炎。猪肺疫的病原体为两极着色的巴氏杆菌，而猪接触传染性胸膜肺炎的病原体为小球杆状的放线杆菌。

5. 猪接触传染性胸膜肺炎与副猪嗜血杆菌病的鉴别

〖相似点〗猪接触传染性胸膜肺炎与副猪嗜血杆菌病在猪"高热病"中时常出现，其症状和剖检变化非常相似。

〖不同点〗副猪嗜血杆菌病的病原是副猪嗜血杆菌。从 2 周龄的哺乳仔猪到 4 月龄的育肥猪均有发生，主要在断奶后和保育阶段发病，多见于 5～8 周龄的猪。临床表现咳嗽、呼吸困难、眼睑水肿、消瘦、关节肿大、跛行、共济失调等。病变的发生有多系统性，呈多发性浆膜炎（心包、胸腔和腹腔都有纤维素样物）、多发性关节炎、脑膜炎等，保育猪尤为多发。猪接触传染性胸膜肺炎能引起各种年龄的猪发病和死亡，尤其是育肥猪和成年猪。急性猪出现高热、严重呼吸困难、咳嗽、拒食、死亡突然，死亡率高。病变往往局限于肺和胸膜，肺部感染部位多在后上部，且有局限性的纤维素性胸膜炎。

6. 猪接触传染性胸膜肺炎与急性猪丹毒的鉴别

〖相似点〗猪接触传染性胸膜肺炎与猪丹毒均有高热，呼吸困难，体表发紫等临床表现。

〖不同点〗猪丹毒的病原是丹毒杆菌。急性病猪皮肤发红发紫，呼吸加快，突然死亡，小猪还伴有神经症状。亚急性疹块型的特征症状是皮肤表面出现方形、菱形或圆形的疹块，指压不退，俗称"打火印"。病理表现以全身性败血症变化和体表皮肤出现红斑为特征，肺充血水肿，脾充血、肿大、呈樱桃红色。猪接触传染性胸膜肺炎病初短时轻度腹泻和呕吐，后期呼吸高度困难，呈犬坐姿势，口鼻流泡沫样淡血色分泌物，耳、鼻、四肢呈蓝紫色，很快死亡。病变往往局限于肺和胸膜，肺部感染部位多在后上部，且有局限性的纤维素性胸膜炎。

7. 猪接触传染性胸膜肺炎与猪弓形体病的鉴别

〖相似点〗猪接触传染性胸膜肺炎与猪弓形体病均有体温升高，呼吸困难和体表有出血斑等临床表现。

〖不同点〗猪弓形体病的病原是弓形虫。有黏液性或脓性鼻涕流出，全身发抖。耳、鼻、下肢、股内侧、下腹部出现紫红斑和出血点，有的猪耳壳上形成痂皮，耳尖坏死。全身淋巴结髓样肿大，灰白色，切面湿润，肠系膜淋巴结呈绳索状，有米粒大小的灰白色坏死灶和大小不一的出血点。猪接触传染性胸膜肺炎病初短时轻度腹泻和呕吐，后期呼吸高度困难，呈犬坐姿势，口鼻流泡沫样淡血色分泌物，耳、鼻、四肢呈蓝紫色。病变集中于胸肺。

【防制】

1. 预防措施

（1）卫生管理　猪场环境及猪舍应注意打扫，定期以 2％来苏儿、3％石炭酸、2％氢氧化钠溶液进行消毒。

（2）饲养管理　平常应加强猪群的饲养管理，供给全价饲料和清洁饮水，做好夏季防暑、冬季保暖工作。

（3）免疫接种　猪胸膜肺炎放线杆菌三价灭活疫苗，体重 20 千克以下的仔猪 2 毫升/头，20 千克以上的猪 3 毫升/头，耳后肌内注射，免疫期 6 个月。

2. 发病后措施

处方 1：①左旋氧氟沙星注射液 0.1 毫升/千克体重，肌内注射，2 次/天，连用 3～5 天。②阿莫西林可溶性粉（按阿莫西林计）5～10 毫克/千克体重，拌料全群混饲，2 次/天，连用 3～5 天。

处方 2：①头孢噻呋钠粉针 3～5 毫克/千克体重、注射用水 10～20 毫升，肌内注射，1 次/天，连用 3～5 天。②强力霉素可溶性粉 100 克拌料 100 千克，全群混饲，连用 3～5 天。

三十四、皮肤真菌病

皮肤真菌病（癣）是由皮霉菌引起的一组慢性皮肤传染病的总称。特征是皮肤上呈现界限明显的圆形或轮状癣斑，其上覆有癣屑或痂皮。

【病原】皮霉菌是一群真菌，包括毛癣菌属、小孢子菌属、表皮癣菌属。皮霉菌的孢子抵抗力较强，干燥可存活 3～4 年，煮沸 1 小时方可杀死，对一般消毒药的耐受性较强，2％甲醛 30 分钟才能将其杀死。

【流行病学】本病呈散发，在气候温暖而潮湿的地区发病率较高，冬季舍饲发病较多。营养不良，猪舍不经常消毒，猪体皮肤不洁等可诱发本病。

【临床症状】猪的癣病多发生在背、胸、股外侧，主要由微小孢子菌引起。患病部位常有剧痒感，常在墙上摩擦甚至擦破表皮而出血。临床表现有斑状脱毛癣，形成圆形癣斑，表面覆有石棉板样鳞屑；轮状脱毛癣，呈圆形或不规则的癣斑，尔后中央部开始痊愈生毛，但周围部分脱毛仍在继续发展，形成车轮状癣斑；水疱性和结痂性脱毛癣，皮肤先发生丘疹和水疱，继而水疱破裂、渗出，最后形成痂皮；毛囊炎和毛囊周围炎，在脱毛处发生化脓性毛囊炎或毛囊周围炎。

【类症鉴别】

1. 猪皮肤真菌病与猪蔷薇糠疹的鉴别

〖相似点〗猪皮肤真菌病与猪蔷薇糠疹均有精神不振，皮肤出现红色疹块，有痒感等临床症状。

〖不同点〗猪蔷薇糠疹患猪主要在腹部和腹股沟部发生豆大或5分币大（不是在头、颈、肩部，掌大）红块，个别有痒感。风疹块向周围扩张时，中心皮肤即恢复正常外观（不起小水疱和结痂），发病与遗传因素有关。

2. 猪皮肤真菌病与猪皮癣菌病的鉴别

〖相似点〗猪皮肤真菌病与猪皮癣菌病均有头、肩、背、四肢皮肤局限潮红，间有小疱，瘙痒，有皮屑覆盖等临床症状。

〖不同点〗猪皮癣菌病的病原是堇色紫毛菌，患猪先脱毛，头、躯干、四肢上部可见指甲或1元硬币大（不是掌大）的圆形或不规则的灰白色厚积鳞屑斑，或呈石棉状。有毛囊性小脓疮，擦后有渗出液和脓液。病料（皮屑）直接镜检可见菌丝或孢子。

3. 猪皮肤真菌病与猪感光过敏的鉴别

〖相似点〗猪皮肤真菌病与猪感光过敏均有颈、背皮肤潮红、擦痒、结痂等临床症状。

〔不同点〕猪感光过敏是因采食某些能产生感光物质的饲料而发病。病猪皮肤发生红疹，有痒也有痛，白天重夜间轻。严重时疹块形成脓疱，耳郭变厚，皮肤变硬龟裂，皮肤坏死，还表现黄疸、腹痛、腹泻，并伴有结膜炎、口炎、鼻炎、阴道炎等。

4. 猪皮肤真菌病与猪锌缺乏症（仔猪、肉猪）的鉴别

〔相似点〕猪皮肤真菌病与猪锌缺乏症均有头、颈、背部皮肤有痒感，覆有皮屑性痂皮等临床症状。

〔不同点〕猪锌缺乏症为非传染性疾病，患猪皮肤表面生小红点（不是小水疱），皮肤粗糙有皱褶，网状干裂，蹄壳也裂，并有食欲不振，发育不良，腹泻。血液检查，血清锌从正常的 0.98 微克/毫升降至 0.22 微克/毫升。

5. 猪皮肤真菌病与猪渗出性皮炎的鉴别

〔相似点〕猪皮肤真菌病与猪渗出性皮炎均有皮肤潮红、瘙痒、覆有皮屑性痂皮等临床症状。

〔不同点〕猪渗出性皮炎的病原是表皮葡萄球菌，多发于 1 月龄内的仔猪。患猪皮肤充血潮湿，有脂样分泌物结痂，恶臭，痂皮颜色因猪而异，黑猪为灰色，棕猪为红棕色或铁锈色，白猪为橙黄色。

6. 猪皮肤真菌病与猪疥螨病的鉴别

〔相似点〕猪皮肤真菌病与猪疥螨病均有皮肤潮红、瘙痒，有水疱、痂皮等临床症状。

〔不同点〕猪疥螨病的病原是疥螨虫，患病猪因擦痒脱毛，皮肤增厚，病变部位遍及全身。在健病交界处刮取新鲜痂皮至出血为止，将痂皮放在黑纸或黑玻片上，并在灯头上微微加热，再在光亮处或日光下用放大镜仔细检查，可见活的疥螨虫在爬动。

7. 猪皮肤真菌病与猪硒中毒的鉴别

〔相似点〕猪皮肤真菌病与猪硒中毒均有皮肤潮红、发痒、落皮屑等临床症状。

〔不同点〕猪硒中毒是因猪摄入过量的硒所致的，患猪 7～10 天开始脱毛，1 个月后长出新毛，臀背部敏感，触摸时嘶叫；蹄冠、蹄缘交界处出现环状贫血苍白线，后发绀，蹄先脱落，眼神呆滞流泪，减食或停食，后肢不能着地，多躺卧。剖检可见眼结膜黄染，散在针尖大的出血点，肌肉色淡或黄红色，骨脆骨碎，肝表面和切面淡黄色或深黄色。将检液置滴定板上，再加1滴新鲜配制的1%不对称二苯肼的冰乙酸溶液和2摩尔/升盐酸溶液，将此三液充分混匀，如有亚硒酸存在，立即出现红色反应，随即变成亮红紫色。

【防制】

1. 预防措施

加强饲养管理，搞好圈舍卫生，猪体应保持清洁，用具固定使用，以免传染。舍饲加强通风，保持适宜的饲养密度。

2. 发病后措施

隔离病猪，全群检查，并进行治疗。

处方1：用温肥皂水洗去痂皮，涂10%水杨酸搽剂或软膏；或用水杨酸5克，鱼石脂5克，硫黄40克，凡士林60克，配成油膏外用。

处方2：用温肥皂水洗去痂皮，3%克霉唑软膏或灰黄霉素癣药水等有较好的效果。

处方3：硫酸铜粉25克，凡士林75克，混合制成软膏涂于患处，每隔5天外用1次，2次即可收效。

处方4：用0.2%高锰酸钾溶液使猪全身湿透，一般一次即可痊愈。重症可隔4天再重复用药1～2次。药液应现用现配。

三十五、猪附红细胞体病

猪附红细胞体病（"红皮病"）是由猪附红细胞体寄生在猪红细胞内而引起的一种人畜共患传染病。其主要特征是发热、贫血和黄疸。

【病原】猪附红细胞体属于立克次氏体，是一种典型的原核细胞型微生物，形态为环形、球形、椭圆形、杆状、月牙状、逗点状和串珠状等不同形状，外表大都光滑整齐，革兰氏染色阴性，一般不易着色。附红细胞体侵入动物体后，在红细胞内生长繁殖，散播到全身组织和器官，引发一系列病理变化。猪附红细胞体对环境因素和化学消毒药品的抵抗力都很弱，如日光、干燥和常用消毒剂均可在短时间内将其杀死。

【流行病学】猪是猪附红细胞体的唯一宿主，不同品种、不同年龄的猪均有易感性，其中以育肥猪和后备猪的易感性最高。病猪和带菌猪是最主要的传染源。自然感染的途径较多，如打斗、舔食伤口、被污染的针头、断尾钳、耳号钳、手术刀及吸血昆虫等均可传播本病。本病主要发生于温暖季节，夏、秋季发病较多，冬、春季相对较少。

【临床症状】不同年龄的猪所表现的临床症状也不相同。

1. 仔猪

最早出现的症状是发热，体温可达 40℃ 以上，持续不退，发抖，聚堆；精神沉郁、食欲不振；胸、耳后、腹部的皮肤发红，尤其是耳后部出现紫红色斑块；严重者呼吸困难、咳嗽、步态不稳。随着病情的发展，病猪可能出现皮肤苍白、黄疸，病后数天死亡。自然恢复的猪表现贫血，生长受阻，形成僵猪。

2. 母猪

通常在进入产房后 3～4 天或产后表现出来。症状分为急性和慢性两种。急性感染的症状有厌食、发热，厌食可长达 13 天之久。发热通常发生在分娩前的母猪，持续至分娩过后；往往伴有背部毛孔渗血。有时母猪乳房以及阴部出现水肿。妊娠后期容易发生流产且产后死胎增多；产后母猪容易发生乳腺炎和泌乳障碍综合征。慢性感染的母猪易衰弱、黏膜苍白、黄疸、不发情或延迟发情、屡配不孕等，严重时也可以发生死亡。

3. 公猪

患病公猪的性欲、精液质量和配种受胎率都下降，精液呈灰白色，精子密度下降至 20%～30%，为 0.6 亿～0.8 亿个/毫升。

4. 育肥猪

患病猪发热、贫血、黄疸、消瘦，生长缓慢。初期皮肤发红，后期可视黏膜苍白；鬐甲部顺毛孔有暗红色的出血点；耳缘卷曲、淤血；呼吸困难，心音亢进，出现寒战、抽搐。

【病理变化】可见血液稀薄，凝固缓慢。胸、腹腔及心包腔内积水。肝脏肿大，呈棕黄色，胆囊内充满浓绿色似胶冻样胆汁；脾脏肿大，质地松软。

【实验室检查】显微镜观察血液涂片确诊。

【类症鉴别】

1. 猪附红细胞体病与猪瘟的鉴别

〖相似点〗猪附红细胞体病与猪瘟均有精神沉郁，食欲不振，体温升高，皮肤表面有出血斑点，先便秘后下痢等临床症状。

〖不同点〗猪瘟的病原为猪瘟病毒，病猪口渴，废食，嗜液，皮肤呈不同于疹块的弥漫性紫红色出血点，黏膜紫绀、出血，多数病猪有明显的脓性结膜炎，有的病猪出现便秘，随后出现下痢，粪便恶臭。剖检可见全身淋巴结肿大，尤其是肠系膜淋巴结，外表呈暗红色，中间有出血条纹，切面呈红白相间的大理石样外观，扁桃体出血或坏死。胃和小肠呈出血性炎症。在大肠的回盲瓣段黏膜上形成特征性的纽扣状溃疡。肾呈土黄色，表面和切面有针尖大的出血点，膀胱黏膜层布满出血点。

2. 猪附红细胞体病与猪肺疫的鉴别

〖相似点〗猪附红细胞体病与猪肺疫均有精神沉郁，食欲不振，体温升高，皮肤表面有出血斑点等临床症状。

〖不同点〗猪肺疫的病原为多杀性巴氏杆菌。咽喉型病猪咽喉部肿胀，呼吸困难，犬坐姿势，流涎。胸膜肺炎型病猪咳嗽，流鼻液，犬坐姿势，呼吸困难，叩诊肋部有痛感，并引起咳嗽。剖检皮下有大量胶冻样淡黄色或灰青色纤维素性浆液，肺有纤维素炎，切面呈大理石样；胸膜与肺粘连，气管、支气管发炎且有黏液。用淋巴结、血液涂片，镜检可见有革兰氏阴性、卵圆形、呈两极浓染的短杆菌。

3. 猪附红细胞体病与急性败血性猪丹毒的鉴别

〖相似点〗猪附红细胞体病与急性败血性猪丹毒均有精神沉郁，

食欲不振，体温升高，皮肤表面有出血斑点等临床症状。

〖不同点〗猪急性败血性猪丹毒的病原为猪丹毒杆菌，以 3～12 月龄的猪易感，发病急，常呈现突然死亡。病猪皮肤上有蓝紫色斑，指压褪色。胃底部和小肠有严重的出血性炎症，脾肿大、呈樱桃红色，肾为出血性肾小球肾炎，淋巴结淤血、肿大。实质脏器涂片有大量单在或成堆的革兰氏阳性小杆菌。

4. 猪附红细胞体病与猪败血型链球菌病的鉴别

〖相似点〗猪附红细胞体病与猪败血型链球菌病均有精神沉郁，食欲不振，体温升高，皮肤表面有出血斑点等临床症状。

〖不同点〗猪败血型链球菌病的病原为链球菌，病猪常发生多发性关节炎，运动障碍。剖检可见鼻黏膜充血、出血，喉头、气管充血，有多量泡沫，脾肿胀，脑和脑膜充血、出血。

5. 猪附红细胞体病与猪弓形体病的鉴别

〖相似点〗猪附红细胞体病与猪弓形体病均有精神沉郁，食欲不振，体温升高，皮肤表面有出血斑点等临床症状。

〖不同点〗猪弓形体病的病原为弓形虫，常发于 6～8 月，幼龄猪最易感，常先零星发病，随后暴发流行。病仔猪排水样稀便，呼吸困难，有咳嗽，流水样或黏液性鼻汁，孕猪流产。剖检可见肺稍脓肿，间质增宽呈半透明状，表面有小出血点，胸腔内有黄色透明液体。淋巴结特别是肺门淋巴结水肿、灰白色，切面湿润。取肺及肺门淋巴结或胸腔渗出液涂片，姬姆萨染色可见橘瓣状或新月状速殖子或假囊。

6. 猪附红细胞体病与仔猪缺铁性贫血的鉴别

〖相似点〗猪附红细胞体病与仔猪缺铁性贫血均有贫血、黄疸等临床症状。

〖不同点〗仔猪缺铁性贫血为非传染性疾病，哺乳仔猪多于生后 8～9 天出现贫血症状，以后随着年龄的增大贫血逐渐加重。表现被毛粗乱，皮肤及可视黏膜淡染甚至苍白，呼吸加快，消瘦。易继发下痢或与便秘交替出现，血液色淡而稀薄，不易凝固。实验室血检，血红蛋白量下降至 50～70 毫克/毫升，严重时 20～40 毫克/

毫升，红细胞降至 300 万/毫米^3，且大小不均。骨髓涂片铁染色，细胞外铁粒消失，幼红细胞几乎见不到铁粒。

7. 猪附红细胞体病与猪胃溃疡的鉴别

〔相似点〕猪附红细胞体病与猪胃溃疡均有贫血，黄疸等临床症状。

〔不同点〕猪胃溃疡为非传染性疾病，多发于较大的架子猪，圈舍比较拥挤，饲喂过于精细的饲料。同一圈舍的猪有 1～2 头精神不振，食欲下降或废绝，体重减轻，贫血，体表苍白，经常出现腹痛、呕吐，排煤焦油样黑粪，体温正常或偏低。剖检可见食管部、幽门区及胃底部黏膜溃疡。

【防制】

1. 预防措施

目前本病没有疫苗预防，故本病的预防应采取综合性措施。

（1）杀灭昆虫　温暖季节应定期喷洒 0.4％双甲脒溶液、0.25％速灭杀丁等杀虫剂，以杀灭蚊、蝇、蜱、牛虻、体虱、跳蚤等吸血昆虫，消除传染媒介。

（2）饲养管理　平常应加强猪群的饲养管理，供给全价饲料和清洁饮水，做好夏季防暑、冬季保暖工作。

（3）药物预防　对阳性猪群，强力霉素可溶性粉 1000 克拌料 1000 千克，全群混饲，连用 7 天，以消除隐性感染，防止本病发生。

2. 发病后措施

处方 1：①新砷凡纳明（九一四）15～25 毫克/千克体重、葡萄糖盐水 500～1000 毫升，静脉注射，1 次/天，间隔 2～3 天重复 1 次。②维生素 B_{12} 注射液 0.5 毫克/（头·次），肌内注射，1 次/天，连用 3 天。③强力霉素可溶性粉 100 克拌料 100 千克，全群混饲，连续应用 3～5 天。

处方 2：①强力霉素可溶性粉 100 克拌料 100 千克，全群混饲，连用 3～5 天。②三氮脒（血虫净）3～5 毫克/千克体重，以生理盐水配制成 5％溶液，深部肌内注射，1 次/天，连用 3 天。

③葡萄糖酸铁200毫克/头，肌内注射，贫血严重者间隔7～10天，可重复应用1次。

三十六、钩端螺旋体病

钩端螺旋体病是由钩端螺旋体感染引起的一种人、畜共患病和自然疫源性传染病。临床表现形式多样，病理剖检一些病例以全身显著的黄疸并伴有肝脏的炎症为特征（黄疸型），但另一些病例则以间质性肾的病变最为明显。

【病原】病原为钩端螺旋体属中的"似问号钩端螺旋"。革兰氏染色阴性，在暗视野或相差显微镜下，钩体呈细长的丝状、圆柱形，螺旋细密而规则，菌体一端或两端弯曲成钩状，通常呈"C"形或"S"形弯曲，并沿其长轴不断地旋转运动。钩端螺旋体对热、酸、氯、肥皂及常用消毒剂均较敏感；含氯千万分之三的水溶液作用3分钟，直射日光照射2小时，56℃加热30分钟，均可将其杀死。

【流行病学】各种家畜和野生哺乳动物以及人均可感染，其中啮齿目的鼠类是最重要的储存宿主。主要通过皮肤、黏膜或消化道感染；也可通过交配、人工授精而感染；在菌血症期间还可通过吸血昆虫，如蜱、虻、蝇和水蛭传播。每年以7～10月为流行的高峰期，可呈地方性流行。各种年龄的猪均可发病，但以幼龄猪发病较多。

本病多发生于夏秋季节。气候温暖、潮湿多雨的热带亚热带地区的江河两岸、湖泊、沼泽、池塘和水田地带发病较多。饲养管理与本病的发生和流行有密切关系，饥饿、饲养不合理或其他疾病使机体衰竭时，原为隐性感染的猪即表现出临诊症状，甚至死亡。

【临床症状及病理变化】潜伏期一般为2～20天。急性病猪表现体温升高、厌食，皮肤干燥，有痒感，常在栅栏或墙壁上擦痒，有时可致出血，1～2天内全身皮肤和黏膜黄染，尿呈浓茶样，间有血尿，几天内突然惊厥而死。亚急性和慢性病猪，病初有不同程度的体温升高，眼结膜潮红，厌食，精神不振。数日后，眼结膜水肿、潮红，皮肤发红、黄染，常表现搔痒；有的在上下颌、头部、颈部，甚至全身水肿，俗称"大头瘟"；尿液呈茶色，出现血红蛋白尿甚至血尿；病程有数天至数十天不等，不死者常发育不良，成为"僵猪"。怀孕母猪可能发生流产，流产率20%～70%，有时兼有其他症状，甚至死亡。急性病猪皮肤、皮下组织、浆膜和黏膜有程度不同的黄疸；胸腔和心包腔有黄色积液；心内膜、肠系膜、肠管和膀胱黏膜等出血；肝肿大，呈棕红色；膀胱内积有血红蛋白尿或浓茶样的胆色素尿，肾肿大、淤血，间有散在的灰白色坏死灶。慢性或轻型病例，则以肾的变化为突出。在水肿型病例，则在头、颈部，甚至全身出现水肿。

【实验室检查】用病变组织制作组织切片，以镀银染色法染色，螺旋体是在金黄色的背景上染成黑色。有时不能找到典型的钩体而只看到弯曲排列的颗粒，这是螺旋体已崩解的现象。

【类症鉴别】

1. 猪钩端螺旋体病与猪细小病毒感染的鉴别

〔相似点〕猪钩端螺旋体病与猪细小病毒感染均表现流产、死胎、木乃伊胎等繁殖障碍症状。

〔不同点〕猪细小病毒感染的病原是猪细小病毒。发生于初产母猪，母猪不表现临床症状。母猪子宫内膜有轻微炎症，胎盘有部分钙化，胎儿在子宫有被溶解、吸收的现象。感染胎儿可见充血、水肿、出血、体腔积液、脱水（木乃伊胎）及坏死等病变。猪钩端螺旋体病主要在3～6月流行，急性病例在大、中猪表现为黄疸，可视黏膜泛黄、发痒，尿红色或浓茶样，亚急性型和慢性型多发于断奶猪或体重30千克以下的小猪，皮肤发红、黄疸。剖检可见心内膜、肠系膜、肠、膀胱有出血，膀胱内有血红蛋白尿。猪细小病毒感染无此表现。

2. 猪钩端螺旋体病与仔猪溶血病的鉴别

〔相似点〕猪钩端螺旋体病与仔猪溶血病均有血红蛋白尿，黄疸等临床症状。

〖不同点〗仔猪溶血病多发生于仔猪，仔猪出生后体况良好，哺乳 24 小时内发病尖叫，24～48 小时内死亡。一般只发生在一窝内。剖检可见皮下组织黄染，肝肿大呈黄色。膀胱内有暗红色尿液，血液稀薄不易凝固。

3. 猪钩端螺旋体病与猪焦虫病的鉴别

〖相似点〗猪钩端螺旋体病与猪焦虫病均有血红蛋白尿，黄疸等临床症状。

〖不同点〗猪焦虫病只有部分猪出现血红蛋白尿，呈茶色，黄染，但同时体温升高到 40.2～42.7℃。呈稽留热，呼吸困难，部分猪出现关节肿大，腹下水肿。

4. 猪钩端螺旋体病与猪白肌病的鉴别

〖相似点〗猪白肌病也可能出现血红蛋白尿。

〖不同点〗白肌病是由硒元素缺乏引起的，主要表现为突发运动障碍，前肢跪下或犬坐。有呕吐、腹泻症状，呼吸困难，胸、腹下发绀。剖检可见肌肉苍白，严重的呈蜡样坏死，肝营养不良。

【防制】

1. 预防措施

加强饲养管理，提高猪的抵抗力。平时搞好环境卫生，注意消毒，消灭猪圈及其周围的鼠类，杜绝传染源，减少接触鼠类和污染水的机会；本病常发地区，应用钩端螺旋体病多价苗（人用多价疫苗可应用）进行预防接种。接种量 15 千克以下的猪为 3.0 毫升/头，15～40 千克的猪为 5.0 毫升/头，40 千克以上的猪为 8～10 毫升/头。皮下或肌内注射，本苗既可用来预防接种，也可用来进行紧急接种，2 周内可以控制疫情。

2. 发病后措施

处方 1：①电解多维 300～500 克、强力霉素可溶性粉（按强力霉素计）1000～1500 克拌料 1000 千克，全群混饲，连用 7 天。②头孢噻呋钠粉针 0.1 毫升/千克体重，注射用水稀释，肌内注射，2 次/天，连用 3～5 天。

处方 2：①电解多维 300～500 克、强力霉素可溶性粉（按强力霉素计）1000～1500 克拌料 1000 千克，全群混饲，连用 7 天。
②葡萄糖生理盐水 500～1500 毫升、10％抗坏血酸 10～30 毫升、
复方康福那心注射液 5～10 毫升，静脉或腹腔注射，1～2 次/天，
连用 3～5 天。

处方 3：①电解多维 300～500 克、强力霉素可溶性粉（按强
力霉素计）1000～1500 克拌料 1000 千克，全群混饲，连用 7 天。
②阿莫西林粉针 15 毫克/千克体重、林格尔液 250～1000 毫升、
10％抗坏血酸 10～30 毫升、复方康福那心注射液 5～10 毫升，静
脉或腹腔注射，1～2 次/天，连用 3～5 天。

三十七、猪支原体性关节炎

猪支原体性关节炎是由猪滑液支原体引起的非化脓性炎，多发
生于仔猪和架子猪，常侵害膝关节，有时可见于肩、肘、跗关节以
及其他关节。

【病原】猪滑液支原体。

【流行病学】本病的感染和扩散的速度与群体密度及环境有关。
在猪群中的感染率为 5％～15％，暴发时可达 50％。

【临床症状】病猪一肢或四肢跛行，膝关节肿胀疼痛，突然发
生跛行，关节轻度肿胀，多侵害跗关节。站立时患肢提举不敢落
地，重症者不能站立。体温升高至 41～41.5℃，接着出现睾丸炎、
关节炎和跛行等症状，急性跛行持续 3～10 天后逐渐好转。重症
时，病猪因疼痛剧烈而不能站立。病程 2～3 周可康复，康复数月
后跛行又可复发，体重 40 千克以上体关节液增多达 2～20 倍。

【病理变化】滑膜肿胀、水肿、充血，关节腔内有大量黄褐色
或淡黄色滑液，渗出物以浆液纤维素性为特征，呈澄清稀薄或稍变
浑浊，或浆液中含有较大块的纤维素薄片。亚急性感染时，滑膜黄
色至褐色、充血、增厚，绒毛可能轻度肥大，关节滑膜囊呈浆液纤
维素性或浆液出血性炎症，关节滑膜囊肿胀而有充血症状。慢性感
染时，滑膜增厚明显，可能见到血管翳形成，有时见到关节软骨
溃烂。

【类症鉴别】

1. 猪支原体性关节炎与猪鼻腔支原体病的鉴别

〖相似点〗猪支原体性关节炎与猪鼻腔支原体病均有体温稍高（不超过40℃），关节肿胀，跛行，剖检滑膜肿胀、充血等临床症状和病理变化。

〖不同点〗猪鼻腔支原体病多于感染第3、第4天发病，跗、膝、腕、肩关节同时肿胀，出现过度伸展，腹部及喉部发病，身体蜷曲。剖检有纤维素性心包炎、胸膜炎、腹膜炎，浆膜云雾状粘连。

2. 猪支原体性关节炎与慢性猪丹毒的鉴别

〖相似点〗猪支原体性关节炎与慢性猪丹毒均有体温升高（40～41℃）、关节肿大、跛行等临床症状。

〖不同点〗慢性猪丹毒在出现慢性关节炎之前曾有高温（41～43℃）及败血症或疹块型的症状。剖检心瓣膜有灰白色血栓性菜花样增生物。采病料涂片镜检，可见猪丹毒杆菌，用青霉素或抗猪丹毒血清治疗有效。

3. 猪支原体性关节炎与猪衣原体病的鉴别

〖相似点〗猪支原体性关节炎与猪衣原体病均有体温稍高（40～41.5℃），关节肿大，跛行，剖检可见关节内有纤维素性渗出液等临床症状和病理变化。

〖不同点〗猪衣原体病是由衣原体引起的，以母猪发病较多，仔猪多因胎内感染，出生后皮肤发绀、寒战，尖叫，吮奶无力，步态不稳、沉郁。严重时黏膜苍白，恶性腹泻。断奶前后常患心包炎、胸膜炎、支气管炎、咳嗽、气喘等。剖检可见关节周围水肿，关节液灰黄浑浊，混有灰黄色絮片。关节内质细胞、成纤维细胞和原核细胞中可看到衣原体原生小体和包涵体。

4. 猪支原体性关节炎与猪链球菌性关节炎的鉴别

〖相似点〗猪支原体性关节炎与猪链球菌性关节炎均有体温升高，食欲减退，关节肿大等临床症状。

〖不同点〗猪链球菌性关节炎是由链球菌引起的，多发于3周龄之内的仔猪，主要临床表现是病猪被毛粗乱，食欲减退或废绝，体温升高达 41℃ 以上，运动时出现不同程度的跛行。局部检查，可见患部关节肿胀、增温而有压痛。一般常感染四肢末端关节。剖检可见关节滑膜腔内有多量脓性分泌物潴留。分泌物呈白色而浓稠，以后随病程经过转为慢性时，其分泌物则变为干酪样。

5. 猪支原体性关节炎与猪钙、磷缺乏症的鉴别

〖相似点〗猪支原体性关节炎与猪钙、磷缺乏症均有体温升高，食欲减退，关节肿大，严重时不能站立等临床症状。

〖不同点〗钙、磷缺乏症患猪体温正常，吃食时多时少，并有吃鸡屎、煤渣、砖块、砂礓、墙皮等异嗜现象，吃食时无"嚓嚓"声，虽步行强拘而不显跛行。剖检内脏无明显变化。

【防制】

1. 预防措施

平时加强饲养管理，搞好圈舍卫生，保持猪体清洁。舍饲时应加强通风，同时密度不要过大。对病猪隔离治疗，全群检查。

2. 发病后措施

治疗急性经过的病猪，于发病后第 1 天开始注射泰乐菌素或林可霉素，每天 1 次，连用 3 天。为减轻疼痛，可注射可的松，但只需注射 1 次，不能反复应用。

三十八、猪放线菌病

猪放线菌病又称大颌病，是一种人畜共患的非接触性传染的慢性传染病。猪放线菌病的主要特征是在乳房部位形成特异性的肉芽肿和慢性化脓灶。

【病原】猪放线杆菌为小杆菌，革兰氏阳性杆菌。猪放线杆菌相当不活泼，大多数菌株可分解麦芽糖和木糖，水解淀粉，不利用其他常见糖类，所有菌株可产生尿素酶。甲基红、过氧化氢酶、吲哚、硝酸钾还原试验阴性，不液化凝固的血清和鸡蛋，在石蕊牛奶中轻度碱化。猪放线杆菌对外界的抵抗力不强，一般消毒药均可迅速将其杀灭。对青霉素、链霉素、四环素、林可霉素和磺胺类等药物敏感。

【流行病学】常寄生在动物口腔、消化道及皮肤上的放线菌可经破损的皮肤和黏膜而感染，本病主要发生于人、牛、猪。其他家畜也可感染发病，其中猪常因乳头损伤而引起感染。本病常呈散发，偶尔可呈地方流行性。

【临床症状及病理变化】病菌主要侵染乳房，受侵染的乳房肿大、化脓和畸形。此外，亦可见到颚骨肿、颈肿、鬐甲肿及鬐甲瘘等。剖检时在乳房等部位的病灶中可见针头大的黄白色硫黄样颗粒状物（放线菌块）。

【防制】

1. 预防措施

加强饲养管理，避免猪乳头及其他部位损伤。

2. 发病后措施

病猪治疗采用外科手术割除脓肿，然后用碘酊纱布填塞，伤口周围注射 10%碘仿乙醚，或者用青霉素注射患部周围。每日 1 次，连用 5 天 1 个疗程。

第二章 猪寄生虫病的类症鉴别诊断及防治

一、猪囊尾蚴病（猪囊虫病）

猪囊尾蚴病是由寄生在人肠道的猪带绦虫的幼虫（猪囊尾蚴）寄生于猪和野猪肌肉中而引起的寄生虫病。

【病原】猪囊虫常寄生在猪的横纹肌里，脑、眼及其他脏器也有寄生。虫体椭圆形，黄豆粒大，为半透明的包囊，长 6～20 毫米，宽 5～10 毫米。囊壁为一层薄膜，囊内充满液体，囊壁上有一个圆形、高粱米粒大小的乳白色小结节，为内翻的头节，整个外形像一个石榴籽，在 37℃、50％胆汁中，头节可以从囊壁内翻出来，镜检可发现头节上有 4 个圆形的吸盘，头节顶端有顶突，有两排角质小钩，内排长外排短，有 20～50 个。

猪囊尾蚴为猪带绦虫的幼虫，虫体长 2～5 米，头节呈球形，直径约 1 毫米，位于虫体前端，颈节细长，长 5～10 毫米，虫体由 700～1000 个节片组成，节片内部构造在鉴别种属上有重要意义。虫卵圆形或椭圆形，直径为 35～42 微米，外有卵壳，卵内为六钩蚴。

猪带绦虫寄生在人的小肠中，虫卵及卵节片随人的粪便排出体外，直接被猪吞食或污染了的饲料、饮水被猪吞食后，在猪小肠内，囊壁破裂，经 24～72 小时孵出六钩蚴。六钩蚴穿过肠壁进入血管，经血液循环到达全身的肌肉里面，经 10 天左右发育为囊尾蚴。囊尾蚴在猪体内以股内侧肌寄生最多，其次为胸深肌、肩胛肌、咬肌、膈肌、舌肌及心肌等处，有时在肺、肝等脏器及脂肪内也有寄生。人吃了未经煮熟的病猪肉或附着在生冷食品上的囊尾蚴后，囊尾蚴进入人的小肠中，以其头节附着在肠壁上，经 2 个多月即可发育为成虫。

【临床症状及病理变化】猪囊尾蚴病多不表现症状，只有在极强感染或某个器官受害时才出现症状，如营养不良，生长受阻、贫血、水肿。寄生在脑部时，呈现癫痫症状或因急性脑炎而死亡；寄生在喉头，则叫声嘶哑，吞咽、咀嚼及呼吸困难，常有短咳；寄生在眼内时可使视觉障碍甚至失明；寄生在肩部及臀部肌肉时，表现两肩显著外张，臀部异常的肥胖、宽阔。剖检猪的横纹肌里，脑、眼及其他脏器寄生有猪囊虫。

【类症鉴别】

1. 猪囊虫病与猪旋毛虫病的鉴别

〖相似点〗猪囊虫病与猪旋毛虫病均有眼泡肿大，肌肉坚硬，运动障碍，吃食吞咽困难，呼吸障碍，叫声嘶哑等临床症状，剖检可见在膈肌、咬肌、舌肌、肋间肌多有虫体寄生。

〖不同点〗猪旋毛虫病是由旋毛虫感染引起的，患猪前期有呕吐、腹泻，后期体温升高，触摸肌肉有痛感或麻痹，但不感到有结节（猪囊虫病触摸时有结节）。剖检剪取膈肌麦粒大小压片，肉眼可见有针尖大的旋毛虫包囊，未钙化的包囊呈露滴状半透明，比肌肉色泽淡（乳白色、灰白色或黄白色）。

2. 猪囊虫病与猪姜片吸虫病的鉴别

〖相似点〗猪囊虫病与猪姜片吸虫病均有贫血、水肿、生长受阻、垂头、步态蹒跚等临床症状。

〖不同点〗猪姜片吸虫病是由姜片吸虫感染引起的，患猪眼结膜苍白，肚大股瘦，拉稀。粪检有虫卵，剖检小肠上端因虫吸有淤点出血和水肿，有弥漫性出血点和坏死病变，并有虫体。

3. 猪囊虫病与猪住肉孢子虫病的鉴别

〖相似点〗猪囊虫病与猪住肉孢子虫病均有食欲减退、体温升高、消瘦、贫血、运动障碍、呼吸困难等临床症状。

〖不同点〗猪住肉孢子虫病是由住肉孢子虫感染引起的，感染严重的猪出现不安，腰无力，后肢僵硬或短期麻痹。剖检可见肾苍白，胸腹水增加，肌肉水样褪色，含有小白点，肌肉萎缩，有结晶颗粒，不见虫体。

【防制】

1. 预防措施

（1）驱虫 在普查绦虫病患者的基础上，积极治疗，消灭传染来源可用灭绦灵及南瓜子、槟榔合剂。使用方法是空腹服炒熟的南瓜子 250 克，20 分钟服槟榔水（槟榔 62 克煎汁而成），再经 2 小时服用硫酸镁 15～25 克，促使虫体排出。驱虫后排出的虫体和粪便应彻底焚烧，以达无害化。

（2）检疫 即加强肉品检验。凡猪肉切面在 40 平方厘米之内有 3 个以上囊虫者，猪肉只能作工业用，不可食用。

2. 发病后措施

处方 1：吡喹酮 50 毫克/千克体重，1 日 1 次，口服，连用 3 天。

处方 2：硫苯咪唑（抗蠕敏）60～65 毫克/千克体重，用豆油配成 6%悬液肌注，或 20 毫克/千克体重口服，隔日 1 次，连服 3 次。

二、猪蛔虫病

猪蛔虫病是由蛔虫寄生于小肠引起的寄生虫病。主要侵害 3～6 月龄的幼猪，导致猪生长发育不良或停滞，甚至造成死亡。在卫生条件不好的猪场及营养不良的猪群中，感染率可达 50%以上。

【病原】病原为蛔科的猪蛔虫，是寄生于猪小肠中的一种大型线虫，新鲜虫体为淡红色或浅黄色，死后变为苍白色，虫体为圆柱形，两头细，中间粗。猪蛔虫的发育不需要中间宿主，为土源性线虫。

雌虫在猪的小肠内产卵，虫卵随猪的粪便排至外界环境中，在适宜的温度（28～30℃）、湿度及氧气充足的条件下，经 10 天左右卵内形成幼虫，即发育为感染性虫卵。感染性虫卵被猪吞食后，在小肠中各种消化液的作用下，卵壳破裂，孵出幼虫，幼虫穿过肠壁进入血管，通过门静脉到达肝脏；或钻入肠系膜淋巴结，由腹腔进入肝脏，在肝脏中经蜕化发育后再经肝静脉进入心脏，经肺动脉到达肺脏,并穿过肺部毛细血管到达肺泡,再到支气管、气管,随黏液逆行到咽,经口腔、咽进入消化道,边移行边发育,共经 4 次蜕化后,历时 2～2.5 个月,最后在猪小肠中发育为成虫。成虫在猪小肠中逆肠蠕动方向做弓状弯曲运动,以黏膜表层物质或肠内容物为食物,在猪体内 7～10 个月后,即随粪便排出,如不继续感染,在 12～15 个月后,肠道中的蛔虫即可被全部排出。虫卵对环境的抵抗力强。如虫卵在疏松湿润的耕土中可生存 2～5 年;在 2% 福尔马林溶液中,虫卵不仅可以生存,而且还能正常发育。10% 漂白粉溶液、3% 克辽林溶液、饱和硫酸铜溶液、2% 苛性钠溶液等均不能将其杀死。在 3% 来苏儿溶液中经 1 周也仅有少数虫卵死亡。一般需用 60℃ 以上的 3%～5% 热碱水或 20%～30% 热草木灰可杀死虫卵。

【临床症状】随猪年龄的大小、体质的强弱、感染程度及蛔虫所处的发育阶段不同而有所不同,一般 3～6 月龄的仔猪症状明显,成年猪多为带虫者,无明显症状,但确是本病的传染源。仔猪在感染初期有轻微的湿咳,体温升高到 40℃ 左右,精神沉郁,呼吸及心跳加快,食欲不振,有异食癖,营养不良,消瘦贫血,被毛粗糙,或有全身性黄疸,有的生长发育受阻,变为僵猪。严重感染时,呼吸困难,急促而无规律,咳嗽声粗历低沉,并有口渴、流涎、拉稀、呕吐,1～2 周好转,或渐渐衰竭而死。

蛔虫过多而堵塞肠管时,病猪疝痛,有的可发生肠破裂死亡。胆道蛔虫病猪开始时拉稀,体温升高,食欲废绝,以后体温下降,卧地不起,腹痛,四肢乱蹬,多经 6～8 天死亡。

6 月龄以上的猪在寄生数量不多时,若营养良好,症状不明显,但多数因胃肠机能遭到破坏,常有食欲不振、磨牙和生长缓慢等现象。

【病理变化】幼虫移行过程中的主要病变在肺脏和肝脏。初期里肺炎病变,肺组织致密,表面有大量出血点或暗红色斑点,可分离获得大量幼虫。肝脏表面有大小不等的白色斑纹。小肠内有大量成虫寄生,肠黏膜呈卡他性炎症、出血或溃疡,肠破裂时可见腹膜炎症和腹膜出血。蛔虫少量寄生时，肠道无明显变化，有时可在胃、胆管、胰脏内查获虫体。

【类症鉴别】

1. 猪蛔虫病与猪流行性腹泻的鉴别

〖相似点〗猪蛔虫病与猪流行性腹泻均有食欲不好、被毛粗乱、消瘦、腹泻和生长缓慢等临床症状。

〖不同点〗猪流行性腹泻是由猪流行性腹泻病毒感染引起的，各种年龄的猪都可发生，年龄较大的猪也可表现临床症状，而猪蛔虫病在年龄较大时症状不明显。

2. 猪蛔虫病与猪传染性胃肠炎的鉴别

〖相似点〗猪蛔虫病与猪传染性胃肠炎均有食欲不好、被毛粗乱、消瘦、腹泻和生长缓慢等临床症状。

〖不同点〗猪传染性胃肠炎是由冠状病毒感染引起的，各种年龄的猪均可发病，10 日龄以内的仔猪病死率很高，较大的或成年猪几乎没有死亡。2 周龄以内的仔猪感染后先出现呕吐，继而排水样或糊状粪便，粪便呈黄色，常夹有未消化的凝乳块，恶臭，体重迅速下降，仔猪明显脱水。断乳猪感染后表现水泻，呈喷射状，粪便呈灰色或褐色，个别猪呕吐，5～8 天后腹泻停止，极少死亡，但体重下降，常表现发育不良，成为僵猪。猪蛔虫病在 3～6 月龄的幼猪症状严重，可表现呼吸困难、深咳，伴有口渴、流涎、呕吐、腹泻症状，病猪不愿走动，多喜躺卧，可经 1～2 周好转，或逐渐虚弱、死亡。

3. 猪蛔虫病与猪肺丝虫病（后圆线虫病）的鉴别

〖相似点〗猪蛔虫病与猪肺丝虫病（后圆线虫病）均有咳嗽、呼吸快、眼结膜苍白等临床症状。

〖不同点〗猪肺丝虫病是由肺丝虫感染引起的，患猪咳嗽时多发生痉挛，一次能咳 40～60 声，没有异嗜、呕吐、拉稀、磨牙等消化道症状。剖检支气管有成虫体。

4. 猪蛔虫病与猪棘头虫病（钩头虫病）的鉴别

〖相似点〗猪蛔虫病与猪棘头虫病（钩头虫病）均有体温升高、

消瘦、贫血、下痢等临床症状。

〖不同点〗猪棘头虫病是由巨吻吸虫感染引起的，在患猪小肠可发现虫体，虫体较蛔虫大（雌虫长 30～68 厘米），前部稍粗，后部较细，体表有横纹。

5. 猪蛔虫病与猪支气管炎的鉴别

〖相似点〗猪蛔虫病与猪支气管炎均有咳嗽，体温在 40℃左右，食欲减退，呼吸迫促等临床症状。

〖不同点〗猪支气管炎不发生呕吐或吐出虫体，眼结膜不苍白，不出现痉挛性疝痛，粪中无虫卵。

6. 猪蛔虫病与猪钙、磷缺乏症的鉴别

〖相似点〗猪蛔虫病与猪钙、磷缺乏症均有食欲时好时坏，异嗜，生长缓慢等临床症状。

〖不同点〗猪钙、磷缺乏症小猪患病后骨骼变形，步态强拘，吃食咀嚼无声。猪蛔虫病缺乏这些表现。

【防制】

1. 预防措施

（1）加强卫生管理　猪舍应每天进行打扫、冲洗，并以 2% 氢氧化钠消毒，以减少虫卵污染。

（2）预防性驱虫　在猪蛔虫流行的猪场，每年应定期以伊维菌素预混剂或兽用敌百虫粉进行 2 次全面驱虫。

（3）粪便无害化处理　猪粪便和垫料清出猪舍后，应运到距猪场较远的地方堆积发酵，或挖坑沤肥，以杀灭蛔虫卵。

2. 发病后措施

处方 1：①氟苯达唑 5 毫克/千克体重，拌料全群混饲，连用 5 天。②硫酸镁 25～50 克/头，拌料全群 1 次混饲，以加速虫体排出。内服驱虫药后，排出的虫体和粪便应彻底清出猪舍后，运到距猪场较远的地方堆积发酵，或挖坑沤肥，以杀灭蛔虫卵。

处方 2：①伊维菌素预混剂（按伊维菌素计）2 克拌料 1000 千克，全群混饲，连用 7 天。每天清扫猪舍，将排出的虫体和粪便运到距猪场较远的地方堆积发酵，或挖坑沤肥，以杀灭蛔虫卵。②健猪散 40～60 克/头，拌料，驱虫后全群混饲，连续 7 天。

处方 3：丙硫咪唑（抗蠕敏），5～20 毫克/千克体重，一次喂服，该药对其他线虫也有作用。或左旋咪唑，4～6 毫克/千克体重，肌内注射，或 8 毫克/千克体重，一次口服。

处方 4：花椒 30 克焙干捣碎，乌梅 30 克研末，加温开水调稀饭喂患猪。

处方 5：使君子 20 克，乌梅 15 克，花椒、苦楝皮（开白花）各 10 克，煎水内服。或使君子、花槟榔、石榴皮各 15 克，研末拌饲料喂患猪。

处方 6：贯众、木香、槟榔、鹤虱、使君子、雷丸各 30 克，黄连 10 克，共研末，每猪每次内服 10～15 克，每天 1～2 次，连用 2～3 天。

三、猪的弓形虫病

弓形虫病是寄生于多种动物细胞内而引起的一种人畜共患的寄生性原虫病。

【病原】弓形虫整个发育过程中分为 5 种类型，即滋养体、包囊、裂殖体、配子体和卵囊。其中滋养体和包囊是在中间宿主（人、猪、犬、猫等）体内形成的，裂殖体、配子体和卵囊是在终末宿主（猫）体内形成的。

弓形虫的发育过程需要中间宿主（哺乳类、鸟类等）和终末宿主（猫科动物）两个宿主。猫吞食了弓形虫包囊或卵囊，子孢子、速殖子和慢殖子侵入小肠黏膜上皮细胞，进行球虫型发育和繁殖，最后产生卵囊，卵囊随猫粪便排出体外污染饮水、饲料和环境，在适宜的条件下，经 2～4 天，发育为感染性卵囊。感染性卵囊通过消化道侵入中间宿主释放出子孢子，子孢子通过血液循环侵入有核细胞，在胞浆中以内出芽的方式进行繁殖。

【流行病学】可通过胎盘、子宫、产道、初乳感染，也可通过猪呼吸道和皮肤损伤感染。采食了被弓形虫包囊、卵囊污染的饲料、饮水或捕食患弓形虫病的鼠雀等也能感染。肉猪多发。本病一年四季均可发生，但夏秋至冬季发病较多。

【临床表现】急性症状表现为食欲减退或废绝，体温升高，呼吸急促，眼内出现浆液或脓性分泌物，流清鼻涕。精神沉郁，嗜睡，数日后出现神经症状，后肢麻痹，病程 2～8 天，常发生死亡。慢性病例则病程较长，表现出厌食，逐渐消瘦，贫血。病畜可出现后肢麻痹，并导致死亡，但多数病畜可耐过。

【病理变化】肝脏肿大，稍硬、有针尖大的坏死灶和出血点。肺稍肿胀、间质增宽，有针尖至粟粒大的出血点和灰白色坏死灶，切面流出多量带泡沫液体。肾、脾有灰白色坏死灶和少量出血点，盲肠和结核有少量黄豆大至榛实大的凹陷的浅溃疡，胃底出血斑点，有片状或带状溃疡。全身淋巴结肿大，灰白色、切面湿润，有粟粒大的灰白色或黄色坏死灶和大小不一的出血点。

【实验室检查】

1. 涂片检查

取呈现急性症状的病猪血液、脏器（肺、肝、脾、肾）、淋巴结（胃、肝门、肺门、肠系膜）或死猪的腹水触片，用姬姆萨氏或瑞氏染色镜检，若发现呈弓形状或新月形、香蕉形、扁豆形的滋养体，即可确诊。

2. 动物接种

将可疑病料接种到小白鼠、天竺鼠或兔的体内，经一定时期后再取被接种动物的腹水或组织涂片，染色镜检其滋养体。

3. 血清学检查

常用色素试验（DT）、血球凝集试验（HA）和皮内试验（ST）。

【类症鉴别】

1. 猪弓形虫病与猪瘟的鉴别

〖相似点〗猪弓形虫病与猪瘟均有精神沉郁，体温升高，皮肤发红、发绀等临床症状。

〖不同点〗猪瘟是由猪瘟病毒感染引起的，虽然可见全身性皮肤发绀，但不见咳嗽、呼吸困难等症状。剖检可见肾脏、膀胱点状出血，脾脏有出血性梗死，慢性病例可见回盲瓣处纽扣状溃疡。肝脏无灰白色坏死灶，肺脏不见间质增宽，无胶冻样物质。

2. 猪弓形虫病与猪丹毒的鉴别

〖相似点〗猪弓形虫病与猪丹毒均有精神沉郁、体温升高、皮肤发红等临床症状。

〖不同点〗急性败血型猪丹毒病猪表现皮肤外观发红，不发绀。病猪粪便不呈暗红色或煤焦油样，无呼吸困难症状。猪丹毒亚急性病例，主要表现皮肤出现方形、菱形的疹块，突起于皮肤表面。剖检可见脾脏呈樱桃红色或暗红色。慢性病例可见心瓣膜有菜花样血栓赘生物。

3. 猪弓形虫病与猪肺疫的鉴别

〖相似点〗猪弓形虫病与猪肺疫均有精神沉郁，体温升高，皮肤发红、发绀，呼吸困难等临床症状。

〖不同点〗猪肺疫胸部听诊可以听到啰音和摩擦音，叩诊肋部疼痛，咳嗽加剧。细胞内的弓形虫剖检可见肺被膜粗糙，有纤维素性薄膜，肺切面呈暗红色和淡黄色如大理石样花纹。

4. 猪弓形虫病与猪链球菌病（败血型）的鉴别

〖相似点〗猪弓形虫病与猪链球菌病均有精神沉郁、体温升高、皮肤发红、呼吸困难等临床症状。

〖不同点〗猪链球菌病的不同病型表现出多种症状，如关节型表现出跛行，神经型表现共济失调、磨牙、昏睡症状。剖检可见脾脏肿大 $1\sim2$ 倍，暗红色或蓝紫色。肾肿大，出血、充血，少数肿大 $1\sim2$ 倍。

5. 猪弓形虫病与猪附红细胞体病的鉴别

〖相似点〗猪弓形虫病与猪附红细胞体病均有精神沉郁、体温升高、皮肤发红、呼吸困难等临床症状。

〖不同点〗猪附红细胞体病表现为咳嗽、气喘，全身发抖，叫声嘶哑。可视黏膜先充血后苍白，轻度黄染，血液稀薄。剖检时血液凝固不良，肝脏表面有黄色条纹坏死区。

6. 猪弓形虫病与猪流行性感冒的鉴别

〖相似点〗猪弓形虫病与猪流行性感冒均有精神沉郁、体温升高、皮肤发红、呼吸困难等临床症状。

〖不同点〗猪流行性感冒的病原是 A 型流感病毒属的猪流感病毒。不同年龄、性别和品种的猪均易感，大多发生在天气骤变的晚秋和早春以及寒冷的冬季。猪突然发热，食欲减退或废绝、衰竭，拥挤打堆，肌肉、关节疼痛，卧地不起，强行驱赶时行走困难，腹式呼吸、气喘，眼结膜炎，眼有分泌物排出，流鼻液、打喷嚏，便秘。病变主要见于呼吸器官。气管黏膜肿胀，潮红，内有大量泡沫样渗出物。肺部病变轻重不一，常发生于尖叶、心叶、中间叶、膈叶的背部与基底部，呈紫红色、坚实、萎缩，界限分明，肺间质增宽。猪弓形虫病常见于仔猪和架子猪，而成年猪较少发生。本病多发生于夏秋季节（5～10 月）。常会导致怀孕母猪发生流产，产死胎或弱仔。病猪腹侧部、股内侧有出血斑点。剖检可见肺脏肿大呈暗红色、间质增宽含多量浆液，切面流出泡沫状液体，肺脏可见由虫体引起的坏死灶。全身淋巴结有大小不等的出血点和灰白色的坏死点，肝脏肿胀，有散在的针尖至黄豆大的灰白色或灰黄色的坏死灶。肾脏的表面和切面有针尖大的出血点。

7. 猪弓形虫病与猪焦虫病的鉴别

〖相似点〗猪弓形虫病与猪焦虫病均有精神沉郁、体温升高、皮肤发红等临床症状。

〖不同点〗猪焦虫病表现呕吐，眼结膜初充血后苍白或黄白。剖检可见全身肌肉出血，特别是肩、腰、背部较为严重，呈红色糜烂状。血液涂片用甲醛固定，姬姆萨-瑞氏混合染色镜检，红细胞内有圆形、环形、椭圆形、单梨形或双梨形的虫体存在。

【防制】

1. 预防措施

① 高温季节要加强饲养管理，注意防暑降温，搞好环境卫生，不要在猪舍内积肥。要保持舍内清洁干燥，防止圈内漏雨，要经常把垫草置于太阳下暴晒，并保持垫草柔软。另外，还要保证猪圈的通风换气，使猪舍内保持清新的空气。定期对环境、用具消毒（用1％来苏儿、3％烧碱、20％石灰水等）。对可能被污染的区域可用

火焰喷灯进行消毒。

② 禁止猫进入猪圈舍，防止猫粪便污染猪饲料和饮水；做好猪圈的防鼠灭鼠工作，禁止猪吃到鼠或其他动物的尸体；禁止用屠宰物或厨房垃圾、生肉汤水喂猪，以防猪吃到患病和带虫动物体内的滋养体和包囊而感染。

2. 发病后措施

处方 1：磺胺二甲氧嘧啶钠预混剂（按磺胺二甲氧嘧啶钠计）0.1 克/千克体重、碳酸氢钠粉 30～100 克/次，拌料混饲，1 次/天，连用 3～5 天。

处方 2：①20％磺胺间甲氧嘧啶钠注射液首次量 100 毫克/（千克体重·次），维持量 50 毫克/（千克体重·次），肌内注射，2 次/天。②碳酸氢钠粉 2～5 克/次，拌料混饲，2 次/天，连用 3～5 天。

处方 3：葡萄糖生理盐水 500～1500 毫升、20％磺胺间甲氧嘧啶钠注射液首次量 100 毫克（维持量 50 毫克）/（千克体重·次）、5％碳酸氢钠注射液 30～50 毫升、10％樟脑磺酸钠注射液 5～15 毫升，静脉注射，2 次/天，连用 3～5 天。

四、猪肺丝虫病

猪肺丝虫病又称猪肺线虫病或猪后圆线虫病，是由后圆科、后圆属的线虫引起的一种寄生虫病。呈地方流行性，幼猪最易感染。肺丝虫寄生于支气管和细支气管，引起支气管炎和支气管肺炎，严重感染会造成大批死亡。

【病原】后圆科、后圆属的线虫，虫体白色，细长。雄虫长 12～26 毫米，雌虫长 20～58 毫米。雌虫在小支气管内产卵，卵随气管分泌物带出，经吞咽后随粪便排出体外。卵在泥土中孵化成幼虫，虫卵或幼虫被蚯蚓吞食，在蚯蚓体内经 10～20 天后发育成为感染性幼虫。吞食这种蚯蚓，在消化道内蚯蚓被消化，幼虫逸出，由肠壁进入肠系膜淋巴结，经淋巴管和肺循环到肺，最后到达支气管发育成成虫。自吞食蚯蚓到发育成成虫需 25～35 天。

【临床症状及病理变化】在轻微感染时，没有症状或不显著，严重感染其症状显著。自感染 1 个多月后，有阵发性咳嗽，鼻流浓厚黄色黏液，呼吸迫促，结膜苍白，食欲减退及体重减轻等症状。有的由于虫体堵塞气管窒息而死。

常引起小叶性肺炎、肺气肿及肺实质中有结缔组织增生伪结节。在肺的膈叶后缘，可见到界限清晰的灰白色微突起的寄生灶，在此部位的小支气管内可找到虫体。确诊本病时，需在粪便中检到虫卵，或在剖检时发现虫体。

【类症鉴别】

1. 猪肺丝虫病与猪气喘病的鉴别

〖相似点〗猪肺丝虫病与猪气喘病均有精神委顿、食欲不振、消瘦、咳嗽、呼吸困难等临床症状。

〖不同点〗猪气喘病虽然有咳嗽，但不是激烈的长时间咳嗽（猪肺丝虫病感染时间长时出现阵发性咳嗽），眼结膜发绀不苍白。一般天气变化容易引起咳嗽，驱赶等应激因素可以使咳嗽加重。剖检可见肺脏呈对称的"肉样变"，或"虾肉样变"，支气管内无虫体。

2. 猪肺丝虫病与猪气管炎的鉴别

〖相似点〗猪肺丝虫病与猪气管炎均有精神委顿、食欲不振、消瘦、咳嗽、呼吸困难等临床症状。

〖不同点〗猪气管炎患猪体温不高，不发生阵发性咳嗽。剖检可见支气管黏膜充血，有黏液，黏膜下水肿，气管、支气管内无虫体。

3. 猪肺丝虫病与猪蛔虫病的鉴别

〖相似点〗猪肺丝虫病与猪蛔虫病均有精神委顿，食欲不振，咳嗽，咳嗽后有吞咽动作，呼吸增速等临床症状。

〖不同点〗猪蛔虫病无痉挛性咳嗽，有时有呕吐、下痢，有时能呕出虫体。

【防制】

1. 预防措施

对猪群定期进行驱虫，圈舍保持清洁干燥，粪便堆积发酵，消灭虫卵；改放牧方式为舍饲方式，防止猪吃到野生蚯蚓；在猪肺丝虫流行的猪场，以伊维菌素预混剂或丙硫苯咪唑（5～10毫克/千克体重）等，每年定期进行2次全面驱虫。

2. 发病后措施

处方1：①氟苯达唑5毫克/千克体重，拌料全群混饲，连用5天。②服药后1～3天，每天清扫猪舍，将粪便运到距猪场较远的地方堆积发酵，或挖坑沤肥。③健猪散40～60克/头，拌料，驱虫后全群混饲，连续7天。

处方2：①伊维菌素预混剂（按伊维菌素计）2克拌料1000千克，全群混饲，连用7天。每天清扫猪舍，将粪便运到距猪场较远的地方堆积发酵，或挖坑沤肥。②健胃散30～60克/头，拌料，驱虫后全群混饲，连续7天。

处方3：左旋咪唑15毫克/千克体重一次肌注，间隔4小时重用1次；也可按8毫克/千克体重，混于饲料或饮水中，对幼虫及成虫均有效。或丙硫苯咪唑10～20毫克/千克体重一次口服。

注：对肺炎严重的病例，应在驱虫的同时，应用青霉素、链霉素注射，以改善肺部状况，迅速恢复健康。

五、猪毛首线虫病

猪毛首线虫病，又称猪鞭虫病，是由毛首线虫寄生在猪肠道内引起的寄生虫病。

【病原】猪毛首线虫为一种乳白色线虫，虫体很明显地分成两部分，头部细长，尾部粗短，虫体外观很像一条鞭子，故又称猪鞭虫病。雄虫尾端呈螺旋状卷曲，体长39～40毫米；雌虫尾直，末端呈圆形，体长40～50毫米。

猪毛首线虫成虫寄生于猪的盲肠内。性成熟的雌虫与雄虫交配排卵后，虫卵随粪便排出体外，在适宜的条件下，经20～30天发育成有侵袭性的虫卵，然后通过猪吃食、饮水、掘地进入猪的消化道，在肠道内幼虫逸出，钻入盲肠黏膜深处，约经1.5个月发育为成虫。

【流行病学】本病一年四季均可发生，但夏秋季多发。各种年龄的猪均可感染，幼龄猪的易感性高，2～4月龄的猪易感染受害，4～6月龄的感染率最高，以后易感性逐渐下降。病猪和带虫猪是本病的传染源，主要通过消化道感染。本病常与其他蠕虫，特别是蛔虫混合感染。

【临床症状】轻度感染时无临床症状，严重感染（虫体达数千条）时，患猪表现日渐消瘦，被毛粗乱，贫血，结膜苍白，顽固性下痢，粪便中带有血丝。随着下痢的发生，患猪瘦弱无力，步行摇晃，食欲消失，渴欲增加，最后衰弱而死。

【病理变化】在大肠尤其是盲肠中可见到大量虫体。虫体寄生部位周围有带血黏液，盲肠和结肠溃疡，并形成肉芽样结节。

【类症鉴别】

1. 猪毛首线虫病与猪坏死性肠炎的鉴别

〖相似点〗猪毛首线虫病与猪坏死性肠炎均有精神委顿、日渐消瘦、腹泻等临床症状。

〖不同点〗猪坏死性肠炎是由坏死杆菌感染引起的传染性疾病，哺乳仔猪至成年猪均有发生，特别是2～5月龄的猪多发。主要表现精神不振，食欲减退，严重腹泻，生长停滞，体重减轻，被毛粗乱，如果病程延长，将会排出黑色焦油样的粪便至明显血样，以后逐渐变淡，特征性厌食，即对食物好奇，但又不吃（猪毛首线虫病表现食欲消失）。猪毛首线虫病可在大肠尤其是盲肠中见到大量虫体。

2. 猪毛首线虫病与猪胃肠卡他的鉴别

〖相似点〗猪毛首线虫病与猪胃肠卡他均有精神委顿、日渐消瘦、腹泻等临床症状。

〖不同点〗猪胃肠卡他表现食欲减退，咀嚼缓慢，体温多半无变化，常有呕吐或逆呕，渴欲强而贪饮，饮后又吐，粪干，眼结膜黄染，口臭。继而肠音增强，病猪时时努责排稀粪。粪便常夹杂黏液或血丝，最后甚至直肠脱出，稀粪污染肛门、后股和尾部。

3. 猪毛首线虫病与仔猪缺铁性贫血的鉴别

〖相似点〗猪毛首线虫病与仔猪缺铁性贫血均有精神委顿、日渐消瘦、被毛粗乱、贫血、结膜苍白等临床症状。

〖不同点〗仔猪缺铁性贫血多发生于生后8～9天，以后随着年龄的增大贫血逐渐加重。表现被毛粗乱，皮肤及可视黏膜淡染甚至苍白，精神不振，食欲减退，离群伏卧，呼吸加快，消瘦，生长不均匀。易继发下痢或与便秘交替出现，腹蜷缩，异嗜，衰竭，血液色淡而稀薄，不易凝固。剖检可见肝肿大，脂肪变性，呈淡灰色，肌肉淡红色。

4. 猪毛首线虫病与猪姜片吸虫病的鉴别

〖相似点〗猪毛首线虫病与猪姜片吸虫病均有精神不振、眼结膜苍白、贫血、被毛粗乱、食欲减少、拉稀、行走摇摆等临床症状。

〖不同点〗猪姜片吸虫病是由布氏姜片吸虫感染引起的，患猪肚大股瘦，眼睑、腹下水肿，剖检可见小肠黏膜脱落呈糜烂状，姜片吸虫多寄生于小肠。

5. 猪毛首线虫病与猪华支睾吸虫病（肝吸虫病）**的鉴别**

〖相似点〗猪毛首线虫病与猪华支睾吸虫病均有食欲减退、贫血、消瘦、下痢等临床症状。

〖不同点〗猪华支睾吸虫病是由华支睾吸虫感染引起的，患猪多因吃生鱼虾而发病，剖检可见胆囊肿大，胆管变粗，胆管胆囊内有很多虫体。

6. 猪毛首线虫病与猪棘头虫病（钩头虫病）**的鉴别**

〖相似点〗猪毛首线虫病与猪棘头虫病均有食欲减退、贫血、消瘦、下痢等临床症状。

〖不同点〗猪棘头虫病是由巨吻棘头虫感染引起的，一般8～10月龄的猪才感染（吃了金龟子的幼虫蛴螬才感染），虫体如穿透肠壁，体温可升至41℃。剖检可见呈乳白色或淡红色、长圆柱形、体表有横纹、体长7～15厘米的雄虫或30～68厘米的雌虫。

7. 猪毛首线虫病与猪食道口线虫病（结节虫病）**的鉴别**

〖相似点〗猪毛首线虫病与猪食道口线虫病均有食欲不振、贫血、消瘦、下痢等临床症状。

〖不同点〗猪食道口线虫病是由食道口线虫感染引起的，患猪剖检可见幼虫在大肠黏膜下形成结节，结节周围有炎症，有齿食道口线虫引起的结节直径为 1 毫米，长尾食道口线虫的结节为 6 毫米，肉眼可见结节为黄色，破裂时形成溃疡。有时回肠也有结节。

8. 猪毛首线虫病与猪球虫病的鉴别

〖相似点〗猪毛首线虫病与猪球虫病均有食欲不振、被毛粗乱、腹泻、消瘦等临床症状。

〖不同点〗猪球虫病是由球虫感染引起的，患猪间歇腹泻，稀粪中不带血液。直肠采粪经系列处理镜检，可见含有孢子的卵囊。

【防制】

1. 预防措施

（1）预防性驱虫　在本病流行的猪场，每年春秋两季对全群猪只各驱虫 1 次，特别是对断奶后到 6 月龄的仔猪，应驱虫 1～3 次，妊娠母猪在产前 3 个月驱虫。

（2）加强饲养管理　对断奶仔猪应给予富含维生素和多种微量元素的饲料，以增强抵抗力，同时大小猪只宜分群饲养。

（3）卫生消毒　保持饲料、饮水清洁，严防被猪粪污染。猪粪和垫草清除出舍后，应堆积发酵；猪舍及用具应定期消毒，可用 2%～5% 热碱水（65℃以上）、生石灰、5%～10% 石炭酸均可杀灭虫卵。

2. 发病后措施

处方 1：左旋咪唑，每千克体重 4～6 毫克，肌内注射；或每千克体重 8 毫克，口服。

处方 2：丙硫咪唑，每千克体重 10 毫克，拌入饲料喂服。

处方 3：丙氧咪唑，每千克体重 10 毫克，拌入饲料喂服。

处方 4：枸橼酸哌嗪（驱蛔灵），每千克体重 0.3 克，拌入饲料喂服。

六、猪肾虫病

猪肾虫病是由有齿冠尾线虫寄生在猪的肾脏内或肾周围脂肪和输尿管壁而引起的寄生虫病。

【病原】猪肾虫是一种形似火柴杆的粗硬线虫，呈暗红色，口囊发达。雄虫长 20～30 毫米，雌虫长 30～45 毫米。虫卵较大，卵壳很薄，呈长椭圆形，灰黑色，卵内有几十个卵细胞。

猪肾虫成虫寄生在猪的肾盂、肾周围脂肪和输尿管壁等处所形成的包囊中。包囊与输尿管相通，虫卵随尿液排出，在外界 3～5 天后成为感染性幼虫。幼虫经猪的口和皮肤进入其体内。经口感染时，幼虫从胃壁经门静脉到肝脏；经皮肤感染时，幼虫随血液到肺脏，再到肝脏；幼虫在肝脏内约 2 个月，再穿过肝表膜进入腹腔，最后到达肾脏及周围组织，寄生发育为成虫，幼虫在猪体内发育为成虫的过程约需 4 个月的时间。

【流行病学】本病多发于热带和亚热带地区，常呈地方性流行。

【临床症状】患猪食欲不振，猪体消瘦，即使轻度感染时也妨碍生长。感染初期，皮肤上可见到炎症和结节，局部淋巴结肿胀，背部拱起，腰部软弱无力。本病常引起患猪后肢无力，走路时后躯有摇摆，喜爱躺卧。严重病例，尿中带有白色黏稠块状物和脓，母猪不孕或流产。哺乳母猪泌乳量减少或缺乏，甚至死亡。

【病理变化】尸体消瘦，皮肤上有丘疹和小结节，淋巴结肿肝内有包囊和脓肿，内有幼虫，肝肿大变硬，结缔组织增生，且可见到幼虫钙化结节，肝门静脉有血栓，内含幼虫。肾盂有脓，结缔组织增生。输尿管壁增厚，常有数量较多的包囊，内有成虫，有时膀胱外围也有包囊，内含成虫，膀胱黏膜充血，腹腔内腹水增多，并可见有成虫，肠系膜及肛门淋巴结淤血。在胸膜壁面和肺脏中均可见有结节或脓肿，脓肿中可找到幼虫。

【类症鉴别】

1. 猪肾虫病与猪痘的鉴别

〖相似点〗猪肾虫病与猪痘均有下腹部皮肤出现丘疹和小结节

等临床症状。

〔不同点〕猪痘是由痘病毒引起的一种传染病。患猪体温升高（41～42℃），2～3天丘疹转为水疱，表面平整中央稍凹成脐状，不久结痂，脱落后留下白色斑而愈合。强行剥痂则溃疡面呈暗红色并有黄白色脓液，再结痂。尿无异常。

2. 猪肾虫病与猪湿疹的鉴别

〔相似点〕猪肾虫病与猪湿疹均有皮肤发生丘疹等临床症状。

〔不同点〕湿疹患猪先发红斑，而后出现粟粒大、豌豆大的丘疹，继成水疱，感染后成脓疱，有奇痒。尿无异常。

3. 猪肾虫病与猪淋巴结脓肿的鉴别

〔相似点〕猪肾虫病与猪淋巴结脓肿均有体表淋巴结肿大等临床症状。

〔不同点〕猪淋巴结脓肿的颌下、咽、耳、颈部淋巴结初期小，15～21天直径可达1～5厘米，有热痛，体温升高，出脓后体温即下降。在未破溃时用注射器抽出脓液涂片，碱性美蓝或革兰氏染色见有散在的或成双排列的短链或椭圆形球菌。尿无异常。

4. 猪肾虫病与猪钙磷缺乏症的鉴别

〔相似点〕猪肾虫病与猪钙磷缺乏症均有食欲不振，后肢无力，走时后躯摇摆，喜卧，仔猪发育停滞等临床症状。

〔不同点〕猪钙磷缺乏症是因钙磷代谢失调而发病。患猪吃食时多时少，有挑食现象，吃食时无"嚓嚓"咀嚼声，有吃煤渣、鸡屎、砖块等异嗜现象，母猪常在分娩后20～40天瘫卧。皮肤不发生丘疹，尿无异常。

5. 猪肾虫病与猪蛔虫病的鉴别

〔相似点〕猪肾虫病与猪蛔虫病的临床症状相似，可根据剖检时发现猪肾虫移行经过的器官病理变化，与猪蛔虫病相鉴别。

〔不同点〕猪蛔虫病发病初期有肺炎变化，肝、肺及支气管等处可见大量幼虫，在小肠可检出蛔虫。蛔虫寄生数量多时，肠道可见卡他性炎症、出血或溃疡。肠破裂时，可见腹膜炎和腹腔内出血。因胆道蛔虫病死亡的猪，可见蛔虫钻入胆管，胆管阻塞。病程长的，有的可见胆管破裂，胆汁外流，肝脏黄染、变硬等病变。凡猪肾虫经过的器官均有病变。如肠系膜淋巴结水肿，肝脏炎症、脓肿和纤维增生。

【防制】

1. 预防措施

猪舍和运动场应保持干燥卫生，并经常进行消毒；发现病猪应严格隔离，并淘汰患病母猪。

2. 发病后措施

处方 1：丙硫苯咪唑，每千克体重 20 毫克，一次内服；或按每千克体重 5 毫克，腹腔注射。

处方 2：驱虫净，每千克体重 20～25 毫克，一次喂服，每天 1 次，连服 2 次。

处方 3：敌百虫，每千克体重 0.1 克，一次内服，每周 1 次，10 次为 1 个疗程。

七、猪姜片虫病

猪姜片虫病，是一种由布氏姜片吸虫寄生于小肠所引起的人畜共患寄生虫病。

【病原】布氏姜片吸虫，虫体外观似姜片，背腹扁平，前端稍尖，后端钝圆，新鲜虫体呈肉红色，虫体大小常因肌肉收缩而变化很大，一般长 20～75 毫米，宽 8～20 毫米，厚 2～3 毫米。

布氏姜片吸虫寄生于人和猪的小肠内；以十二指肠为最多。性成熟的雌虫与雄虫交配排卵后，虫卵随粪便排出体外，经 2～4 周孵出毛蚴，毛蚴于水中游动，遇到中间宿主扁卷螺后侵入其中，发育为胞蚴、母雷蚴和子雷蚴，进一步发育为尾蚴。尾蚴离开螺体，附着在水浮莲、水葫芦、菱角、荸荠等水生植物上，脱去尾部，分泌黏液，形成灰白色、针状大小的囊蚴。猪生食了这样的植物而感染。囊蚴进入猪的消化道后，囊壁被消化溶解，童虫吸附在小肠黏膜上生长发育，经 3 个月左右发育为成虫。布氏姜片吸虫在猪体内的寄生时间为 9～13 个月，死后随粪便排出。

【流行病学】本病主要流行于我国长江流域以南地区，常呈地方性流行，各个品种、各种年龄的猪均可感染，有时犬、兔也可感染。已感染的人、猪是本病的主要传染源，主要通过消化道感染。

【临床症状】患猪轻度感染时症状不明显，严重感染时食欲减退，消化不良，出现胃肠炎、胃溃疡症状，异嗜，生长缓慢，有的表现腹痛，粪中带有黏液及血液。患病后期出现贫血，病猪精神委顿，甚至死亡。

【病理变化】剖检可发现姜片吸虫吸附在十二指肠及空肠上段黏膜上，肠黏膜有炎症、水肿、点状出血及溃疡。大量寄生时可引起肠管阻塞。

【类症鉴别】

1. 猪姜片虫病与猪钙磷缺乏症的鉴别

〖相似点〗猪姜片虫病与猪钙磷缺乏症均有被毛粗乱、食欲不好、消瘦和生长缓慢等临床症状。

〖不同点〗猪钙磷缺乏症表现为异嗜，吃食无咀嚼声，可见到小猪四肢弯曲，关节肿大，母猪产后 20～40 天出现产后瘫痪，叩诊肋骨呻吟。发病地域无南方和北方的界限，发病日龄也无明显的界限。

2. 猪姜片虫病与猪胃肠卡他的鉴别

〖相似点〗猪姜片虫病与猪胃肠卡他均表现体温不高、腹泻，偶尔便秘、消瘦等临床症状。

〖不同点〗猪胃肠卡他以胃部的卡他性炎症为主，表现呕吐、口臭、眼结膜黄染；以肠道为主可见肠音增强，腹泻，肛门四周有粪便。检查粪便不见虫卵，剖检肠道不见虫体，可见胃或肠的卡他性炎症。

3. 猪姜片虫病与猪毛首线虫病的鉴别

〖相似点〗猪姜片虫病与猪毛首线虫病均表现贫血、消瘦、被毛粗乱、腹泻等临床症状。

〖不同点〗猪毛首线虫病体温升高至 39.5～40.5℃，粪便中含有红色血丝或带有棕色血便。剖检可见盲肠、结肠充血、出血、肿胀，有绿豆大小的坏死灶，结肠黏膜暗红，结膜上布满白色细针样虫体，钻入黏膜处形成结节。

4. 猪姜片虫病与猪棘头虫病的鉴别

〔相似点〕猪姜片虫病与猪棘头虫病均表现贫血、消瘦、被毛粗乱、腹泻等临床症状。

〔不同点〕猪棘头虫病表现为发热，体温可达 41℃，有腹痛症状。剖检可见有乳白色或淡红色、柱形、体表有横纹的虫体，虫体比蛔虫大，雄虫长 7～15 厘米，雌虫长 30～65 厘米。

5. 猪姜片虫病与断奶仔猪多系统消瘦衰弱综合征的鉴别

〔相似点〕猪姜片虫病与断奶仔猪多系统消瘦衰弱综合征均表现消瘦、腹泻，被毛粗乱、逆立等临床症状。

〔不同点〕断奶仔猪多系统消瘦衰弱综合征主要发生于断奶仔猪，部分可见黄疸，有呼吸困难的表现，剖检的变化主要是肺炎，肺脏呈花斑状肉样变。淋巴结肿大 2～3 倍。

6. 猪姜片虫病与仔猪水肿病的鉴别

〔相似点〕猪姜片虫病与仔猪水肿病均表现精神沉郁、食欲不振、腹泻等临床症状。

〔不同点〕猪水肿病多发于膘情好、断奶前后的仔猪，除了有水肿外，更主要的是病死率高、有游泳样的神经症状，水肿严重，胃和肠系膜也可见到明显的水肿。发病无地域的界限。粪便检查不见虫卵，剖检不见虫体。

【防制】

1. 预防措施

禁止粪尿流入池塘内，粪便必须经发酵后才能作肥料；水生植物经青贮发酵后喂猪，不要让猪自由采食；由于扁卷螺不耐干旱，故在流行地区，在秋末冬初的干燥季节，挖塘泥晒干，可杀灭螺蛳；在本病流行地区，对猪群每隔 2～3 个月定期消毒 1 次。

2. 发病后措施

处方 1：兽用敌百虫，每千克体重 0.1 克，总重量不超过 7

克，口服。

处方2：硫双二氯酚，每千克体重0.06～0.1克，猪体重在50～100千克以下的用0.1克，体重超过100千克的则用0.06克。

八、猪华支睾吸虫病

猪华支睾吸虫病，俗称肝吸虫病，是由华支睾吸虫寄生于人和猪的胆管和胆囊内所引起的人畜共患病。临床主要以肝脏病变为特征。

【病原】华支睾吸虫虫体扁平，半透明，淡红色，前端稍圆，后端钝圆，形似葵花子。大小为（10～25）毫米×（3～5）毫米；虫卵小，椭圆形，黄褐色，平均大小为（27～35）微米×（12～20）微米，一端有卵盖，一端有一小突起，形似灯泡形，内含毛蚴。

华支睾吸虫的发育需要两个中间宿主，第一中间宿主为淡水螺类，第二中间宿主为淡水鱼虾。华支睾吸虫成虫在人、猪、犬等动物胆道内产卵，卵随胆汁流入肠道内，随粪便排到体外，落入水中，被第一中间宿主吞食后，在其体内孵化为毛蚴，再发育为胞蚴、雷蚴、尾蚴。成熟的尾蚴离开螺体，进入水中，钻到第二中间宿主的肌肉内发育为囊蚴。当带有成熟囊蚴的鱼虾被终末宿主吞食后，幼虫即在十二指肠内破囊而出，进入肝胆管内，经1个月左右发育为成虫。人感染该病与吃生鱼有关，在广东有吃生鱼粥、生鱼片的习惯，在其他地方，人们在野餐时有钓鱼烧着吃的习惯，这都可使鱼体内的囊蚴未被杀死而进入人体。猪感染多是由于人用生鱼虾作饲料而引起的。

【临床症状】轻度感染，症状不明显。严重感染时，主要表现为消化不良，食欲减退，下痢，贫血，水肿，消瘦，轻度黄疸，甚至出现腹水，肝区叩诊有疼痛感。病程多为慢性经过，往往因并发其他疾病而死亡。

【类症鉴别】

1. 猪华支睾吸虫病与猪姜片虫病的鉴别

〖相似点〗猪华支睾吸虫病与猪姜片虫病均有被毛粗乱、食欲不好、消瘦、腹泻和生长缓慢等临床症状。

〖不同点〗猪姜片虫病剖检可见虫体在十二指肠，虫体较大（长 20～75 毫米，宽 8～20 毫米），十二指肠黏膜脱落呈糜烂状，肠壁变薄，严重时发生脓肿。

2. 猪华支睾吸虫病与猪细颈囊尾蚴病的鉴别

〖相似点〗猪华支睾吸虫病与猪细颈囊尾蚴病均有被毛粗乱、食欲不好、消瘦和生长缓慢等临床症状。

〖不同点〗如果囊尾蚴进入肺和胸腔时，病猪表现呼吸困难和咳嗽，如果进入腹腔，可引起腹膜炎，有腹水，腹壁敏感。剖检可在肝脏表面和实质中及肠系膜、网膜上见到大小不等的被结缔组织包裹着的囊状肿瘤样的细颈囊尾蚴。

3. 猪华支睾吸虫病与猪毛首线虫病的鉴别

〖相似点〗猪华支睾吸虫病与猪毛首线虫病均有被毛粗乱、贫血、消瘦、腹泻等临床症状。

〖不同点〗猪毛首线虫病体温较高，达 39.5～40.5℃，顽固性下痢，粪便中含有红色血丝或带有棕色血便。剖检可见盲肠、结肠充血、出血、肿胀，可见有绿豆大小的坏死灶，结肠黏膜暗红，黏膜上布满白色细针样虫体，钻入黏膜处形成结节。

4. 猪华支睾吸虫病与猪食道口线虫病的鉴别

〖相似点〗猪华支睾吸虫病与猪食道口线虫病均有被毛粗乱、贫血、消瘦、腹泻和生长缓慢等临床症状。

〖不同点〗猪食道口线虫病患猪没有食用生鱼虾的经历，没有接触过扁卷螺。剖检可见在大肠黏膜上有黄色结节，有时回肠也有。结节大小为 1～6 毫米。

【防制】

1. 预防措施

禁止饲喂生鱼虾饲料，管理好人、犬等动物的粪便，防止粪便污染水塘，禁止在鱼塘边建筑猪舍和厕所；通过清理鱼塘淤泥，消灭第一中间宿主淡水螺类。另外，在本病流行地区，可对猪、犬等进行定期检查和驱虫，妥善处理其排泄物。

2. 发病后措施

处方1：吡喹酮，是首选的药物，剂量为每千克体重20～50毫克，一次口服。

处方2：六氯酚，每千克体重20毫克，一次口服，每日1次，连用3天。

处方3：丙硫咪唑，每千克体重30毫克，一次口服，每日1次，连用数天。

处方4：六氯对二甲苯，每千克体重50毫克，一次口服，每日1次，连用10天。

九、猪绦虫病

猪绦虫病是由克氏伪裸头绦虫寄生于猪的小肠内引起的一种寄生虫病。

【病原】猪绦虫虫体扁平，带状，乳白色，长97～167厘米，由200多个节片组成，头节上有4个吸盘，无钩，颈长而纤细；每个成熟节片内含有一套生殖器官，睾丸24～43个，呈球形，不规则地分布于卵巢与卵黄腺两侧。生殖孔在体一侧中部开口，雄茎囊短，雄茎经常伸出生殖孔外，卵巢分叶位于体节的中央部。卵黄腺为一实体，紧靠卵巢后部，孕节子宫呈线状，子宫内充满虫卵。卵呈球形，直径为51.8～110微米，棕黄色或黄褐色，内含有六钩蚴。

【流行病学】本病的传播须以昆虫赤拟谷盗为传播媒介。成虫寄生在猪的空肠等部位，孕节随粪便排出体外，被赤拟谷盗吞食，在赤拟谷盗体内经1个月左右发育为似囊尾蚴，猪吞食了被赤拟谷盗污染的饲料、饮水后，在猪的消化道内赤拟谷盗被消化，似囊尾蚴逸出，附着在空肠壁1个月后发育成成虫。如果这种赤拟谷盗进入厨房、卧室，污染食品、餐具等，被人误食后，可引起人体感染。据报道，褐家鼠在病原的传播上起重要作用。

【临床症状及病理变化】轻度感染，无明显的临床症状。重度感染时，多表现为食欲不振，被毛粗乱，消瘦，腹泻，发育不良，虫体较多，甚至引起肠阻塞，可有阵发性腹痛、呕吐、厌食等症状。粪便中混有黏液，寄生部位的黏膜充血，细胞浸润，黏膜细胞变性、坏死、脱落及水肿。

【类症鉴别】

1. 猪绦虫病与猪流行性腹泻的鉴别

〖相似点〗猪绦虫病与猪流行性腹泻均有被毛粗乱、食欲不好、消瘦、腹泻和生长缓慢等临床症状。

〖不同点〗猪流行性腹泻可感染各种年龄的猪，年龄较大的猪也可表现临床症状，而猪绦虫病在年龄较大的猪症状不明显。

2. 猪绦虫病与猪传染性胃肠炎的鉴别

〖相似点〗猪绦虫病与猪传染性胃肠炎均有被毛粗乱、食欲不好、消瘦、腹泻和生长缓慢等临床症状。

〖不同点〗猪传染性胃肠炎在各种年龄的猪均可发病，10日龄以内的仔猪病死率很高，较大的猪或成年猪症状较轻。而猪绦虫病轻度感染，无明显的临床症状；重度感染时，若虫体较多，可有阵发性腹痛、呕吐、厌食等症状。

【防制】

1. 预防措施

注意猪舍和饲料的清洁卫生，防止中间宿主的污染；应注意饮食卫生，防止感染，定期给猪驱虫。猪粪堆积发酵，进行无害化处理后作肥料。

2. 发病后措施

处方 1：吡喹酮，每千克体重15毫克，一次注射，疗效很好。

处方 2：硫双二氯酚，每千克体重30～125毫克，混入饲料中喂服。

处方 3：硝硫氯醚，每千克体重20～40毫克，安全有效。

十、猪球虫病

猪球虫病多见于仔猪，可引起仔猪严重的消化道疾病。成年猪多为带虫者，带虫现象比较普遍，以感染程度低及大多数无致病性为特点。

【病原】猪球虫有 13 种，分属艾美耳属和等孢属，其中以猪等孢球虫和蒂氏艾美耳球虫为常见。猪等孢球虫卵囊呈椭圆形或球形，大小为 (18.7～23.9) 微米×(16.9～20.1) 微米，囊壁单层，光滑无色，长与宽的比例为 1∶1.22，无极粒和内残体。直接从肛门采集的粪样中，有 2% 的卵囊已有孢子形成。囊内有 2 个孢子囊，每个孢子囊内有 4 个香肠状子孢子，一端稍尖，靠近钝端有一个清晰的亚中心核，孢子囊中有一个很大的折射球，常由疏松的颗粒围成，即内残体。

【流行病学】除猪等孢球虫外，一般多为数种混合感染。受球虫感染的猪从粪便中排出卵囊，在适宜的条件下发育为孢子化卵囊，经口感染猪。仔猪感染后是否发病，取决于摄入的卵囊的数量和虫种。仔猪群过于拥挤和卫生条件恶劣时便增加了发病的危险性。孢子化卵囊在胃肠消化液的作用下释放出子孢子，子孢子侵入肠壁进行裂殖生殖及配子生殖，大、小配子在肠腔结合为合子，再形成卵囊随粪便排出体外。感染后 5 天粪检即可发现卵囊。临床上卵囊排出有两个高峰期，分别为 5～7 天和 10～14 天。猪球虫病不论是规模化方式饲养，还是散养，均有发生。猪等孢球虫病主要危害初生仔猪，1～2 日龄的猪感染时症状最为严重，并可伴有传染性胃肠炎、大肠杆菌和轮状病毒感染。被列为仔猪腹泻的重要病因之一。

【临床症状及病理变化】猪等孢球虫的感染以水样或脂样的腹泻为特征，排泄物从淡黄色到白色，恶臭。病猪表现衰弱，脱水，发育迟缓，时有死亡。组织学检查，病灶局限在空肠和回肠，以绒毛萎缩与变钝、局灶性溃疡、纤维素坏死性肠炎为特征，并在上皮细胞内见有发育阶段的虫体。

艾美耳属球虫通常很少有临床表现，但可发现于 1～3 月龄腹泻的仔猪。该病可在弱猪中持续 7～10 天，主要症状有食欲不振，腹泻，有时下痢与便秘交替。一般能自行耐过，逐渐恢复。

【类症鉴别】

1. 猪球虫病与猪胃肠卡他的鉴别

〖相似点〗猪球虫病与猪胃肠卡他均表现精神不振、粪便有时稀有时干等临床症状。

〖不同点〗猪胃肠卡他粪便检查无虫卵，空肠和回肠黏膜不出现纤维素性坏死，发病日龄无明显的界限。而球虫病主要发生在7～11日龄的原来健康的哺乳仔猪。

2. 猪球虫病与猪毛首线虫病的鉴别

〖相似点〗猪球虫病与猪毛首线虫病均表现精神不振、间歇性腹泻、仔猪多发、逐渐消瘦等临床症状。

〖不同点〗毛首线虫病的病原是毛首线虫，患猪结膜苍白贫血，严重感染时，严重腹泻，有时夹有红色血丝或带棕色的血便。剖检可见结肠、盲肠充血、出血、肿胀，有绿豆大小的坏死灶，结肠黏膜暗红色，黏膜上布满乳白色细针尖样虫体，虫体前部钻入黏膜内。

3. 猪球虫病与猪食道口线虫病的鉴别

〖相似点〗猪球虫病与猪食道口线虫病均表现消瘦、下痢、发育障碍等临床症状。

〖不同点〗食道口线虫病的病原是食道口线虫，患猪没有食用鱼虾的经历，没有接触过扁卷螺。剖检可见在大肠黏膜上有黄色结节，有时回肠也有。结节大小为1～6毫米。

【防制】

1. 预防措施

（1）产生特异性免疫力　本病可通过控制幼猪食入孢子化卵囊的数量进行预防，目的是使建立的感染产生免疫力而又不引起临床症状。这在饲养管理条件较好时尤为有效。

（2）科学饲养管理　新生仔猪应初乳喂养，保持幼龄猪舍环境清洁、干燥。饲喂用具、饮水器应定期消毒，防止粪便污染。尽量减少因断奶、突然改变饲料和运输产生的应激因素。

（3）药物预防　母猪在产前2周和整个哺乳期饲料内添加250

毫克/千克的氨丙啉，对等孢球虫病可达到良好的预防效果。

2. 发病后措施

发生球虫病时，可采用百球清、地克株力、盐霉素、莫能霉素、马杜拉霉素等药物治疗。

十一、猪疥螨病

猪疥螨病俗称疥癣、癞，是由疥螨虫寄生在猪皮肤内引起的一种慢性皮肤病，以剧烈瘙痒和皮肤增厚、龟裂为临床特性。本病是规模化养猪场中最常见的疾病之一。

【病原】猪疥螨虫体小，肉眼不易看见。疥螨是不完全变态的节肢动物，其发育过程包括卵、幼虫、若虫和成虫四个阶段。疥螨钻入宿主皮肤表皮层挖掘隧道，虫体在隧道内发育繁殖。隧道每隔相当一段距离即有小孔与外界相通，用以通气和作为幼虫的出入通道。雌虫与雄虫在隧道内交配，交配后雄虫死亡，雌虫产卵，卵孵化出幼虫，幼虫爬到皮肤表面，在毛孔间的皮肤上挖小穴，在穴内蜕变为若虫。若虫钻入皮肤，形成狭而浅的穴道，并在其内蜕变为成虫。疥螨的整个发育过程为 8～22 天，平均为 14 天，雌虫的寿命为 28～35 天。

【流行病学】各种类型和不同年龄的猪都可感染本病，但 5 月龄以下的幼猪，由于皮肤细嫩，较适合螨虫的寄生，所以发病率最高，症状严重。成猪感染后，症状轻微，常成为隐性带虫者和散播者。传染途径有两种，一是健康猪与病猪直接接触而感染，二是通过污染的圈舍、垫草、饲管用具等间接与健康猪接触而感染。圈舍阴暗潮湿、通风不良，以及猪只营养不良，为本病的诱因。发病季节为冬季和早春，炎热季节，阳光照射充足，圈舍干燥，不利于疥螨的繁殖，患猪症状减轻或康复。

【临床症状】疥螨病多发生于 5 月龄以下的猪，最初常出现在眼周围、颊部和耳部等处。有时可蔓延到腹部和四肢。痒感剧烈，常在栏杆、圈墙等处摩擦，有时患部因摩擦而脱毛、出血，有时可见有渗出液结成的硬痂皮。皮肤弹性降低，出现皱褶或龟裂。病程延长时，食欲减退，营养不良，甚至发生死亡。

【实验室检查】采取病料压片，进行显微观察即可做出确切诊断。

【类症鉴别】

1. 猪疥螨病与猪湿疹的鉴别

〖相似点〗猪疥螨病与猪湿疹均有皮肤发红，有丘疹、水疱、瘙痒、擦伤、结痂等临床症状。

〖不同点〗湿疹患猪先出现红斑、微肿，而后出现丘疹（豌豆大），水疱破裂后出现鲜红的溃烂面。病变皮肤刮取物检不出疥螨。

2. 猪疥螨病与猪皮肤真菌病的鉴别

〖相似点〗猪疥螨病与猪皮肤真菌病均有皮肤潮红、瘙痒、擦痒，有痂皮覆盖等临床症状。

〖不同点〗猪皮肤真菌病的病原是致病性真菌，多发生于头、颈、肩部手掌大的有限区域，几乎不脱毛，经4～8周能自愈，取患部毛或搔脱物镜检有菌丝或孢子存在。

3. 猪疥螨病与猪虱病的鉴别

〖相似点〗猪疥螨病与猪虱病均有皮肤瘙痒、擦痒、不安、消瘦等临床症状。

〖不同点〗猪虱病的病原是猪虱，在患猪下颌、颈下、腋间、内股部皮肤增厚，可找到猪虱。

【防制】

1. 预防措施

经常观察猪群，检查有无脱毛、发痒现象，发现可疑病猪，应立即隔离并查明原因，给予治疗。

2. 发病后措施

猪群中发现疥螨病时，以伊维菌素预混剂（按伊维菌素计）2克拌料1000千克，全群混饲，连用7天。病猪采用下列处方治疗。

处方1：①患部及其周围剪毛，除去污垢和痂皮，以温肥皂水或2%温来苏儿刷洗。②以硫黄软膏涂抹患部，2次/天，直至痊愈。

处方2：①1％伊维菌素注射液 0.3 毫升/千克体重，皮下注射。如不能痊愈，可每隔 7 天用药 1 次，连用 2～3 次。②以硫黄软膏涂抹患部，2 次/天，直至痊愈。

处方3：烟丝 50 克，食醋 500 毫升，煎水滤渣取液擦患处，每天 2～3 次，连用 3～4 天。或硫黄粉 1 份，棉籽油 10 份，混匀擦患部，每天 1～2 次，连用 3～4 天。或棉叶适量，煎水洗患部，每天 1～2 次，连用 3～4 天。

十二、猪虱病

猪虱病是一种由猪虱寄生于猪体表面而引起的体表寄生虫病。

【病原】猪虱体形较大，肉眼容易看见。雄虫长 3.5～4.1 毫米，雌虫长 4～6 毫米。体形扁平，呈灰黄色，体表有小刺。虫体由头、胸、腹三部分组成。虫卵呈长椭圆形，黄白色，着于被毛上。

雌虱日产卵 1～4 枚，一生可产卵 50～80 枚。在产卵时能分泌一种物质，可把虫卵黏附在毛上或鬃上。虫卵经过 12～15 天孵化出幼虱，幼虱吸食血液，再经过 10～14 天，脱皮 3 次，发育为成虫。性成熟的雌虱与雄虱交配，经过 10 天左右开始产卵。猪虱终生生活在猪体上，离开猪体后能生活 1～10 天。当患猪与健康猪接触时，猪虱就可以爬到健康猪身上。

【流行病学】本病各种年龄的猪均有感染性，一年四季均可发生，但以寒冷季节感染严重。带虫猪是传染源，通过直接或间接接触传播，在场地狭窄、猪只密集拥挤、管理不良时最易感染。也可通过垫草、用具等引起间接感染。

【临床症状】猪虱多寄生于耳朵周围、体侧、臀部等处，严重时全身均可寄生。成虫叮咬吸血刺激皮肤，引起皮肤发炎，出现小结节，猪经常搔痒和磨蹭，造成被毛脱落、皮肤损伤。幼龄仔猪感染后，症状比较严重，常因瘙痒不安，影响休息、食欲乃至生长发育。

【类症鉴别】

1. 猪虱病与猪感觉过敏的鉴别

〖相似点〗猪虱病与猪感觉过敏均有体表痛痒，擦痒造成皮肤损伤，被毛脱落等临床症状。

〖不同点〗猪感觉过敏是因吃荞麦或其他致敏饲料而发病，皮肤上出现疹块和水肿，重时疹块成脓疱，破溃结痂。白天有阳光时症状加重，夜里症状减轻，体表无虱。

2. 猪虱病与猪的皮肤霉菌病的鉴别

〖相似点〗猪虱病与猪的皮肤霉菌病均有皮肤痛痒的临床症状。

〖不同点〗猪皮肤霉菌病的病原是霉菌，患猪皮肤中度潮红，不脱毛，有小水疱，有痂皮覆盖。取患部毛或搔脱物，加 10％氢氧化钾镜检，可见菌丝和孢子，体表无虱。

3. 猪虱病与猪锌缺乏症的鉴别

〖相似点〗猪虱病与猪锌缺乏症均有消瘦、皮肤瘙痒、擦痒造成皮肤损伤等临床症状。

〖不同点〗猪锌缺乏症是因缺锌而发病，患猪皮肤有小红点，经 2～3 天后破溃结痂，重时连片。皮肤粗糙呈网状干裂，同时一蹄或数蹄出现纵裂或横裂，蹄壁无光泽。血清锌含量由正常的 0.98 微克/毫升降到 0.22 微克/毫升。体表无虱。

4. 猪虱病与猪疥螨病的鉴别

〖相似点〗猪虱病与猪疥螨病均有皮肤瘙痒、不安、消瘦、擦痒等临床症状。

〖不同点〗猪疥螨病的病原是疥螨，患猪体表无虱，患部刮取物放在黑纸或黑玻片上在光亮处用放大镜可见活的疥螨。

【防制】

1. 预防措施

保持圈舍通风透光、干燥清洁，冬春季节勤换垫草；猪群不能过于拥挤，定期消毒圈栏、用具等；新引进的猪应仔细检查，确定无虱才能合群饲养；对猪群定期进行驱虫消毒，对病猪及时治疗。

2. 发病后措施

处方 1：敌百虫，溶解在水中，配成 1‰～3‰浓度喷洒猪体或患部。间隔 10～14 天再用 1 次，效果更好。敌百虫水溶液要现配，不宜久存。

处方 2：伊维菌素，猪每千克体重 0.3 毫克，皮下注射或浅层注射。

处方 3：双甲脒，国产双甲脒为 12.5‰乳油剂 40 毫升比例，喷体，现用现配，间隔 10 天左右再用 1 次。用于预防可每隔 2 个月喷洒 1 次。

第三章 中毒病的类症鉴别诊断及防治

一、食盐中毒

【病因】由于采食含盐分较多的饲料或饮水，如泔水、腌菜水、饭店食堂的残羹、洗咸鱼水或酱渣等喂猪，配合饲料时误加过量的食盐或混合不均匀等而发生。饮水是否充足，对食盐中毒的发生更具有绝对的影响。本病各种动物都可发生，猪较常见。

【临床症状】病猪初期，食欲减退或废绝，便秘或下痢。接着，出现呕吐和明显的神经症状，病猪表现兴奋不安，口吐白沫，四肢痉挛，来回转圈或前冲后退，病重病例出现癫痫状痉挛，隔一定时间发作 1 次，发作时呈角弓反张或侧弓反张姿势，甚至仰翻倒地，四肢游泳状划动，最后四肢麻痹，昏迷死亡。病程一般为 1～4 天。

【病理变化】一般无特征性变化，仅见软脑膜显著充血，脑回变平，脑实质偶有出血。胃肠黏膜呈现充血、出血、水肿，有时伴发纤维素性肠炎。常有胃溃疡。慢性中毒时，胃肠病变多不明显，主要病变在脑，表现大脑皮层的软化、坏死。

【类症鉴别】

1. 猪食盐中毒与猪传染性脑脊髓炎的鉴别

〖相似点〗猪食盐中毒与猪传染性脑脊髓炎均有体温升高（40～41℃），盲目行走，不断咀嚼、阵发痉挛，向前冲或转圈及角弓反张等临床症状。

〖不同点〗猪传染性脑脊髓炎是由猪传染性脑脊髓炎病毒感染引起的一种传染病。患猪出现前肢前移，后肢后移，四肢僵硬，声响刺激能激起大声尖叫，但没有采食含盐量多的食物。用病猪脑脊髓制成悬液接种易感小猪，可出现特征性症状和中枢神经系统特征性典型病变。

2. 猪食盐中毒与猪流行性乙型脑炎的鉴别

〖相似点〗猪食盐中毒与猪流行性乙型脑炎均有体温升高（40～41℃），食欲不振，呕吐，眼潮红，昏睡，粪便干燥，心跳快，后躯麻痹等临床症状。

〖不同点〗猪流行性乙型脑炎是由猪流行性乙型脑炎病毒感染引起的一种传染病。患猪不发生抽搐、前冲、奔跑、转圈、角弓反张、癫痫发作等神经兴奋表现，7～8 月发病，母猪流产，公猪睾丸炎。没有采食含盐量多的食物。

3. 猪食盐中毒与猪癫痫病的鉴别

〖相似点〗猪食盐中毒与猪癫痫病均有突然发作，口吐白沫，卧地痉挛，经一间歇时间再度发作等临床症状。

〖不同点〗癫痫患猪不是因为采食含盐多的食物而发病，发作结束后即恢复正常，略显疲惫。

4. 猪食盐中毒与猪脑震荡的鉴别

〖相似点〗猪食盐中毒与猪脑震荡均有倒地昏迷、口吐白沫、四肢做游泳动作等临床症状。

〖不同点〗脑震荡患猪是因跌撞或受打击而发病，而不是因为吃含盐多的食物而发病，发作结束后有一段清醒时间，不出现其他中毒症状。

5. 猪食盐中毒与猪痢特灵中毒的鉴别

〖相似点〗猪食盐中毒与猪痢特灵中毒均有口吐白沫，肌肉震颤，瞳孔散大，角弓反张，卧地四肢做游泳动作等临床症状。

〖不同点〗猪痢特灵中毒是因吃痢特灵过量而发病，患猪精神沉郁，皮肤发红，很快出现兴奋鸣叫，即使卧地不起也还有饮食欲，体温无变化。取残渣置滤纸或瓷板上，加 10%氢氧化钠 1 滴，有呋喃唑酮或呋喃丙胺显红色（呋喃丙胺加热促使水解后放出异丙胺则变蓝色），有硝基呋喃妥因显橘黄色并渐变为橙红色。

6. 猪食盐中毒与猪土霉素中毒的鉴别

〖相似点〗猪食盐中毒与猪土霉素中毒均有肌肉震颤，黏膜潮红，兴奋不安，口吐白沫，瞳孔散大等临床症状。

〖不同点〗猪土霉素中毒是因过量注射土霉素而发病，一般注射土霉素几分钟后即出现症状。患猪反射消失，站立不稳，张口呼吸，呈腹式呼吸。

【防制】

1. 预防措施

供给充足的饮水。利用含盐残渣废水时，必须适当限量，并配合其他饲料。日粮中含盐量不应超过 0.5％，并混合均匀。

2. 发病后措施

立即停喂含盐饲料和饮水，改喂稀糊状饲料，口渴应多次少量饮水；急性中毒猪，用 1％硫酸铜 50～100 毫升，促进胃肠内未吸收的食盐泻下，并保护胃肠黏膜。使用下列处方治疗。

处方 1：①15％葡萄糖酸钙 100～300 毫升/次、10％葡萄糖注射液 500～1000 毫升/次，静脉注射，1～2 次/天，连用 2～3 天。②硫酸镁 20～40 克/次，加水适量，灌服。

处方 2：①25％葡萄糖注射液 250～500 毫升/次、10％安钠咖 5～15 毫升，静脉注射，1～2 次/天，连用 2～3 天。②双氢氯噻嗪 2～3 毫克/千克，一次内服，1～2 次/天，连用 1～2 天。

二、猪霉败饲料中毒

【病因】饲料保管和储存不善，如淋雨、水泡、潮湿、加工调制不当等，给霉菌和腐败菌创造了生长繁殖条件，使饲料发霉、腐败变质，产生大量的有毒物质，如蛋白质的分解产物和细菌毒素（黄曲霉毒素、赤霉菌毒素、棕曲霉毒素、黄绿青霉素等）等。当猪采食霉败变质的饲料后，很快就会引起急性中毒。若长期少量饲喂这种饲料，也会引起慢性中毒。

【临床症状】猪中毒后，初期表现为精神不振，食欲减退，结膜潮红，鼻镜干燥，磨牙，流涎，有时发生呕吐，便秘，排便干而少，后肢行走不稳。病情继续发展，食欲废绝，吞咽困难，腹痛拉稀，粪便腥臭，常带有黏液和血液。最后病情发展更严重时，病猪卧地不起，失去知觉，呈昏迷状态，心跳加快，呼吸困难，全身痉挛，腹下皮肤出现紫红斑。病初体温升高到 40～41℃，病后期体温下降。慢性中毒时，表现为食欲减退，消化不良，猪体日益消瘦。妊娠母猪常引起流产，哺乳母猪乳汁减少或无乳。

【病理变化】胃黏膜发红有出血斑，胃壁肿胀，肠系膜呈姜黄色。心外膜有出血点，心内膜有多量出血。膀胱黏膜充血或出血，肺有不同程度的水肿，肝肿大、呈黄色。

【类症鉴别】

1. 猪霉败饲料中毒与猪传染性脑脊髓炎的鉴别

〖相似点〗猪霉败饲料中毒与猪传染性脑脊髓炎均有废食、后躯软弱，步态失调、肌肉震颤等临床症状。

〖不同点〗猪传染性脑脊髓炎是由猪传染性脑脊髓炎病毒感染引起的一种传染病。患猪四肢僵硬，前肢前移，后肢后移，不能站立，常易跌倒，有剧烈的阵发性痉挛，受刺激时能引起角弓反张，声响也能引起大声尖叫，惊厥期持续 24～36 小时。剖检可见脑膜水肿，脑膜和脑血管充血，心肌、骨骼肌萎缩。没有饲喂发霉饲料史。

2. 猪霉败饲料中毒与猪钩端螺旋体病的鉴别

〖相似点〗猪霉败饲料中毒与猪钩端螺旋体病均有精神不振、食欲减退、粪干、皮肤发红、发痒、结膜潮红等临床症状。

〖不同点〗猪钩端螺旋体病是由钩端螺旋体感染引起的一种传染病。患猪皮肤干燥发痒，有的上下颌、颈部甚至全身水肿，进入猪圈即感到腥臭味。剖检可见皮肤、皮下组织黄疸，膀胱黏膜有出血，并积有血红蛋白尿，肾肿大、淤血，慢性间质有散在的灰白色病灶。用血或尿经 1500 转/分钟离心 5 分钟或用脏器作悬液，再离心涂片镜检，可见钩端螺旋体呈细长弯曲状，可活泼地进行旋转而呈 "8" "J" "C" "S" 状。

【防制】

1. 预防措施

要禁止用霉败变质的饲料喂猪，若饲料发霉较轻而没有腐败变质，经暴晒、加热处理等，可以限量投喂。

2. 发病后措施

发现中毒后，要立停喂霉败饲料，改喂其他饲料，尤其是多喂些青绿多汁的饲料。治疗时可采取排毒、强心补液、对症治疗胃肠炎等措施，如用硫酸钠或硫酸镁 30～50 克，一次加水内服；用 10%～25%葡萄糖溶液 200～400 毫升、维生素 C 10～20 毫升、10%安钠咖 5～10 毫升，混合一次静脉或腹腔注射；用氯霉素按每千克体重 0.01～0.03 克，肌内注射，每日 1～2 次；磺胺脒 1～5 克，加水内服，每日 2 次。

三、猪亚硝酸盐中毒

【病因】青菜类饲料（如白菜、卷心菜、萝卜叶、甜菜叶、野生青菜等）均含有一定量的硝酸盐和少量的亚硝酸盐，当长期堆积发生腐烂，或用火焖煮且长久焖在锅内储存时，其中的硝酸盐大量转为毒性的亚硝酸盐，这些亚硝酸盐被猪吃进体内后，猪血液中氧合血红蛋白转变成高铁血红蛋白，失去携氧能力，导致全身组织器官缺氧、呼吸中枢麻痹而死亡。

【临床症状】患猪表现为食后 10～30 分钟突然发病，狂躁不安，有疼痛感，呕吐流涎，呼吸困难，心跳加快，走路摇摆乱撞、转圈。皮肤、耳尖、嘴唇及鼻盘等部位开始苍白，后变为青紫色，四肢及耳发凉，体温下降，倒地痉挛，口吐白沫，如不及时抢救，会很快死亡。中毒轻者可逐渐恢复。

【病理变化】血液呈酱油色，凝固不良，胃内充满食物，胃肠黏膜呈现不同程度的充血、出血，肝、肾呈乌紫色，肺充血，气管和支气管黏膜充血、出血，管腔中充满带红色的泡沫状液，心外膜、心肌有出血斑点。严重病例，胃黏膜脱落或溃疡。

【类症鉴别】

1. 猪亚硝酸盐中毒与猪氢氰酸中毒的鉴别

〔相似点〕猪亚硝酸盐中毒与猪氢氰酸中毒均有食后不久发病，呕吐，流涎，腹痛，呼吸困难，惊厥，痉挛，皮肤和可视黏膜先发绀后变苍白等临床症状。

〖不同点〗猪氢氰酸中毒是因病前所采食木薯、高粱、玉米嫩苗、亚麻粒或桃、李、杏、梅的果仁和叶而发病。患猪牙关紧闭，眼球转动或突出，头常歪向一侧。剖检可见血液鲜红、凝固不良，胃内容物有杏仁味。取被检材料5～10克加适量水调成糊状，加10％硫酸呈酸性，瓶口加盖滤纸，并先在滤纸中心滴2滴20％硫酸亚铁及2滴10％氢氧化钠，小心缓慢加热，数分钟后气体上升，再在滤纸上加10％盐酸，若被检材料有氰化物存在，则滤纸中心呈蓝色，阴性反应滤纸中心呈黄色。

2. 猪亚硝酸盐中毒与猪毒芹中毒的鉴别

〖相似点〗猪亚硝酸盐中毒与猪毒芹中毒均有采食后发病不安，流涎，呕吐，抽搐，呼吸迫促，卧地不起等临床症状。

〖不同点〗猪毒芹中毒是因采食毒芹而发病，患猪病初兴奋不安，常呈右侧横卧的麻痹状态，若使左侧卧则高声尖叫，恢复右侧卧则安静，血液稀薄发暗。取胃内容物或脑、实质脏器捣碎经提取处理后的残渣溶于少量水中，置载玻片上加盐酸2滴，蒸干即残留盐酸毒芹碱的结晶（镜检为无色或淡黄色针状或柱状结晶，并有折光性虹彩），残渣加0.5％高锰酸钾的浓硫酸溶液呈紫色。

3. 猪亚硝酸盐中毒与猪有机氟化物中毒的鉴别

〖相似点〗猪亚硝酸盐中毒与猪有机氟化物中毒均有呕吐，全身震颤，四肢抽搐，尖叫，瞳孔散大，昏迷等临床症状和剖检血液凝固不良，胃黏膜充血脱落、气管有泡沫的病理变化。

〖不同点〗猪有机氟化物中毒是因食入被有机氟化物污染的饲料、饮水而发病，患猪病初惊恐、尖叫，向前直冲，不避障碍，角弓反张，出现缓和后又会重新发作。用羟肟酸反应法检验，如有氟乙酰胺呈现红色。

4. 猪亚硝酸盐中毒与猪苦楝中毒的鉴别

〖相似点〗猪亚硝酸盐中毒与猪苦楝中毒均有绝食，呕吐，流涎，皮肤发绀，体温下降，四肢发凉，心跳快速，呼吸困难，痉挛，倒地不起等临床症状和血液暗红，凝固不良的病理变化。

〖不同点〗猪苦楝中毒是因吃苦楝或楝皮驱虫而发病，患猪卧地不起，强迫其行走则四肢发抖，强迫站立则头触地，前肢跪下，后肢弯曲。剖检可见气管有白色泡沫（不是血色泡沫），腹水色黄、浑浊而黏稠。胃贲门区黏膜布满粟粒大的灰白色中央凹陷的小点，十二指肠黏膜呈泥土色，内容物有赭色气泡，空肠黏膜鲜红色，小肠后段乌红色。

5. 猪亚硝酸盐中毒与猪桱麻中毒的鉴别

〖相似点〗猪亚硝酸盐中毒与猪桱麻中毒均有绝食，呕吐，流涎，瞳孔散大，呼吸困难，心跳超过 100 次/分钟，黏膜、皮肤发绀等临床症状以及血液凝固不良。

〖不同点〗猪桱麻中毒是因吃桱麻籽或其粉而发病，患猪伸舌磨牙，腹泻初灰白色后变黑红色，有腥臭，呼吸如拉风箱，后期体温升至 41～41.5℃。剖检可见回肠后段和大结肠有大小不同的出血斑，在出血严重的部位，覆有一层厚纤维素伪膜。有的盲肠肿胀肥大，有类似猪瘟的溃疡。

【防制】

1. 预防措施

饲料必须清洁、新鲜，堆放在通风的地方，经常翻动，不使其霉烂；不用发热霉烂的菜叶喂猪，青饲料要鲜喂，切忌蒸煮加盖焖熟。

2. 发病后措施

如发病，尽快剪耳断尾放血，静脉或肌内注射 1% 的美蓝溶液，每千克体重 1 毫克，口服或注射大剂量维生素 C，静脉注射葡萄糖溶液。

四、棉籽饼中毒

棉籽饼中毒是由于猪吃了含有棉酚的棉籽饼而引起的一种急性和慢性中毒病。主要表现胃肠、血管和神经上的变化。

【病因】棉籽饼含有较高的粗蛋白（30%～42%）和多种必需氨基酸，为猪常用的廉价蛋白质饲料，但未经处理的棉籽饼含有棉酚。猪对棉酚非常敏感，一般 0.4～0.5 克便能使猪中毒甚至死亡。长期饲喂，虽然量少，但棉酚色素排泄缓慢，也可因蓄积而引起中毒。当饲料中蛋白质和维生素 A 不足时，也可促使中毒病的发生。以仔猪最易发生。

【临床症状】急性中毒可见食欲废绝，粪干，个别可见呕吐，低头呆立，行走无力，或发生间歇性兴奋，前冲，或抽搐。呼吸高度困难，鼻流清液。有的可见尿中带血，皮肤发绀，或见胸腹下水肿。个别体温达 41℃ 以上。怀孕猪流产。慢性中毒可见精神不振，食欲减少、异嗜，粪干、常带有血丝黏液，喜饮水，尿黄。仔猪中毒后症状更加严重，可见不安、发抖、可视黏膜发绀。呼吸困难、粪软或拉稀、体温升高，后期脱水死亡。

【病理变化】胸、腹腔有红色渗出液，气管、支气管充满泡沫状液体，肺充血、水肿，心内外膜有淤血点，胃肠黏膜有出血斑点，全身淋巴结肿大。

【类症鉴别】

1. 猪棉籽饼中毒与猪丹毒（疹块型）的鉴别

〖相似点〗猪棉籽饼中毒与猪丹毒均有精神不振，皮肤有疹块，腹下潮红，体温高（41℃），孕猪流产等临床症状。

〖不同点〗猪丹毒是由猪丹毒杆菌感染引起的一种传染病，患猪病势较缓慢和轻微，疹块呈方形、菱形、圆形，高出于皮肤，出现疹块后体温下降，多经数日能自行恢复。不出现昏睡、胸腹下水肿。采耳静脉血或切开疹块挤出血液和渗出液涂片，染色镜检可见猪丹毒杆菌。没有饲喂棉籽饼史。

2. 猪棉籽饼中毒与猪桑葚心病的鉴别

〖相似点〗猪棉籽饼中毒与猪桑葚心病均有精神沉郁、绝食，肌肉震颤，皮肤有丹毒样疹块等临床症状和心内、外膜有出血点的病理变化。

〖不同点〗猪桑葚心病多在应激因素下突然发病，剖检可见心包、胸腹腔有草黄色积液，暴露于空气中凝结成块，心肌广泛出血，呈斑点状或条纹状，如同紫红色的桑葚。肺、肝、肾、胃、肠淤血水肿，腹股部及剑状软骨附近的肌肉、肌间结缔组织水肿。患猪没有饲喂棉籽饼史。

3. 猪棉籽饼中毒与猪菜籽饼中毒的鉴别

〖相似点〗猪棉籽饼中毒与猪菜籽饼中毒均有精神沉郁，拱腰，后肢软弱，减食或废食，流鼻液，下痢带血，心跳、呼吸加快等临床症状；剖检均可见气管有泡沫，胸腔有积液，心内膜有出血，胃肠有出血性炎症等病理变化。

〖不同点〗猪菜籽饼中毒是因吃了未去毒的菜籽饼而发病，肾区有压痛，频尿，尿血，排尿痛苦，尿液落地起泡沫且很快凝固。剖检可见喉气管有淡红色泡沫。肝肿大，膈面呈黄褐色或暗红色，其他部位黄绿色。肾被膜易剥离，表面呈黄色或灰白色，有淤血或出血点，切面皮质、髓质界限不清。

【防制】

1. 预防措施

哺乳母猪及仔猪最好不喂棉籽饼；加热减毒榨油时最好能经过炒、蒸的过程，使游离的棉酚变为结合棉酚，以减轻棉酚的毒性；加铁去毒，据报道，用 0.1% 或 0.2% 的硫酸亚铁溶液浸泡棉籽，棉酚的破坏率可达到 81.81%。

2. 发病后措施

发现中毒应立即停喂棉籽饼。

处方：0.2%～0.4% 的高锰酸钾液或 3% 的苏打水口服，灌服硫酸钠泻剂排出肠内毒素；肺水肿时，可静脉注射甘露醇、山梨醇或 50% 葡萄糖。

五、菜籽饼中毒

【病因】菜籽饼是一种蛋白质饲料，但菜籽饼中含有芥子苷、芥子酸钾、芥子酶和芥子碱等成分，特别是其中的芥子苷在芥子酶的作用下，可水解形成异硫酸丙烯酯或丙烯基芥子油等有毒成分。若不经处理，长期或大量饲喂可引起中毒。

【临床症状】患猪表现为腹痛、腹泻，粪便带血，食欲减退或废绝，口吐白沫，有时出现呕吐现象，排尿次数增多，有时尿中有血。呼吸困难，咳嗽，鼻腔中流出泡沫样液体，结膜发绀。严重中毒时，精神极度沉郁，四肢无力，站立不稳，体温下降，耳尖和四肢末端发凉，瞳孔放大，心脏衰弱，最后虚脱而死。

【病理变化】肠黏膜充血或点状出血，胃内有少量凝血块，肾出血，肝浑浊肿胀。心内外膜有点状出血。肺水肿、气肿。血液如漆样，凝固不良。

【类症鉴别】

1. 猪菜籽饼中毒与猪酒糟中毒的鉴别

〖相似点〗猪菜籽饼中毒与猪酒糟中毒均有体温初高（39～41℃）后降，食欲废绝，步态不稳，腹痛、腹泻，呼吸、心跳加快，有时尿红，胃肠黏膜充血、出血，肾肿大苍白，肝肿大、边缘钝圆等临床症状和病理变化。

〖不同点〗猪酒糟中毒是因饲喂酒糟而发病，病初兴奋不安，便秘，卧地不起，四肢麻痹，昏迷。剖检可见咽喉黏膜轻度炎症，食道黏膜充血。胃内有酒糟，呈土褐色，有酒味，胃肠黏膜有充血、出血点（无浅溃疡），肠管有微量血块，直肠肿胀，黏膜脱落。脑和脑膜充血，切面脑实质有指头大的出血区。

2. 猪菜籽饼中毒与猪棉籽饼中毒的鉴别

〖相似点〗猪菜籽饼中毒与猪棉籽饼中毒均有精神沉郁，拱腰，后肢软弱，走路摇晃，心跳、呼吸加快，粪先干后下痢、带血等临床症状。

〖不同点〗猪棉籽饼中毒是因饲喂未经去毒的占日粮10%以上的棉籽饼而发病。患猪鼻流水样鼻液，咳嗽，有眼眵，胸腹下水肿，嘴、尾根皮肤发绀，有丹毒样疹块，血检红细胞减少。剖检可见肾脂肪变性，实质，有出血点，膀胱充满尿液，肾盂脂肪肿大、有结石，脾萎缩，肝充血、肿大、变色，其中有许多空泡和泡沫状间隙。

3. 猪菜籽饼中毒与猪棘头虫病（钩头虫病）的鉴别

〖相似点〗猪菜籽饼中毒与猪棘头虫病均有食欲减退，腹痛、腹泻，粪中带血，卧地不起等临床症状。

〖不同点〗猪棘头虫病是由巨吻棘头虫感染引起的一种寄生虫病，患猪发育迟滞，消瘦，贫血，如虫体穿透肠壁，则体温升至41℃。粪检有虫卵，剖检虫体乳白色，有横纹，较长（雄虫体长7～15厘米，雌虫体长30～68厘米）。没有饲喂棉籽饼史。

【防制】

1. 预防措施

菜籽饼的毒性要测定，控制用量，饲喂安全试验后，方可大量饲喂。对孕猪和仔猪，严格限用或不用。将粉碎的菜籽饼用盐水浸12～24小时，把水去掉，再加水煮沸1～2小时，边煮边搅，让毒素蒸发掉。

2. 发病后措施

首先要停喂菜籽饼。

处方：0.05％高锰酸钾液让猪自由饮用，或灌服适量0.1％高锰酸钾液、蛋清、牛奶等，或用10％安钠咖溶液5～10毫升，1次皮下注射。治疗时着重保肝、解毒、强心、利尿等，并应用维生素、肾上腺皮质激素等。

第四章 猪营养代谢病的类症鉴别诊断及防治

一、钙磷缺乏症

钙磷缺乏症是由于饲料中钙和磷缺乏或者钙磷比例失调所致的。幼龄猪表现为佝偻病，成年猪则形成骨软病。临床上以消化紊乱、异嗜癖、跛行、骨骼弯曲变形为特征。

【病因】饲料中钙磷缺乏或比例失调；饲料或动物体内维生素D缺乏，钙磷在肠道中不能充分吸收；胃肠道疾病、寄生虫病或肝、肾疾病影响钙、磷和维生素D的吸收利用；猪的品种不同、生长速度快、矿物质元素和维生素缺乏以及管理不当，也可促使本病发生。

【临床症状】先天性佝偻病的仔猪生下来即颜面骨肿大，硬腭突出。四肢肿大而不能屈曲。后天性佝偻病发病缓慢，早期呈现食欲减退，消化不良，精神不振，喜食泥土和异物，不愿站立和运动，逐渐发展为关节肿痛敏感，骨骼变形；仔猪常以腕关节站立或以腕关节爬行，后肢以跗关节着地；逐渐出现凹背、X形腿。颜面骨膨隆，采食咀嚼困难，肋骨与肋软骨结合处肿大，压之有痛感。

母猪的骨软症多见于怀孕后期和泌乳过多时，病初表现为异嗜症。随后出现运动障碍，腰腿僵硬、拱背站立、运步强拘、跛行，经常卧地不动或匍匐姿势。后期则出现系关节、腕关节、跗关节肿大变粗，尾椎骨移位变软；肋骨与肋软骨结合部呈串珠状；头部肿大，骨端变粗，易发生骨折和肌位附着部撕脱。

【实验室检查】在两眼内角连线中点稍偏下缘处，用锥子进行骨骼穿刺，骨质硬度降低，容易穿入；血液学检查或X光检查以及饲料分析以帮助确诊。

【类症鉴别】

1. 猪钙、磷缺乏症与猪铜缺乏症的鉴别

〖相似点〗猪钙、磷缺乏症与猪铜缺乏症均有食欲不振，骨骼弯曲，生长缓慢，关节肿大，行动强拘，有异嗜行为（如啃泥土、啃墙壁）等临床症状。

〖不同点〗猪铜缺乏症是因猪体缺铜而发病，患猪贫血，毛色由深变浅，黑毛变棕色或灰白色，关节不能固定，血酮低于正常值（0.1微克/毫升）。剖检可见肝、脾、肾广泛性血铁黄素沉着，呈土黄色。猪钙、磷缺乏症幼龄猪表现为佝偻病，成年猪则形成骨软病。

2. 猪钙、磷缺乏症与猪无机氟化物中毒（慢性）**的鉴别**

〖相似点〗猪钙、磷缺乏症与猪无机氟化物中毒均有关节肿大，行动迟缓，步态强拘，后期瘫痪，有异嗜等临床症状。

〖不同点〗猪无机氟化物中毒是因长期以未经脱氟处理的过磷酸钙作补饲，或吃了多种被冶炼厂的废气、废水污染的饲料和饮水而发病。患猪下颌骨、蹄骨、掌骨呈对称性的肥厚，牙有淡红色或淡黄色的釉斑，波状齿。取尿1～3毫升，加数滴1摩尔/升氢氧化钠碱化，加浓硫酸数毫升，在盖玻片下悬1滴5%氯化钠液，为防止悬滴蒸发，放一小冰块于玻片上，缓缓加温3～5分钟，翻转玻片在低倍镜下观察，如样品中有氟存在，可形成氟化硅结晶，液滴边缘有淡红色六面晶体（氯化钠为无色正方形结晶）。

3. 猪钙、磷缺乏症与猪锰缺乏症的鉴别

〖相似点〗猪钙、磷缺乏症与猪锰缺乏症均有关节肿大，步态强拘，跛行，重时卧地不起，生长缓慢等临床症状。

〖不同点〗猪锰缺乏症是因饲料中锰缺乏而发病，患猪剖检可见腿骨（桡骨、尺骨、胫骨、腓骨）较正常时短，骨端增大，毛发中锰含量在8毫克/千克以下。

4. 猪钙、磷缺乏症与猪肾虫病（冠尾线虫病）**的鉴别**

〖相似点〗猪钙、磷缺乏症与猪肾虫病均有食欲不振、走路摇摆、仔猪发育停滞、喜卧等临床症状。

〖不同点〗猪冠尾线虫病的病原体是冠尾线虫，患猪皮肤有丘疹和红色小结节，尿有白色絮状物或脓液。剖检肝中有包囊和脓肿，肾盂有脓肿，输尿管壁增厚，常有数量较多的包囊，包囊和脓肿中常有成虫或幼虫。猪钙、磷缺乏症幼龄猪表现为佝偻病，成年猪则形成骨软病。

【防制】本病的病程较长，病理变化是逐渐发生的，骨骼变形后极难复原，故应以预防为主。

1. 预防措施

坚持满足猪的各个生长时期对钙、磷的需要，并调整好两者的比例关系，供给充足的维生素 D。猪群应定期以伊维菌素进行驱虫，以保证各种营养素的吸收和利用。

2. 发病后措施

处方 1：①骨粉 10 千克拌入 1000 千克饲料中，全群混饲，连用 5～7 天。②骨化醇注射液 0.15 万～0.3 万单位/次，肌内注射，1 次/2 天，连用 3～5 次。

处方 2：①维生素 AD 注射液（维生素 A 25 万单位、维生素 D 2.5 万单位）2～4 毫升/次，肌内注射，1 次/天，连用 3～5 天。②磷酸氢钙 2 克/头，1 次/天，全群拌料混饲，连用 5～7 天。

二、维生素 A 缺乏症

维生素 A 缺乏症是由于日粮中维生素 A 原（胡萝卜素等）和维生素 A 供应不足或消化吸收障碍所引起的以黏膜、皮肤上皮角化变质，生长停滞，干眼病和夜盲症为主要特征的疾病。

【病因】长期使用白玉米或饲喂不含动物性饲料的日粮，维生素 A 补充不足；饲料中油脂缺乏，长期拉稀，肝胆疾病，十二指肠炎症等影响维生素 A 的吸收。

【临床症状】维生素 A 缺乏多见于仔猪，表现视力减弱，皮肤呈湿疹样炎症，脑脊液增加，颅内压升高，生长发育迟缓，消瘦，精神沉郁，共济运动失调，后肢麻痹。有的仔猪可出现小眼畸形。缺乏活力，腹泻，头偏向一侧，易继发肺炎、肠胃炎、佝偻病；成年猪表现消化紊乱，精神沉郁，被毛粗乱，进行性消瘦，夜盲，甚至出现角膜浑浊、溃疡。母猪表现不孕、流产、胎衣不下；公猪性机能减退，精液品质下降。根据流行病学和临床症状，可做出初步诊断，测定日粮的维生素 A 含量可做出确切诊断。

【类症鉴别】

1. 猪维生素 A 缺乏症与猪伪狂犬病（2 月龄左右的猪）**的鉴别**

〖相似点〗猪维生素 A 缺乏症与猪伪狂犬病均有咳嗽、下痢、行走困难、惊厥，孕猪患病出现流产、死胎、弱胎等临床症状。

〖不同点〗猪伪狂犬病是一种传染病。患猪有轻热（39.5～40.5℃），头颈皮肤发红（不出现溢脂性皮炎），四肢僵直、震颤，不出现夜盲。母猪流产，不出现畸形胎。剖检可见各脏器多有充血、水肿、出血病变，用病料上清液接种家兔皮下，24 小时后局部奇痒，用力自咬皮肤，最后衰竭死亡。猪维生素 A 缺乏症无传染性，无体温升高，表现视力减弱和夜盲。

2. 猪维生素 A 缺乏症与猪传染性脑脊髓炎的鉴别

〖相似点〗猪维生素 A 缺乏症与猪传染性脑脊髓炎均有步态蹒跚，共济失调，经常跌倒发出尖叫，角弓反张，卧倒时四肢做游泳动作等临床症状。

〖不同点〗猪传染性脑脊髓炎的病原是传染性脑脊髓炎病毒，具有传染性。患猪体温升高（40～41℃），四肢僵硬，前肢前移，后肢后移，眼球震颤。声响能激起尖叫。用病料脑内接种易感小猪，接种后出现特征性症状。猪维生素 A 缺乏症无传染性，无体温升高，无尖叫，表现视力减弱和夜盲。

3. 猪维生素 A 缺乏症与猪血细胞凝集性脑脊髓炎的鉴别

〖相似点〗猪维生素 A 缺乏症与猪血细胞凝集性脑脊髓炎均有咳嗽、共济失调、卧地四肢做游泳动作、尖叫、视力障碍等临床症状。

〖不同点〗猪血细胞凝集性脑脊髓炎是由血球凝集性脑脊髓炎病毒感染引起的传染病，多发于 2 周龄以上的仔猪。患猪对声响触摸过敏，后躯麻痹，犬坐，视觉障碍但不是夜盲。用脑脊髓接种于猪单层胎肾原代细胞或猪甲状腺单层细胞 24～48 小时即出现融合细胞。

【防制】

1. 预防措施

经常供给适量的青绿饲料，秋冬季节可适量供给胡萝卜，避免终年使用白玉米作饲料；停喂储存过久或霉变的饲料。

2. 发病后措施

处方 1：①鱼肝油 10～30 毫升/次，拌入料喂给，1 次/天，连用 3～5 天。②苍术 20～40 克/次，混入料中全群喂给，1 次/天，连用 5～7 天。

处方 2：①维生素 AD 注射液（维生素 A 25 万国际单位、维生素 D 2.5 万国际单位）2～4 毫升/次，肌内注射，1 次/天，连用 3～5 天。②胡萝卜 50 克/头，全群喂给，1 次/天，连用 10～15 天。

三、猪维生素 B_1（硫胺素）缺乏症

维生素 B_1 缺乏症是由于饲料中维生素 B_1 缺乏或饲料中存在干扰其吸收的物质所引起的一种营养代谢病。临床特征是食欲减退、异嗜和神经症状。

【病因】猪对硫胺素的缺乏比较敏感。维生素 B_1 的最小需要量是每千克饲料 0.02～0.04 毫克。由于饲料单一、调制不当或储存不当，造成饲料中维生素 B_1 的不足或缺乏；由于急、慢性腹泻均可影响小肠吸收硫胺素，如习惯饲喂米糠、麦麸的猪只，在长期腹泻后常继发维生素 B_1 缺乏；母猪泌乳、妊娠、仔猪生长发育、剧烈运动、慢性消耗性疾病及发热等病理过程，机体对维生素 B_1 的需要量增加，而发生相对性的供给不足或缺乏。

【临床症状】在正常情况下，猪体内储存有足够量的维生素 B_1。病初断奶仔猪表现腹泻，呕吐，食欲减退，生长停滞，行走摇晃，虚弱无力，心动过缓，心肌肥大；后期体温低下，心搏动亢进，呼吸迫促，最终死亡。

有的病猪主要发生神经变性变化，常见多发性神经炎，表现为头向后仰，痉挛，抽搐，四肢呈游泳样症状，运动失调。有的变性变化也出现在肌肉、肠黏膜和内分泌腺，临床上出现肌肉萎缩，四肢麻痹，剧烈腹泻，急剧消瘦，有的还出现水肿现象。

【类症鉴别】

1. 猪维生素 B_1 缺乏症与猪胃溃疡的鉴别

〖相似点〗猪维生素 B_1 缺乏症与猪胃溃疡均有食欲不振、消化不良、生长缓慢、走路不稳、呕吐等临床症状。

〖不同点〗猪胃溃疡眼结膜稍苍白，粪黑色，如胃已穿孔，则 2～3 小时内死亡；如稍迟（3 天）才死，则体温升高，腹壁向上收，触诊敏感。死后口鼻流血水，剖检可见胃溃疡或胃破裂。猪维生素 B_1 缺乏症发生运动麻痹和瘫痪，出现眼睑、颌下、胸腹下、股内侧水肿等症状。

2. 猪维生素 B_1 缺乏症与猪胃肠卡他的鉴别

〖相似点〗猪维生素 B_1 缺乏症与猪胃肠卡他均有精神委顿、食欲减退、呕吐、腹泻等临床症状。

〖不同点〗猪胃肠卡他，以胃为主的卡他，患猪有时吃自己的粪便，眼结膜充血黄染，粪成球、干小而有黏液；以肠为主的卡他，患猪肠蠕动音强，粪稀水样。猪维生素 B_1 缺乏症出现运动麻痹，共济失调，眼睑、颌下、胸腹下、股内侧水肿，皮肤发绀等症状。

3. 猪维生素 B_1 缺乏症与猪棉籽饼中毒的鉴别

〖相似点〗猪维生素 B_1 缺乏症与猪棉籽饼中毒均有精神不振、后肢软弱、行走摇晃、呕吐、下痢、胸腹下发生水肿、后期皮肤发绀等临床症状。

〖不同点〗猪棉籽饼中毒是因长期或大量喂棉籽饼而发病，患猪眼结膜充血有眼眵，不断喝水而尿少，先便秘后下痢，有血液。剖检可见胃肠有急性出血，肠壁有溃烂现象，肝充血、肿大、有出血点，喉有出血点，气管充满泡沫液体，肺气肿、水肿、充血，心内、外膜有出血点。猪维生素 B_1 缺乏症出现运动麻痹，共济失调，眼睑、颌下、胸腹下、股内侧水肿，皮肤发绀等症状。

4. 猪维生素 B_1 缺乏症与猪酒糟中毒的鉴别

〖相似点〗猪维生素 B_1 缺乏症与猪酒糟中毒均有食欲减退、腹泻、呼吸困难、喜卧，有时麻痹不起等临床症状。

〖不同点〗猪酒糟中毒是因长期喂啤酒糟而发病。患猪常站立一隅磨牙、呻吟，有的发生强直性痉挛。孕猪流产。剖检可见肺充血、水肿，胃肠黏膜充血、出血，胃壁变薄，肠系膜淋巴结充血、肿大，肾、肝肿胀，心内、外膜有出血斑。

5. 猪维生素 B_1 缺乏症与猪姜片吸虫病的鉴别

〖相似点〗猪维生素 B_1 缺乏症与猪姜片吸虫病均有精神不振，被毛粗乱，食欲减退，发育不良，步态跛踉，眼睑、腹下水肿等临床症状。

〖不同点〗猪姜片吸虫病是因用水生植物作饲料或猪下塘采食而发病，5～7月龄的感染率最高，9月龄以后逐渐减少。患猪肚大股瘦，粪中可检出虫卵。剖检可在小肠见到虫体（虫体前部钻入肠壁）。

6. 猪维生素 B_1 缺乏症与猪维生素 B_2 缺乏症的鉴别

〖相似点〗猪维生素 B_1 缺乏症与猪维生素 B_2 缺乏症均有精神不振，食欲减退或废绝，被毛粗乱无光泽，生长缓慢，呕吐，腹泻等临床症状。

〖不同点〗猪维生素 B_2 缺乏症皮肤发炎、丘疹、溃疡，腿弯曲强直，步态僵硬而不出现肢体麻痹，角膜发炎，晶体浑浊，体表不发生水肿，流产胎儿出现无毛、畸形。

7. 猪维生素 B_1 缺乏症与猪水肿病的鉴别

〖相似点〗猪维生素 B_1 缺乏症与猪水肿病均有精神沉郁，食欲减少，腹泻，眼睑、腹下水肿，行走无力等临床症状。

〖不同点〗猪水肿病的病原是致病性大肠杆菌，具有传染性，呈地方性流行，主要发生于断奶仔猪。患猪常卧于一隅，肌肉震颤、抽搐，做游泳动作，前肢麻痹，站立不稳，做转圈运动。剖检可见胃壁水肿，肾包囊水肿，心囊积液多，在空气中可凝成胶冻状，从小肠内容物中可分离出大肠杆菌。

8. 猪维生素 B_1 缺乏症与猪钩端螺旋体病的鉴别

〖相似点〗猪维生素 B_1 缺乏症与猪钩端螺旋体病均有精神不振，食欲减退，生长缓慢，颌下、头部、颈部甚至全身水肿等临床症状。

〖不同点〗猪钩端螺旋体病的病原是钩端螺旋体，具有传染性，患猪体温稍高，排血红蛋白尿，皮肤黏膜泛黄。用病料制成悬液镜检，可见呈细长弯曲、进行旋转及伸屈自由运动的虫体，常呈"8""S""C""O""J"形状。

【防制】

1. 预防措施

合理调配饲料，满足不同生长发育阶段猪只的需要。同时平常多喂给糠麸和酵母粉（维生素 B_1 在麸皮和酵母中含量丰富），补充饲料和猪体内维生素 B_1 的不足，防止维生素 B_1 缺乏；也可以在饲料中添加猪用多种维生素添加剂，每千克饲料添加1克，混匀长期喂给。

2. 发病后措施

处方：维生素 B_1 注射液，肌内注射，每日1次，每次20毫克，直至痊愈。内服维生素 B_1 片，每次20～30毫克，每日1次，连用10天。或内服或注射呋喃硫胺，用量为10～30毫克（治疗时应注意：维生素 B_1 用量过大，可引起外周血管扩张，心律失常，伴有窒息性惊厥的呼吸抑制，甚至因呼吸衰竭而死亡）。

四、猪维生素 B_2（核黄素）缺乏症

猪维生素 B_2 缺乏症是由于饲料中维生素 B_2 缺乏或饲料中存在拮抗物质而引起的一种营养代谢病。其临床特征是患猪脱毛、异嗜、生长发育缓慢和视觉障碍。

【病因】配合饲料中含维生素 B_2 不足或存在拮抗物质，或平常饲喂的糠麸、酵母等较少，使猪体内缺乏维生素 B_2；饲料中蛋白质缺乏、糖过多、脂肪过多或某些疾病时，维生素 B_2 的吸收会

减少但需要量会增加。在寒冷的环境中或患有慢性疾病时，对维生素 B_2 的吸收也会减少但需要量会增加。

【临床症状】维生素 B_2 缺乏时，猪在生长阶段出现发育停滞、脱毛，一般出现在脊背、眼周围、耳边和胸部，食欲减退，腹泻，患溃疡性结肠炎、肛门黏膜炎，呕吐。结膜和角膜发炎，腿弯曲强直，皮肤增厚，有的出现皮疹、鳞屑和溃疡。肌肉无力、半麻痹、贫血、体温下降，呼吸、心跳减慢，对光敏感，晶状体浑浊。后备母猪在繁殖和泌乳期食欲不振或废绝，体重减轻、早产、死产。新生仔猪衰弱，死亡，有的仔猪无毛。

【类症鉴别】

1. 猪维生素 B_2 缺乏症与猪维生素 B_1 缺乏症的鉴别

〖相似点〗猪维生素 B_2 缺乏症与猪维生素 B_1 缺乏症均有精神不振，食欲减退甚至废绝，被毛粗乱无光泽，呕吐，腹泻，生长缓慢等临床表现。

〖不同点〗猪维生素 B_1 缺乏症后肢跛行，眼睑、颌下、腹膜下、后肢内侧水肿，有的运动麻痹、共济失调。皮肤不出现皮炎、丘疹、溃疡。

2. 猪维生素 B_2 缺乏症与猪锌缺乏症的鉴别

〖相似点〗猪维生素 B_2 缺乏症与猪锌缺乏症均有食欲不振，发育不良，生长缓慢，皮肤有红色斑点、破溃结痂，孕猪流产、产死胎、畸形胎等临床表现。

〖不同点〗猪锌缺乏症是因猪体缺锌而发病，患猪从耳尖、尾部、四肢关节到耳根、腹部、后肢内侧、臀部、背部的皮肤表面有小红点，经 $2\sim3$ 天破溃结痂连片，逐渐遍及全身，患部皮肤皱褶粗糙并有网状干裂，蹄壳也有纵裂、斜裂、横裂。血液检查，仔猪血清锌从正常的 0.98 微克/毫升降至 0.22 微克/毫升。

3. 猪维生素 B_2 缺乏症与猪湿疹的鉴别

〖相似点〗猪维生素 B_2 缺乏症与猪湿疹均有被毛失去光泽、皮肤有红斑、黄豆大丘疹、破溃结痂等临床症状。

〖不同点〗猪湿疹是一种致敏物质引起的疾病，患猪一般从丘疹演化为水疱，感染后为脓疱，疱破裂后可见鲜红的溃烂面，而后结痂，有奇痒。患猪消瘦而疲惫，但不出现呕吐、腹泻和行走困难及角膜炎和晶状体浑浊。

4. 猪维生素 B_2 缺乏症与猪感光过敏的鉴别

〖相似点〗猪维生素 B_2 缺乏症与猪感光过敏都有皮肤有红斑疹块、溃烂结痂、腹泻等临床表现。

〖不同点〗猪感光过敏是因吃了致敏饲料（如荞麦、经日晒的糠秕等）而突然发病，有疼痒感，白天重夜间轻。有时表现腹痛、口鼻炎、结膜炎，流泪，兴奋时盲目奔走，共济失调，后躯麻痹。不出现角膜炎和晶状体浑浊。

5. 猪维生素 B_2 缺乏症与猪肾虫病的鉴别

〖相似点〗猪维生素 B_2 缺乏症与猪肾虫病均有精神沉郁，食欲不振、被毛粗乱，生长缓慢，皮肤有炎症、丘疹，后肢僵硬等临床表现。

〖不同点〗猪肾虫病丘疹多呈小结节，体表淋巴结肿大，后肢无力，走路摇摆，尿中有絮状物和脓液。剖检可见肝中有包囊和脓肿，肾盂有脓肿，输尿管壁增厚，常有数量较多的包囊，包囊和脓肿中有幼虫或成虫。

【防制】

1. 预防措施

在猪的配合饲料中配给足量的蛋白质，保证适宜的糖和脂肪，同时注意喂给糠麸、酵母等饲料，在每千克饲料中添加 1 克猪用多种维生素添加剂，补充维生素 B_2，防止本病的发生。

2. 发病后措施

处方：维生素 B_2 注射液，肌内注射，每次 20～30 毫克，每天 1 次，连续应用 10 天。或口服维生素 B_2 制剂。

五、猪铁缺乏症

猪铁缺乏症是由于缺铁而引起的一种营养性贫血性疾病。铁在猪体内含量较少，但其作用特别大，它是血红蛋白的组成部分，是红细胞生成的重要材料，若铁缺乏，则引起猪贫血症状，这是仔猪的一种常见病。

【病因】 配合饲料中含铁量不足，或因土壤中缺铁而引起饲料中铁缺乏。铁质进入猪体内减少，造成缺铁而贫血；由于各种原因，造成长期慢性失血或毒血症等，如慢性寄生虫病，使铁质流失过多和利用率降低，造成猪体内铁质减少；由于各种胃肠道疾病，尤其是胃酸缺乏，造成铁质吸收受阻；怀孕母猪和仔猪生长发育期需铁量增多，相对来说造成猪体内铁缺乏，引起缺铁性贫血。

【临床症状及病理变化】 本病以 3 周龄左右的哺乳仔猪的发病率最高，多在出生后 8～9 天出现贫血症状，突然表现为皮肤及可视黏膜淡染甚至苍白，轻度黄染，严重时黏膜苍白如白瓷，几乎见不到血管。吸乳能力下降，身体消瘦。日龄较长的猪食欲时好时坏，腹泻或便秘，有时出现异嗜，喜食杂物、杂草、泥沙、砖头和破布等，精神不振，被毛粗乱、无光泽，渐进性消瘦，体质虚弱，可视黏膜苍白。血液检查有明显变化，红细胞减少到 132 万～312 万个/毫米^3，血红蛋白含量降低到 25％以下，血色指数低于 1。血细胞形状多样，大小不等，出现很多多染性红细胞。白细胞略有增加，淋巴细胞增加明显，嗜酸性细胞减少明显，不见有嗜碱粒细胞，血色变浅，稀薄如水，血液凝固性降低。

【类症鉴别】

1. 猪铁缺乏症与仔猪低血糖症的鉴别

〖相似点〗 猪铁缺乏症与仔猪低血糖症均有精神不振，离群独立，皮肤、黏膜苍白等临床症状。

〖不同点〗 仔猪低血糖症一般在出生后第 2 天发病，站立时头低垂，走动时四肢颤抖，心跳慢而弱，之后卧地不起，最后惊厥、流涎、做游泳动作，眼球震颤。血糖由正常的 7.84～9.74 毫摩/升下降至 0.24 毫摩/升。

2. 猪铁缺乏症与仔猪溶血症的鉴别

〖相似点〗 猪铁缺乏症与仔猪溶血症均有精神委顿，喜卧，皮肤、黏膜苍白，血液稀薄不易凝固等临床症状。

〖不同点〗溶血症仔猪一般出生时活泼健壮，吃初乳后 24 小时内即发生委顿、贫血、血红蛋白尿。剖检可见皮下组织明显黄染。实验室检查，血红蛋白 5.8％，红细胞 310 万个/毫米^3，红细胞直接凝集反应阳性。

3. 猪铁缺乏症与猪附红细胞体病的鉴别

〖相似点〗猪铁缺乏症与猪附红细胞体病均有精神委顿，皮肤、黏膜苍白，血液稀薄不易凝固等临床症状。

〖不同点〗猪附红细胞体病的病原是附红细胞体，多发于 1 月龄左右的仔猪。体温高（40～42℃），便秘、下痢交替，犬坐姿势，全身皮肤发红后变紫，采血后流血持久不止。血滴在油镜下镜检，可见到圆盘状、球形、半月形做扭转运动的虫体，附着于红细胞即不运动，使红细胞呈方形、星芒形。

4. 猪铁缺乏症与猪毛首线虫病的鉴别

〖相似点〗猪铁缺乏症与猪毛首线虫病均有精神委顿，皮肤、黏膜苍白等临床症状。

〖不同点〗猪毛首线虫病的病原是毛首线虫，常为 2～6 月龄的猪多发，患猪精神沉郁，食欲减退，日渐消瘦，减重，被毛粗乱，结膜苍白，顽固性下痢，粪便带黏液，并夹有红色血丝，或呈棕红色的带血粪便。随着下痢的发生，病猪瘦弱无力，弓腰吊腹，步行摇摆，食欲消失，渴欲增加，最后衰竭而死。粪检有虫卵。

【防制】日粮中配给足够量的铁，满足猪只的需要。生长猪每千克饲料中添加 110～120 毫克铁就可以满足猪只的需要；舍饲的母猪和仔猪，每天在舍内地上撒少量的含铁黄土，或在猪舍一角放一块铁，让仔猪自由舔食，有抗贫血的功效。

六、猪铜缺乏症

猪铜缺乏症是由于铜摄入量不足引起的一种营养代谢病，临床上以贫血、被毛变色、骨骼发育异常等为特征。铜在猪体内的含量甚微，但作用却极大，是猪体内不可缺少的微量元素。铜是机体内诸多氧化酶的组成成分。与组织内呼吸有密切的关系，是血红蛋白合成的催化剂，促进铁的利用以合成血红蛋白。此外，还参与机体的骨骼代谢和免疫功能，对猪的生长发育有良好的作用。

【病因】日粮中含铜量绝对缺乏或相对不足，或饲料中存在拮抗物质如铝等过多，以及慢性消化道疾病等，使摄入猪体内的铜含量减少，则发生贫血或其他疾病。

【临床症状】病猪表现生长缓慢，食欲减退或废绝，消化不良，排稀便，多数出现异嗜，如啃木桩、吃泥土、嚼煤渣、舔墙壁或铁栏杆等，被毛蓬乱无光泽，毛变色，最后大量脱落，可视黏膜苍白。有的病猪出现骨骼发育异常，骨骼弯曲，关节肿大，表现僵硬，触之敏感，起立困难，行动缓慢，跛行，四肢易出现骨折。

【类症鉴别】

1. 猪铜缺乏症与猪钙、磷缺乏症（佝偻病）的鉴别

〖相似点〗猪铜缺乏症与猪钙、磷缺乏症均有前肢弯曲，关节肿大，行动强拘，生长缓慢，有啃泥土、舔墙壁等异嗜癖，食欲不振等临床症状。

〖不同点〗钙、磷缺乏症患猪明显挑食，食量时多时少，吃食无"嚓嚓"声，母猪分娩后 20～40 天即瘫卧，不流产。剖检心、肝、肾无异常。

2. 猪铜缺乏症与猪硒-维生素 E 缺乏症的鉴别

〖相似点〗猪铜缺乏症与猪硒-维生素 E 缺乏症均有步行强拘，不愿活动，喜眠，常呈犬坐，最后不能站立，卧地不起，心肌色淡，心扩张变薄等临床症状和病理变化。

〖不同点〗猪硒-维生素 E 缺乏症是因缺硒-维生素 E 而发病。发病仔猪体况多良好，不消瘦，继续发展则四肢麻痹。剖检可见肌肉有白色或淡黄色条纹斑块、稍浑浊的坏死灶。心内膜下肌肉层有灰白色、黄白色条纹斑块。肝有槟榔花纹。鲜肝含硒量由正常的 0.3 毫克/千克降至 0.068 毫克/千克。

3. 猪铜缺乏症与猪无机氟化物中毒（慢性）的鉴别

〖相似点〗猪铜缺乏症与猪无机氟化物中毒均有被毛粗糙，异嗜，关节肿大，步态强拘，跛行，站立困难，卧地不起，母猪流产、死胎等临床症状。

〖不同点〗猪无机氟化物中毒是因摄入被无机氟化物污染的饲料或饮水而发病，患猪行走时关节发出"嘎嘎"声，蹄骨、掌骨对称性肥厚，下颌骨对称性肥厚，间隙狭窄，肋骨变粗，牙齿有淡红色或淡黄色斑釉，臼齿磨损过度成波状齿。血氟达 1000～1500 毫克/千克。

【防制】一般在日粮中添加 0.1% 硫酸铜，或按每千克饲料添加 250 毫克铜，可促进猪只的生长发育，提高饲料的利用率。但应注意，补铜量不宜过高，否则易引起铜中毒。

七、猪碘缺乏症

猪碘缺乏症是由于饲料或饮水中含碘不足或吸收障碍而引起的一种营养代谢病。碘在猪体内含量很微量，且主要存在于甲状腺中，碘是甲状腺素的重要组成部分。甲状腺素对体内物质代谢起着重要的调节作用，直接影响猪只的生长。

【病因】饲料中碘含量不足；由于消化道疾病或其他疾病等因素，影响碘的吸收，破坏消化道内的碘，或碘消耗过多；甲状腺机能破坏或切除。

【临床症状】母猪表现不明显，有时出现颈部肿大，详细检查时，甲状腺肿大呈纺锤形，但往往不是对称性肿大。缺碘母猪大多数分娩正常，流产现象也较为少见，但产下仔猪多为弱仔、死胎。仔猪多半无毛或少毛，头颈、肩部皮肤增厚、多汁和水肿。仔猪生活力差，常陆续死亡，有的全窝覆灭。暂时没有死亡的仔猪，则出现发育不良，生长极为缓慢。

全身发生黏液性水肿症状，病猪表面看来很肥胖，其实是水肿引起的假肥胖。

【类症鉴别】

1. 猪碘缺乏症与猪生殖和呼吸综合征的鉴别

〖相似点〗猪碘缺乏症与猪生殖和呼吸综合征均有妊娠母猪流

产、死胎、弱仔等临床症状。

〖不同点〗猪生殖和呼吸综合征是由有囊膜的核糖核酸病毒感染引起的一种传染病，母猪繁殖妊娠期体温升高（40～41℃），厌食、昏睡，不同程度的呼吸困难，咳嗽。少数双耳、腹侧、外阴有一过性青紫色。1月龄以内的仔猪体温升高（40℃以上），昏睡、呼吸困难，丧失吃奶能力，腹泻，肌肉肿胀，眼睑水肿。剖检可见皮肤及皮下脂肪发黄，肺粉红色，大理石状，气管、支气管充满泡沫，心肌软，内膜出血，心耳有坏死。猪碘缺乏症无传染性、无体温升高，甲状腺肿大呈纺锤形，但往往不是对称性肿大。

2. 猪碘缺乏症与猪细小病毒感染的鉴别

〖相似点〗猪碘缺乏症与猪细小病毒感染均有妊娠母潴早期胚胎吸收、流产、死胎、弱仔等临床症状。

〖不同点〗猪细小病毒感染是由细小病毒引起的一种传染病，母猪主要表现繁殖机能障碍，发情不正常，久配不孕。一般怀孕50～60天感染多出现死产，怀孕70天感染常出现流产，而怀孕70天以上则多能正常产仔。剖检可见子宫有轻度内膜炎，胎儿部分钙化。猪碘缺乏症无传染性，甲状腺肿大呈纺锤形，但往往不是对称性肿大。

3. 猪碘缺乏症与猪衣原体病的鉴别

〖相似点〗猪碘缺乏症与猪衣原体病均有怀孕猪流产、死胎、弱胎等临床表现。

〖不同点〗猪衣原体病是由衣原体感染引起的一种传染病，感染母猪所产仔猪发绀、寒战、尖叫、吮乳无力，精神沉郁、步态不稳，体温升高，严重时黏膜苍白，恶性腹泻，多于3～5天内死亡。公猪有睾丸炎、附睾丸炎、尿道炎、龟头包皮炎。剖检可见母猪子宫内膜出血、水肿，并有1～1.5厘米大的坏死灶；流产胎儿和新生仔猪头颈和四肢有弥漫性出血，肺有卡他性炎，毛细血管呈暗灰色，胎衣暗红色。采取病料制成20％悬液，经离心取其上清液接种于3～4周龄的小白鼠腹腔内，可引起小白鼠腹膜炎，腹腔中积聚大量的纤维素性渗出物，脾肿大等特征性病变。

4. 猪碘缺乏症与猪脑心肌炎的鉴别

〖相似点〗猪碘缺乏症与猪脑心肌炎均有怀孕猪流产（流产前无明显的临床症状）、死胎等临床表现。

〖不同点〗猪脑心肌炎主要是由脑心肌炎病毒感染引起仔猪发病的一种传染病。急性发作时沉郁、拒食，体温升高（41～42℃），呕吐，下痢，呼吸急促，往往在吃食或兴奋时突然死亡。发病期或过后，仔猪死亡率可能没有明显增加，但木乃伊胎和死产的发生率却明显增多。剖检仔猪，其肾、肝、脾均萎缩，心肌柔软、散在灰白色病灶，心室也有散在性灰白色病灶。用病料制成10％悬液，接种小鼠（脑内、腹腔内、口内、肌肉内）经4～7天死亡，剖检可见心肌炎、脑炎和肾萎缩等变化。

5. 猪碘缺乏症与猪伪狂犬病的鉴别

〖相似点〗猪碘缺乏症与猪伪狂犬病均有怀孕猪流产、死胎、弱胎等临床表现。

〖不同点〗猪伪狂犬病是由伪狂犬病病毒感染引起的。感染母猪呈厌食，便秘，惊厥，视觉消失等一过性亚临床症状，流产、有木乃伊胎。仔猪产后第2天眼红，昏睡，体温41～41.5℃，精神沉郁，流涎，两耳后竖，遇响声即兴奋尖叫，腹部有紫斑，头向后仰、做游泳动作，癫痫发作。剖检可见鼻腔出血性或化脓性炎症，扁桃体、喉水肿，咽、会厌浆液浸润，上呼吸道有泡沫。胃肠黏膜有出血。用病料制成10％悬液，离心后取上清液注入家兔内股部皮下，24小时后沉郁，呼吸加快，第3天发痒，开始舔局部，第5天角弓反张、翻滚，局部出血性皮炎，用力撕咬，第7天因衰竭、呼吸困难而死。猪碘缺乏症无传染性、无体温升高，甲状腺肿大呈纺锤形，但往往不是对称性肿大。

【防制】集约化养猪，利用喷洒的方法处理饲料比较方便，其方法是用碘片1克，碘化钾2克，共溶解于250毫升水中，然后加水至25升，每头按20毫升计算，使用喷雾器洒在1周所用的饲料中。

母猪缺碘时，每周在饲料中加喂碘化钾0.2克，给仔猪补碘时，常应用 2% 碘酊 2～3 滴，涂于母猪乳头上，任仔猪自由舔食。

八、猪锌缺乏症

猪锌缺乏症是由于体内含锌不足或吸收不良引起的一种营养代谢病。临床特征是生长缓慢、皮肤角化不全、繁殖机能障碍及骨骼发育异常。

【病因】饲料中锌含量绝对不足；饲料中存在钙、铜、铁、铬、锰、碘和磷等干扰锌吸收利用的因素。另外，资料显示，无论饲料中锌的含量多少，只要饲料中的植酸与锌的摩尔比超过 20:1，即可导致临界性锌缺乏，如其摩尔比再增大，则可引起严重的锌缺乏。

【临床症状】病猪食欲不振，营养不良，生长发育缓慢，消瘦，被毛粗糙无光泽，全身出现一片一片地脱毛。脱毛多发生在颈部、脊背两侧和腰臀部，严重病猪在头部和眼圈周围亦发生脱毛，个别病猪全身脱毛，成了无毛猪，就像用刀刮得一样干净。皮肤出现边界明显的红斑，而后转为直径 3～5 厘米的丘疹，最后形成结痂和数厘米深的裂隙（网状干裂），失去正常的弹性，但无奇痒感，蹄底有横裂纹，这一过程历时 2～3 周。有的病猪出现呕吐和腹泻，母猪产后少尿或无尿和缺乳，有的母猪长期假发情，屡配不孕，产仔减少，初生仔猪虚弱，甚至出现死胎。边缘性缺锌时，可见被毛变色、胸腺萎缩，公猪性欲减退，精子数量减少。

【类症鉴别】

1. 猪锌缺乏症与猪湿疹的鉴别

〖相似点〗猪锌缺乏症与猪湿疹均有被毛失去光泽，皮肤发生红斑、破溃结痂、瘙痒，消瘦等临床表现。

〖不同点〗猪湿疹先在股内侧、腹下、胸壁等处皮肤发生红斑，而后出现丘疹，继变水疱。破溃渗出液结痂，奇痒，水疱感染后成脓疱，不出现皮肤网裂和蹄裂。猪锌缺乏症脱毛多发生在颈部、脊背两侧和腰臀部，头部和眼圈周围亦发生脱毛，个别病猪全身脱毛。皮肤出现边界明显的红斑，而后转为直径 3～5 厘米的丘疹，最后形成结痂和数厘米深的裂隙（网状干裂），无奇痒感。

2. 猪锌缺乏症与猪皮肤曲霉病的鉴别

〖相似点〗猪锌缺乏症与猪皮肤曲霉病均有全身皮肤出现红斑，破溃后结痂，出现龟裂，食欲不振，瘙痒等临床表现。

〖不同点〗猪皮肤曲霉病是由曲霉菌感染引起的一种传染病。患猪体温升高（39.5～40.7℃），眼结膜潮红，流黏性分泌物，鼻流黏性鼻液，呼吸可听到鼻塞音。皮肤出现的红斑以后形成肿胀性结节。奇痒，由浆性渗出液形成的灰黑褐色的痂融合形成灰黑色甲壳而出现龟裂（不是皮肤形成的网状干裂），背部腹侧的结节因不脱毛而不易被发觉。不发生蹄裂。取皮屑放在玻片上加 10%氢氧化钠 1 滴，加盖玻片镜检可见多量分隔菌丝。猪锌缺乏症无体温升高和鼻塞音，皮肤无奇痒感。

3. 猪锌缺乏症与猪皮肤真菌病的鉴别

〖相似点〗猪锌缺乏症与猪皮肤真菌病均有皮肤出现红斑，破溃后结痂，瘙痒等临床症状。

〖不同点〗猪皮肤真菌病是由致病性真菌感染引起的一种传染病。患猪主要在头、颈、肩部有手掌大或连片的病灶，有小水疱，病灶中度潮红，中度瘙痒，在痂块间有灰棕色至微黑色连片性皮屑性覆盖物，4～8 周后自愈。取患部毛或搔脱物放玻片上，加 10%氢氧化钾 1 滴，加盖玻片，加温至标本澄明，镜检有菌丝孢子存在。猪锌缺乏症脱毛多发生在颈部、脊背两侧和腰臀部，头部和眼圈周围亦发生脱毛，个别病猪全身脱毛。皮肤出现边界明显的红斑，而后转为直径 3～5 厘米的丘疹，最后形成结痂和数厘米深的裂隙（网状干裂），无奇痒感。

4. 猪锌缺乏症与猪疥螨病的鉴别

〖相似点〗猪锌缺乏症与猪疥螨病均有头、颈、躯干等处皮肤潮红、瘙痒、痂皮，消瘦，发育受阻等临床表现。

〖不同点〗猪疥螨病是由疥螨感染引起的，通常病变部位在头、眼窝、颊、耳，以后蔓延至颈、肩、背、躯干及四肢，奇痒，因擦痒使皮肤增厚变粗。在病健皮肤交界处用凸刃刀刮去干燥痂皮后再刮新鲜痂皮至出血为止，将痂皮放在黑纸或黑玻片上，并在灯火上微微加热，在光亮处或日光下用放大镜仔细检查，可发现有活的疥螨在爬动。

5. 猪锌缺乏症与猪硒中毒的鉴别

〖相似点〗猪锌缺乏症与猪硒中毒均有消瘦，发育迟缓，皮肤潮红、瘙痒，落皮屑，眼流泪，母猪流产，产死胎等临床表现。

〖不同点〗猪硒中毒在发病后7～10天开始脱毛，1个月后长新毛，臀、背部敏感，触摸时发嘶叫，蹄冠、蹄缘交界处出现环状贫血苍白线，后发绀，最后蹄脱落。将胃内容物或呕吐物制成检液，将检液1滴置滴板上，再加1滴新配制的1%不对称二苯肼的冰乙酸溶液和1滴2摩/升的盐酸溶液，将此三液充分混匀，如有亚硒酸存在，立即出现红色反应，随即变成亮红紫色。

【防制】合理调配日粮，保证日粮中有足够量的锌，并适当限制钙的水平，使钙、锌的比例维持在100∶1。锌的需要量按猪只的性别不同而不同，小母猪对锌的需要量相对较低，为每千克饲料30毫克，而小公猪约为每千克饲料50毫克。猪对锌的需要量平均为每千克饲料40毫克，适宜补锌量为每千克饲料100毫克。

在日粮中添加硫酸锌，每吨饲粮添加200克，每日1次，连续服用10天，可有效预防锌缺乏。脱毛严重的哺乳母猪和断奶仔猪要加倍补锌。

九、猪食盐（氯化钠）缺乏症

猪食盐缺乏症是由于饲料中食盐缺乏而引起的一种营养代谢病。

【病因】饲料中食盐不足；由于各种疾病，尤其是中暑、剧烈运动，烈日暴晒等因素，猪只大汗淋漓，大量失盐和脱水，引起食盐缺乏。

【临床症状】猪食盐缺乏时，往往出现生长发育缓慢，食欲减退，饲料利用率降低，被毛粗乱，无光泽，体重减轻，出现异嗜现象，病猪乱啃异物、咀嚼煤渣、舔食泥沙等。严重时被毛脱落，肌肉神经系统功能紊乱，心跳失常。

【类症鉴别】

1. 猪食盐缺乏症与猪钙磷缺乏症的鉴别

〖相似点〗猪食盐缺乏症与猪钙磷缺乏症均有精神不振，食欲减退，生长缓慢，有啃泥土、舔墙壁的异嗜行为等临床症状。

〖不同点〗猪钙磷缺乏症是因饲料中钙磷缺乏而发病，患猪挑食，吃食时多时少，发育不良，骨骼变形（脊柱和四肢长骨弯曲，关节肿大），四肢强拘，步态疼痛，行动不稳，站立困难。

2. 猪食盐缺乏症与猪铜缺乏症的鉴别

〖相似点〗猪食盐缺乏症与猪铜缺乏症均有精神不振，食欲减退，生长缓慢，有啃泥土、舔墙壁的异嗜行为等临床症状。

〖不同点〗猪铜缺乏症是因猪体缺铜而发病，患猪贫血，毛色由深变浅，黑毛变棕色或灰白色，关节不能固定，血铜低于正常值（0.1 微克/毫升）。剖检可见肝、脾、肾广泛性血铁黄素沉着，呈土黄色。

3. 猪食盐缺乏症与猪锌缺乏症的鉴别

〖相似点〗猪食盐缺乏症与猪锌缺乏症均有精神不振、食欲减退、生长缓慢、被毛粗乱、脱毛等临床症状。

〖不同点〗猪锌缺乏症是因猪体缺锌而发病，患猪皮肤有小红点，经 2～3 天后破溃结痂，重时连片。皮肤粗糙呈网状干裂，同时一蹄或数蹄出现纵裂或横裂，蹄壁无光泽。血清锌含量由正常的 0.98 微克/毫升降到 0.22 微克/毫升。

【防制】个体养猪，按每日每头饲喂食盐 5～10 克，改善饲料的适口性，增强食欲和消化功能，促进猪只的生长发育。集约化猪场，在饲料中配给 0.5%～0.61% 的食盐，长期饲喂，有预防食盐缺乏的作用。

十、猪硒-维生素 E 缺乏症

硒和维生素 E 都具有抗氧化作用，可使组织免受体内过氧化物的损害而对细胞的正常功能起保护作用。两者各有不同的性能，但硒极端缺乏，也使胰脂酶的合成受阻，影响脂肪和维生素 E 的吸收。单纯发生硒或维生素 E 缺乏并不多见，临床上较多发生的是微量元素硒-维生素 E 共同缺乏所引起的硒-维生素 E 缺乏症。其病理特征表现为骨骼肌变性、坏死（肌营养不良、白肌病），肝营养不良及心肌纤维变性等。同时导致仔猪骨髓成熟障碍，引起红细胞的生成不足和溶血。本病一年四季都可发生，以仔猪发病为主，多见于冬末春初。

【病因】饲料中含硒量过低（低于 0.05 毫克/千克）；猪日粮中含铜、锌、砷、汞、镉过多，影响硒的吸收；青绿饲料中含有过多的不饱和脂肪酸，则胃肠吸收不饱和脂肪酸增加，其游离根与维生素 E 结合，可引起维生素 E 的缺乏，导致肌、肝的营养不良和坏死。

【临床症状和病理变化】依病程经过可分为急性、亚急性和慢性 3 种类型。依发生的器官可分为白肌病（骨骼肌型）、桑葚心（心肌型）、肝营养不良（肝变型）。

患猪体温一般无异常，精神沉郁，以后卧地不起，继而昏睡。食欲减退或废绝，眼结膜充血或贫血，仅见眼睑浮肿，白毛猪皮肤病初可见粉红色，随病程延长而逐渐转变为紫红色或苍白色，颌下、胸下及四肢内侧皮肤发绀。骨骼肌型的患猪初期行走时后躯摇摆或跛行，严重时后肢瘫痪，前肢跪地行走，强行起立，肌肉震颤，常尖叫。心肌炎型则心跳快，节律不齐。育肥猪肌肉变性，肌红蛋白尿，有渗出性素质时皮下浮肿。

1. 先天性缺硒

生后几小时至 2 天即表现皮肤发红，软弱无力，站立困难，趴卧，后肢向外伸展，全身震颤，末梢部位冷，体温 37℃，个别腹泻，全身皮下水肿，四肢皮肤趋皱，显得透明有波动，关节轮廓不显，颈、肩皮下水肿也很明显，多在病后 3～5 小时后死亡。

剖检初生仔猪四肢、胸腹下皮肤发红，全身皮下水肿，股、胯、腹壁、颌下、颈、肩水肿层厚达 1～2 厘米。局部肌肉大量浸润，水肿液清亮如水，暴露空气后不凝固，心包有不同程度的积液。两肾苍白易碎，周围水肿，少数表面有小红点，肝淤血，呈暗红色或一致的黄土色。肠系膜不同程度水肿。全身肌肉，尤其是后腿、臀、肩、背、腰部肌肉苍白，有些为黄白色，肌间有水肿液浸润，致肌肉松软半透明。心、肺、脾、胃肠道、膀胱无眼见病变，血色淡薄。

2. 白肌病

主要见于 3～5 周龄的仔猪，急性发病多见于体况良好、生长迅速的仔猪，常无任何先兆，突然抽搐、嘶叫，几分钟后死亡。有的病程延长至 1～2 周，精神不振，不愿活动，喜卧，步行强拘，站立困难，常呈前肢跪下或犬坐。继续发展则四肢麻痹，心跳快而弱，节律不齐，呼吸浅表，排稀粪，尿血红蛋白尿。成年猪多呈慢性经过，症状与仔猪相似，但病程较长，易于治愈，死亡率低。

剖检骨骼肌色淡，如鱼肉样，以肩胛、胸、背、腰、臀部肌肉变化最明显，可见白色或淡黄色的条纹斑块状稍浑浊的坏死灶。心肌扩张变薄，以左心室为明显，心内膜隆起或下陷，膜下肌肉层呈灰白色或黄白色条纹或斑块。肝肿大，硬而脆，切面有槟榔样花纹。肾充血肿胀，实质有出血点和灰色的斑状灶。脑白质软化。

3. 桑葚心

一般外观健康，无前驱症状即死亡，可能发现死亡猪不只 1 头。如见有存活的，则表现呼吸困难，发绀，躺卧，如强迫行走可立即死亡。大约有 25% 表现症状轻微，饮食不振，迟钝，如遇天气恶劣或运输等应激将促其急性死亡。皮肤有不规则的紫红色斑点，多见于股内侧，有时遍及全身，一般体温、粪便正常，心率加快。

剖检心脏扩张，两心室容积增大，横径变宽，呈圆球状，沿心肌纤维走向发生多发性出血、呈紫色，有如桑葚样。心肌色淡而弛缓，心内外膜有大量出血点或弥漫性出血，心肌间有灰白色或黄白色条纹状变性和斑块状坏死区。肝容积增大，有杂色斑点，中心小叶充血和坏死。肺、脾、肾充血，心包液、胸、腹水明显增量，透明橙黄色。

4. 肝营养不良（饮食性肝机能病）

多见于3～4周龄的仔猪，常在发现时已死亡。偶有一些病例在死亡前出现呼吸困难。患猪严重沉郁，呕吐，蹒跚，腹泻，耳、胸、腹部皮肤发绀，后肢衰弱，臀、腹下水肿。病程较长者多有腹胀、黄疸和发育不良。

剖检急性病例，肝正常的红褐色小叶和红色出血性坏死小叶及白色或淡黄色缺血性凝固坏死小叶混杂在一起，形成彩色多斑的嵌花式外观（俗称花肝）。发病小叶可能孤立成点，也可联合成片，并且再生的肝组织隆起，使肝表面粗糙不平。慢性病例，出血部位成暗红色或红褐色，坏死部位萎缩，结缔组织增生，形成瘢痕，使肝表面凹凸不平。

【类症鉴别】

1. 猪硒-维生素 E 缺乏症与猪铜缺乏症的鉴别

〖相似点〗猪硒-维生素 E 缺乏症与猪铜缺乏症均有仔猪多发，食欲不振，贫血，四肢强拘、跛行，常卧地不起，站立困难，犬坐等临床症状。

〖不同点〗猪铜缺乏症患猪四肢发育不良，关节不能固定，跗关节过度屈曲，呈蹲坐姿势，前肢不能负重，关节肿大、僵硬，急转弯时易向一侧摔倒。剖检可见肝、脾、肾广泛性血铁黄素沉着。血铜含量低于 0.7 微克/毫升（血浆铜 0.5 微克/毫升），猪毛含铜量低于 8 毫克/千克。猪硒-维生素 E 缺乏症眼睑浮肿，颌下、胸下及四肢内侧皮肤发绀。育肥猪肌肉变性，肌红蛋白尿，有渗出性素质时皮下浮肿。

2. 猪硒-维生素 E 缺乏症与猪心性急死病的鉴别

〖相似点〗猪硒-维生素 E 缺乏症与猪心性急死病均有运动僵硬，皮肤发绀，急性死亡，骨骼呈灰白色，心肌有白色条纹等临床症状和病理变化。

〖不同点〗猪心性急死病常在应激情况下发病，夏季多发，成年公、母猪多发。剖检可见棘突上下纵行肌肉呈白色或灰白色，有时一端病变，一端正常。

3. 猪硒-维生素 E 缺乏症与猪血细胞凝集性脑脊髓炎的鉴别

〖相似点〗猪硒-维生素 E 缺乏症与猪血细胞凝集性脑脊髓炎均有精神不振，喜睡，共济失调，犬坐，后肢麻痹，呼吸困难等临床症状。

〖不同点〗猪血细胞凝集性脑脊髓炎的病原是血球凝集性脑脊髓炎病毒，多发于 2 周龄以内的仔猪，具有传染性。患猪呕吐，常堆聚在一起，打喷嚏，咳嗽，磨牙，对响声及触摸敏感、尖叫。剖检可见除脑有病变外，其他无明显病变。取病料接种于猪单层胎肾原代细胞，接种 12 小时观察，出现融合细胞。

4. 猪硒-维生素 E 缺乏症与猪水肿病的鉴别

〖相似点〗猪硒-维生素 E 缺乏症与猪水肿病均有眼睑浮肿，行走无力，四肢麻痹，多发于仔猪等临床症状。

〖不同点〗猪水肿病是由致病性大肠杆菌引起的传染病，多发于断奶前后的仔猪。患猪体温稍高（39～40℃），口流白沫，有轻度腹泻，后便秘，结膜、颈、腹下也水肿，肌肉震颤，四肢做游泳动作。剖检可见胃壁、结肠肠系膜、眼睑、脸部及颌下淋巴结水肿。肠内容物可分离出病原性大肠杆菌。

【防制】

1. 预防措施

每千克饲料中添加 0.022 克无水亚硒酸钠（硒 0.1 毫克/千克），同时每千克饲料添加维生素 E 20～25 单位；为防止仔猪发病，仔猪生后分别于 7 日龄、断奶时及断奶后 1 月龄，用亚硒酸钠，每千克体重 0.06 毫升（相当 0.1%亚硒酸钠 0.06 毫克）各注

射 1 次；母猪配种后 60 天以内补硒，每半月 1 次，每次用 0.1%
亚硒酸钠 5～10 毫升拌饲料喂或每半月肌注 10 毫升，并在怀孕
2～2.5 个月和产前 15～25 天分别肌注 0.1% 亚硒酸钠 10 毫升。可
预防先天性仔猪硒缺乏。

2. 发病后措施

亚硒酸钠维生素 E 注射液（每支 5 毫升或 10 毫升，每毫升含
维生素 E 50 单位、亚硒酸钠 1 毫克），仔猪每次肌注 1～2 毫升
（猪肌内注射的致死量每千克体重为 1.2 毫克，猪的体重越大，中
毒量越小）。

第五章 猪其他疾病的类症鉴别诊断及防治

一、热应激

热应激是指处于极端高温环境中的动物机体对热环境提出的任何要求所做的非特异性的生理反应的总和。

【病因】猪在炎热的季节里，长时间、直接受到暴晒，且饮水和喂食盐不足，导致散热调节障碍，体温急剧升高，很快出现严重的全身症状（日射病）。由于猪长时间处于高温、高湿和不通风的环境中而发生热射病。

【临床症状】本病发生急，进展迅速，处理不及时或不当，常很快死亡，应引起高度注意。常突然发病，精神沉郁、步态不稳，共济运动失调，或突然倒地不能站立。目光呆滞，张口伸舌，心跳加快，呼吸频数，体温升高，可达42～43℃，触摸体表感到烫手。有的出现明显的神经症状，狂暴不安，或卧地抽搐，很快进入昏迷状态，呼吸高度困难，眼睑、肛门反射消失，瞳孔散大而死亡。

【类症鉴别】

1. 猪中暑与猪脑及脑膜炎的鉴别

〖相似点〗猪中暑与猪脑及脑膜炎均有体温升高（41℃左右），有意识障碍，流涎，突然发病等临床症状。

〖不同点〗猪脑及脑膜炎发病之初表现兴奋，无休止盲目行走或转圈，磨牙，嘶叫。缺乏太阳直射或闷热环境也可发病，体温较低，眼结膜、皮肤不发紫。

2. 猪中暑与猪脑震荡的鉴别

〖相似点〗猪中暑与猪脑震荡均有精神委顿、意识障碍、卧地四肢划动等临床症状。

〖不同点〗猪脑震荡多因打击、冲撞头部而发病，体温不高，发作时卧地四肢划动，之后仍能正常行动，且能反复发作。黏膜、皮肤无异常，发病与炎热无关。

3. 猪中暑与猪食盐中毒的鉴别

〖相似点〗猪中暑与猪食盐中毒均有意识障碍、瞳孔散大、皮肤发绀、卧地四肢划动、体温升高（41℃左右）等临床症状。

〖不同点〗猪食盐中毒是因饲料拌盐太多或用腌菜、酱渣喂食后而发病；烦渴喜饮却尿少或无尿，空嚼流涎，间或呕吐，兴奋时盲目前冲，有的角弓反张，抽搐震颤，有时昏迷，有的癫痫发作。缺乏太阳直射或闷热环境也可发病。

【防制】

1. 预防措施

炎热季节长途运输猪时，车上应装置遮阳棚，途中间隔一定时间应停车休息一下，并给猪群清凉饮水；进入炎热季节，猪舍的湿度大，应加强猪舍的通风管理，尤其是午后和闷热的黄昏，更应注意猪舍的通风。猪舍隔热性能良好，安装必要的降温冷却系统。减少饲养密度，提高日粮营养浓度以及在饲料中添加维生素 C、维生素 E、牛磺酸等抗热应激剂。

2. 发病后措施

处方 1：①刺破耳静脉放血 50～200 毫升，以降低颅内压。②以清凉的自来水喷洒头部及全身，以促使散热和降温。③林格尔液 500～1500 毫升、10％樟脑磺酸钠注射液 10～20 毫升，凉水中冷浴后，立即静脉注射，1～3 次/天。④维生素 C 粉 100 克，加入清凉饮水 1000 千克中，全群混饮，连用 3～5 天。

处方 2：①以清凉的自来水喷洒头部及全身，以促使散热和降温。②5％维生素 C 注射液 0.2～1 克/次、葡萄糖生理盐水 500～1500 毫升、10％樟脑磺酸钠注射液 10～20 毫升，腹腔注射，1～3 次/天。③十滴水 3～5 毫升/头，加入清凉的饮水中，全群混饮，连用 1～2 天。

二、口炎

口炎（口疮）是舌炎和齿龈炎等口腔黏膜炎症的统称。类型较多，以卡他性、水疱性和溃疡性口炎多见，卡他性口炎最常发生。均以流涎、厌食或拒食为特征。

【病因】由于粗硬饲料与尖锐异物损伤口腔黏膜而致发炎；喂了过热的饲料和饮水，或猪食用了霉烂的饲料；误吃了有腐蚀性的强酸、强碱药物刺激口腔黏膜而致发炎；某些传染病，如猪丹毒、口蹄疫、猪水疱病等，均有口炎症状。

【临床症状】病猪口腔黏膜发红，唇内、舌下、舌边缘、齿龈有水疱，溃烂，流出带红色的黏液。猪吃食缓慢或不敢吃食。若猪患丹毒、口蹄疫、水疱病等传染病引起的口炎，常伴有体温升高。

【类症鉴别】

1. 猪一般性口炎与猪口蹄疫的鉴别

〖相似点〗猪一般性口炎与猪口蹄疫均有口腔黏膜发炎、流涎、食欲减少或废绝等临床症状。

〖不同点〗猪口蹄疫是由口蹄疫病毒感染引起的一种传染病。患猪体温升高（40～41℃），鼻盘、舌、唇内侧、齿龈有水疱或溃疡，同时蹄冠、蹄叉、蹄踵部出现红肿、水疱或溃疡。通过补体结合试验、中和试验可鉴定病毒型。猪一般性口炎无传染性、无体温升高，精神状态尚好，猪吃食缓慢或不敢吃食。

2. 猪一般性口炎与猪水疱性口炎的鉴别

〖相似点〗猪一般性口炎与猪水疱性口炎均有口腔黏膜发炎、流涎、食欲减少或废绝等临床症状。

〖不同点〗猪水疱性口炎是由猪水疱性口炎病毒感染引起的一种传染病。患猪体温升高（40～41.5℃），蹄冠和趾间发生水疱，蹄冠水疱病灶扩大时可使蹄壳脱落并出现跛行。用间接酶联免疫吸附法（ELISA）可确诊。

3. 猪一般性口炎与猪水疱病的鉴别

〖相似点〗猪一般性口炎与猪水疱病均有口腔黏膜发炎、流涎，采食、咀嚼、吞咽困难等临床症状。

〖不同点〗猪水疱病是由水疱病毒感染引起的一种传染病。患猪体温升高（40～41℃），主趾、附趾和蹄冠上与皮肤交界处首先见到上皮苍白肿胀，1天后水疱明显突出一个或几个黄豆大并继续融合扩大，很快破裂形成溃疡，真皮显鲜红色，跛行、运步艰难。用病料分别接种1～2日龄和7～9日龄的小白鼠，1～2日龄的死亡，7～9日龄的不死，即为水疱病。

4. 猪一般性口炎与猪水疱性疹的鉴别

〖相似点〗猪一般性口炎与猪水疱性疹均有口腔黏膜发炎、流涎、减食或饮食废绝等临床症状。

〖不同点〗猪水疱性疹是由水疱性疹病毒感染引起的一种传染病。患猪体温升高（41～42℃），鼻盘、舌、口、唇黏膜、蹄冠、蹄间、蹄踵、乳头出现数毫米至3厘米的水疱，跛行，不愿走动。

【防治】给予易消化的稀软饲料，如疑似某种传染病时，应迅速隔离，寻找病因，对症治疗。

处方1：选用2％食盐液、2％～3％硼酸液、0.1％高锰酸钾溶液、2％～3％碳酸氢钠液冲洗口腔。如口腔溃烂时，在冲洗之后，用碘甘油溶液（碘5％、碘化钾10％、甘油20％、蒸馏水65％）或10％磺胺甘油乳剂涂抹患处，每天涂抹2次。或青霉素80万单位、磺胺粉5克和蜂蜜适量，制成软膏状，涂患部，每天2次。

处方2：胆矾、黄连、黄柏、儿茶各3份，共为细末，取少许（1～3克）吹入病猪口腔内，每天吹入3次。吹药前，先冲洗病猪口腔。

三、胃肠炎

胃肠炎是指胃肠黏膜及其深层组织的炎症变化。

【病因】原发性胃肠炎的引发原因有突然更换饲料，在寒冷季节原来喂温食，而突然改喂凉食；饲料不洁或粗纤维过多；吃食过饱；饲料变质等。继发性的因素很多，如寄生虫病、一些传染病、饲料中毒、代谢性疾病、外科病等。

【临床症状】突然出现剧烈而持续性腹泻，排出物呈水样，有时带有假膜、血液或脓性物，味恶臭。食欲减退或废绝，渴感严重，并伴有呕吐，有时呕吐物中带有血液或胆汁。精神沉郁，喜卧，间或发生急性腹痛而表现不安。体温通常升高至 40～41℃。耳尖及四肢末梢有冷感，鼻盘干燥，可视黏膜发红，呼吸加快，皮温不均。重症时，肛门失禁，呈里急后重现象。随着病情的发展，患猪眼窝下陷，呈失水状；四肢无力，最后起立困难，呼吸、心跳加快而微弱，肌肉震颤，体温下降，随后全身衰竭而死。病情重者 1～3 天死亡，较轻者可延至 1 周左右。

由中毒引起的胃肠炎，体温往往正常，有腹痛症状而不一定发生腹泻，严重者食欲消失，随后四肢无力，经 1～3 天全身痉挛而死。

【类症鉴别】

1. 猪胃肠炎与猪胃肠卡他的鉴别

〖相似点〗猪胃肠炎与猪胃肠卡他均有精神委顿，呕吐、食欲不振，粪初干后稀，肠音亢进，甚至直肠脱出，眼结膜充血等临床症状。

〖不同点〗猪胃肠卡他体温不高，仍有食欲，粪时干时稀，全身症状不如胃肠炎重。

2. 猪胃肠炎与猪棉籽饼中毒的鉴别

〖相似点〗猪胃肠炎与猪棉籽饼中毒均有精神沉郁，体温升高（有时 40℃以上），低头拱腰，粪（先）干，下痢带血，眼结膜充血，尿少色浓，有时呕吐等临床症状。

〖不同点〗棉籽饼中毒是因过量吃棉籽饼而发病。患猪呼吸迫促，流鼻液、咳嗽，尿黄稠或红黄色，肌肉震颤，有的嘴、耳根皮肤发紫，或类似丹毒疹块。胸腹下水肿。剖检可见肝充血肿大，有出血性炎症，喉有出血点，肺充血、气肿、水肿，气管充满泡沫样液体。心内、外膜有出血点，心肌松弛肿胀。肾脂肪变性，膀胱炎严重。

3. 猪胃肠炎与猪酒糟中毒的鉴别

〖相似点〗猪胃肠炎与猪酒糟中毒均有体温升高（39～41℃），腹痛、便秘、腹泻，废食，脉快弱等临床症状。

〖不同点〗猪酒糟中毒是因吃酒糟而发病。患猪肌肉震颤，初始兴奋不安甚至狂暴，步态不稳，最后四肢麻木。剖检可见咽喉、食道黏膜充血，胃内酒糟呈土褐色、有酒味。

4. 猪胃肠炎与猪马铃薯中毒的鉴别

〖相似点〗猪胃肠炎与猪马铃薯中毒均有精神沉郁，食欲废绝，下痢便血、腹痛、呕吐等临床症状。

〖不同点〗马铃薯中毒是因吃太阳暴晒、发芽、腐烂的马铃薯而发病。患猪病初兴奋狂躁，皮肤产生核桃大、凸出于皮肤、扁平、红色、中央凹陷的疹块（轻症如湿疹），全身渐进性麻痹，瞳孔散大，呼吸微弱、困难。

【防制】

1. 预防措施

防止喂给有毒食物及腐败发霉的饲料，注意饮水清洁，定期做好肠道寄生虫的驱虫工作。在冬季应做好棚舍通风保温工作，以防感冒。

2. 发病后措施

一旦发生胃肠炎要及时进行治疗。抑菌消炎是根本，可用黄连素、庆大霉素、氯霉素（每千克体重 0.2～0.5 克）、氟哌酸（每千克体重 0.2～0.4 克）等口服。用人工盐、石蜡油等缓泻，用木炭末或硅炭银片等止泻。脱水、自体中毒、心力衰竭等是急性胃肠炎的直接致死因素。因此，施行补液、解毒、强心是抢救危重胃肠炎的三项关键措施，输注 5% 葡萄糖生理盐水、复方氯化钠和碳酸氢钠（后两者不能混用）是较常用的方法。应用口服补液盐放在饮水中让病猪足量饮用也有较好的效果。若有腹痛不安或呕吐表现时内服颠茄或复方颠茄片，必要时可肌内注射阿托品。

四、感冒

感冒是受寒冷刺激而致鼻黏膜或上呼吸道黏膜的急性卡他性炎症，同时伴有全身症状的一种常见病。

【病因】常发生于早春、晚秋及冬季，在气温骤变时，尤其是大风、降温时多发。圈舍阴凉，贼风侵袭，长途运输遭风淋等均可发病。动物营养不良，管理不善，抵抗力降低时更易发生。

【临床症状】精神沉郁，头低耳聋；咳嗽、打喷嚏，常有擦鼻现象；结膜潮红、流泪；皮温不匀，末梢发凉，寒战，猪喜钻垫草。鼻腔有浆性鼻液，后期有黏脓性鼻液，常继发上呼吸道或肺部细菌感染；呼吸粗厉，有时胸部听诊有啰音；重者体温升高，呼吸、脉搏数加快。肌肉疼痛、僵硬而表现行走迟缓、步态僵直或喜卧少站。

【类症鉴别】

1. 猪感冒与猪流感的鉴别

〔相似点〕猪感冒与猪流感均有体温突然升高（40℃以上），流泪，流鼻液，咳嗽，精神不振，食欲减退等临床症状。

〔不同点〕猪流感的病原是 A 型流感病毒，具有传染性。患猪体温可达 42℃，结膜肿胀，咳嗽阵发性，腹式呼吸，触诊肌肉僵硬、疼痛。剖检肺尖叶、心叶、膈叶的背面与基底部与周围组织有明显的界限，颜色由红至紫、塌陷、坚实，韧度似皮革，病变区膨胀不全。

2. 猪感冒与猪气喘病（慢性）的鉴别

〔相似点〕猪感冒与猪气喘病均有精神不振、减食、咳嗽、呼吸加快等临床症状。

〔不同点〕猪气喘病的病原是肺炎霉形体，具有传染性。患猪在喂食或剧烈运动后咳嗽明显，咳嗽时头下垂，拱背伸颈，咳嗽用力。剖检肺的心叶、尖叶、中间叶呈淡灰红色或灰色半透明肉变，或淡紫色、深紫红色、灰白色、灰黄色如虾肉样变。

3. 猪感冒与猪支气管炎的鉴别

〖相似点〗猪感冒与猪支气管炎均有体温突升至 40℃ 左右，食欲减退，流鼻液，咳嗽等临床症状。

〖不同点〗猪支气管炎听诊肺有啰音，病初有阵发性短促干咳，而后变湿咳，随后呼吸困难。剖检支气管黏膜充血，产生红色斑块或条纹。黏膜上附有黏液，黏膜下有水肿。

4. 猪感冒与猪蛔虫病的鉴别

〖相似点〗猪感冒与猪蛔虫病均有精神沉郁，呼吸快、咳嗽等临床症状。

〖不同点〗猪蛔虫病一般体温不高，食欲时好时坏，有时呕吐、流涎、下痢。粪检可见虫卵。

【防制】治疗原则是解热镇痛，去风散寒，加强保暖，充分休息，多给饮水。

处方 1：30% 安乃近（或复方氨基比林），每次 10～20 毫升肌注，每天 1～2 次，同时肌内注射青霉素 100 万～200 万单位和硫酸链霉素 100 万单位混合液，每天 1 次或 2 次。

处方 2：杏仁 5 克，桔梗 10 克，紫苏 10 克，半夏 5 克，陈皮 10 克，前胡 5 克，枳壳 10 克，茯苓 5 克，生姜 10 克，甘草 5 克（加减杏苏饮），煎汤灌服。中猪（50 千克左右）一次内服，每天 1 剂，连服 3 剂（发热轻，怕冷重，耳鼻俱冷，肌肉震颤者多偏寒，治宜去风散寒）。

处方 3：桑叶 10 克，菊花 5 克，金银花 8 克，连翘 5 克，杏仁 5 克，桔梗 5 克，牛蒡子 10 克，薄荷 5 克，生姜 5 克，干草 5 克（桑菊银翘散加减），煎汤内服。中猪（50 千克左右）一次内服，每天 1 剂，连服 3 剂（发热重、怕冷轻，口干舌燥，眼红多眵者，治疗宜发表解热）。

五、支气管炎

【病因】饲养管理不良是引发本病的主要原因之一，如猪舍狭窄、低温、猪群拥挤或因某些有害气体所引起。有时继发于感冒。

【临床症状】病初有阵发性短而干的咳嗽，咳时有疼痛感，逐渐变为湿咳并伴有呼吸困难症状。听诊肺部有啰音，如分泌物厚而黏时，可听到捻发音，压诊胸壁疼痛，精神、食欲不好。仔猪患此病时，常喜卧而不愿多动，体温往往增高，病情严重的常转为支气管肺炎。如无并发症，通常 7～10 天可恢复。若转为慢性支气管炎时，病猪消瘦、咳嗽、气喘，常因极度衰弱而死亡。

【类症鉴别】

1. 猪支气管炎与猪气喘病的鉴别

〖相似点〗猪支气管炎与猪气喘病均有体温升高、咳嗽（清晨、赶猪、喂食和运动后咳嗽最明显）、呼吸困难、流鼻液等临床症状。

〖不同点〗气喘病是由肺炎霉形体感染引起的一种传染病。新疫区怀孕母猪多呈急性经过，流行后期和老疫区多呈慢性经过。呼吸数明显增多（每分钟 60～120 次），X 射线检查肺野内侧区和心膈角区呈不规则云絮状渗出性阴影。剖检肺心叶、尖叶、中间叶"肉样"或"虾肉样"变。

2. 猪支气管炎与猪蛔虫病的鉴别

〖相似点〗猪支气管炎与猪蛔虫病均有食欲减退，体温升高，咳嗽，呼吸加快，精神沉郁等临床表现。

〖不同点〗猪蛔虫病是由蛔虫感染引起的，患猪营养不良，眼结膜苍白，消瘦，被毛粗乱，磨牙。粪检有虫卵，剖检有蛔虫。

3. 猪支气管炎与猪肺丝虫病的鉴别

〖相似点〗猪支气管炎与猪肺丝虫病均有咳嗽、肺部听诊有啰音等表现。

〖不同点〗猪肺丝虫病是由后圆线虫感染引起的，患猪常发生轻咳，一回能连续咳 50 次左右。眼结膜苍白，消瘦，生长缓慢。剖检膈面有楔状气肿区，支气管内有黏液和虫体。

4. 猪支气管炎与猪小叶性肺炎的鉴别

〖相似点〗猪支气管炎与猪小叶性肺炎均有呼吸迫促、咳嗽，初干咳带痛，流鼻液（初稀后稠），肺部听诊有啰音，食欲减退等临床表现。

〖不同点〗猪小叶性肺炎病初体温即突然升高至40℃以上，叩诊胸部能引起咳嗽。剖检肺的前下部散在一个或数个孤立的大小不同的肺炎病灶，每个病灶是一个或一群肺小叶。

5. 猪支气管炎与猪大叶性肺炎的鉴别

〖相似点〗猪支气管炎与猪大叶性肺炎均有食欲减退，咳嗽，流鼻液，胸部听诊有啰音等临床表现。

〖不同点〗猪大叶性肺炎眼结膜先发红后黄染发绀，腹式呼吸，流脓性鼻液，肝变期流锈色或红色鼻液，胸部叩诊有鼓音（充血期）或浊音（肝变期）。体温高达41℃并稽留6～9天。剖检肺充血水肿期呈暗红色、平滑稍实，取小块投入水中半沉；肝变期色与硬度如肝，切面粗糙，切小块投水中下沉；灰色肝变期，质如肝，色灰白或灰黄；溶解期肺缩小，色恢复正常。

【防制】

1. 预防措施

保持猪舍干燥清洁，冬暖夏凉，防止猪群拥挤，预防感染。

2. 发病后措施

使用药物消炎和祛痰止咳。

处方 1：青霉素，每千克体重1万～1.5万单位，用蒸馏水稀释，肌内注射，每天2次（或盐酸土霉素，0.5～1克，用5％葡萄糖液溶解，肌内注射，每天1～2次）。复方甘草合剂10～20毫升，每天2次（或氯化铵2～4克，人工盐10～30克，一次内服，每天2次）。

处方 2：10％磺胺嘧啶钠注射液，首次30～60毫升，肌内注射，以后隔6～12小时注射20～40毫升。氯化铵2～4克，人工盐10～30克，一次内服，每天2次（或复方甘草合剂10～20毫升，每天2次，或氯化铵、碳酸氢钠各10克，分为2包，每天3次，每次 1 包)。

六、风湿症

猪的风湿症是一种反复发作的急性或慢性非化脓性炎症,以胶原纤维发生纤维素样变性为特征的疾病。它主要侵害猪的背、腰、四肢的肌肉和关节,同时也侵害蹄和心脏以及其他组织器官。临床上以猪关节及周围肌肉组织发炎、萎缩为特征。在寒冷地区和冬季发病率高。

【病因】病因不十分明确,潮湿、寒冷、运动不足、过肥及饲料变换等可能成为诱因。

【临床症状】多见突然发病,患部肌肉紧张疼痛,步态强拘。先从后肢开始发病,逐渐向腰部及全身扩大,跛行随着运动时间的增加而缓解。关节风湿以肿胀为主,突然发生一至数个关节,以腕关节和膝关节多见,患部有热感,压之疼痛,病猪卧倒后不愿起立。

【类症鉴别】

1. 猪风湿症与猪钙磷缺乏症的鉴别

〖相似点〗猪风湿症与猪钙磷缺乏症均有食欲减退,精神不振,不愿走动,喜卧,关节疼痛敏感,运动强拘等临床症状。

〖不同点〗猪钙磷缺乏症是因饲料中钙磷缺乏而发病,仔猪骨骼变形,成年猪关节肿大,大小猪均有吃泥土、煤渣、鸡屎等异嗜行为,每天食量时多时少,吃食无"嚓嚓"声,运动时的强拘不因运动持续而减轻;猪风湿症以猪关节及周围肌肉组织发炎、萎缩为特征,无异嗜行为。

2. 猪风湿症与猪无机氟化物中毒的鉴别

〖相似点〗猪风湿症与猪无机氟化物中毒均有行动迟缓,步样强拘,跛行,喜卧,不愿站立等临床症状。

〖不同点〗猪无机氟化物中毒是因吃被无机氟化物污染的饲料或饮水而发病。患猪跖骨、掌骨对称性肥厚,下颚也对称性肥厚,间隙狭窄,运动时可听到关节"嘎嘎"出声。白齿变成波状齿,牙齿有淡红色或淡黄色斑。

【防制】圈舍内垫草要经常换晒；堵塞圈舍的一些破损洞孔，避免猪在寒冷季节淋雨。

处方：患猪可用 2.5％醋酸可的松注射液 5～10 毫升，每天 2次，肌内注射；或用醋酸氢化可的松注射液 2～4 毫升，患部关节腔内注射。

七、湿疹

湿疹是皮肤表层组织的一种炎症，以出现红斑、丘疹、小结节、水疱、脓疱和结痂等皮肤损害为主要特征。

【病因】本病多因猪舍潮湿，昆虫叮刺，皮肤脏污、冻伤，化学药品刺激等引起。猪饲养密度大，患慢性消化不良、慢性肾病及维生素缺乏，亦可引起本病。

此病的发生以 5～6 月为多。育肥猪发病多于母猪，瘦弱猪比健壮猪易发病。

【临床症状】

1. 急性湿疹

育肥猪、壳郎猪及仔猪易发生。发病迅速，病程 15～25 天，个别的可达 30 天。病猪初在耳根部、面部，以后在颈、胸、腹两侧及内股等部位，甚至全身的皮肤上出现米粒至豌豆大的丘疹、小水疱或小脓疱。病猪瘙痒摩擦，疹块、水疱和脓疱磨破后流出血样黏液和脓汁，干燥后于破溃处形成黄色或灰色、黑色痂皮。病猪精神不佳，食欲减退，消化不良，消瘦。

2. 慢性湿疹

多见于营养不良、体质瘦弱的壳郎猪和母猪。病程 1～2 个月，有的可达 3 个月。病猪精神倦怠，皮肤脱毛、增厚、变硬、瘙痒，有的出现糠麸样黑色痂皮。

【类症鉴别】

1. 猪湿疹与猪锌缺乏症的鉴别

〖相似点〗猪湿疹与猪锌缺乏症均有腹部和股内侧有小红点，

皮肤破溃、结痂、痒，消瘦等临床症状。

〖不同点〗猪锌缺乏症是因猪体缺锌而发病，病患先从耳尖、尾部开始再向全身发展，不出现水疱、脓疱。患部皮肤皱褶粗糙，网状干裂明显。蹄也发生裂开。四肢关节附近增生的厚痂周围被毛有油腻污染，经久不愈。血检血清锌从正常的 0.98 微克/毫升降至 0.22 微克/毫升。

2. 猪湿疹与猪皮肤真菌病的鉴别

〖相似点〗猪湿疹与猪皮肤真菌病均有皮肤出现脓疱、糠麸样鳞屑、瘙痒等临床症状。

〖不同点〗猪皮肤真菌病的病原是致病性真菌，具有传染性。患猪先脱毛，搔痒形成皮肤损伤，在躯干、四肢上部可见 1 元硬币大小的圆形或不规则的无毛而有灰白色鳞屑斑，随着皮肤损伤而扩大。

3. 猪湿疹与猪荞麦疹的鉴别

〖相似点〗猪湿疹与猪荞麦疹均有皮肤出现红斑、水疱、破溃结痂、瘙痒等临床症状。

〖不同点〗猪荞麦疹是因吃荞麦及花、茎后发病，患猪皮肤不仅痒还有疼痛，白天病情较重，夜里减轻。鼻黏膜肿胀，流鼻血，呼吸困难，严重时全身肌肉震颤，眼结膜潮红，有黏性或脓性分泌物。

4. 猪湿疹与猪渗出性皮炎的鉴别

〖相似点〗猪湿疹与猪渗出性皮炎均有皮肤发红、潮湿，有痂皮、瘙痒等临床症状。

〖不同点〗猪渗出性皮炎的病原是表皮葡萄球菌，多发生于 1 月龄以内的仔猪，潮湿处表面有黏性脂肪样分泌物结成痂皮，有恶臭。痂皮颜色黑猪为灰色，棕猪为红棕色或铁锈色，白猪为橙黄色。眼周渗出液可致结膜炎、角膜炎。鼻盘、舌上、蹄冠形成水疱和糜烂。

5. 猪湿疹与猪疥螨病的鉴别

〖相似点〗猪湿疹与猪疥螨病均有皮肤潮红，有丘疹、水疱，渗出液结痂皮，擦痒等临床症状。

〖不同点〗猪疥螨病的病原是疥螨，将痂皮放在黑纸或黑玻璃片上，在灯火上微微加热，再在日光下用放大镜观察可见疥螨在爬动。

6. 猪湿疹与猪葡萄球菌病的鉴别

〖相似点〗猪湿疹与猪葡萄球菌病均有皮肤发红，有丘疹、水疱、破溃，渗出液结成痂皮等临床症状。

〖不同点〗猪葡萄球菌病的病原是葡萄球菌，具有传染性，患猪仅少数有痒感，体温高达 43℃，还有腹泻等症状。

7. 猪湿疹与猪皮肤曲霉菌病的鉴别

〖相似点〗猪湿疹与猪皮肤曲霉菌病均有皮肤出现红斑，有丘疹（肿胀性结节），破溃渗出性结痂，奇痒等临床症状。

〖不同点〗猪皮肤曲霉菌病的病原是曲霉菌，患猪耳尖、口、眼周围、颈胸腹下、股内侧、肛门周围、尾根、蹄冠、腕、跗关节、背部等几乎全部皮肤均有肿胀性结节，破溃渗出的浆液形成灰黑色甲壳并出现龟裂。眼结膜潮红，流浆液性分泌物，并流浆液性鼻液，呼吸可听到鼻塞音。

【防制】

1. 预防措施

猪舍要保持通风、干燥和清洁，光线应充足；饲养密度不宜过大，注意猪皮毛卫生，给猪饲喂富含维生素和矿物质微量元素的饲料；夏、秋季节加强灭蚊除蝇工作。

2. 发病后措施

处方 1：0.1%高锰酸钾溶液洗净脓血、痂皮，然后用薄荷脑 1克、氧化锌 20 克、凡士林 200 克制成的软膏（也可用水杨酸 1～5克，凡士林 95～99 克，制成软膏）涂抹患部（急性湿疹）。

处方 2：在处方 1 基础上，还可同时静脉注射 10%氧化钙或氯化钙、溴化钠注射液，应用抗组胺制剂（如扑尔敏、异丙嗪）及肾上腺皮质激素等（慢性湿疹）。

处方 3：野菊花、金银花、紫花地丁各 60 克，水煎内服，每天 1 剂，连用 3～4 剂；花椒、艾叶、白矾、食盐各 50 克，大葱 250 克，煎后洗患部，连用 3～4 次；艾叶（烧成灰）60 克，枯矾 6 克，研末，撒布患部；苍术、桑枝、槐枝各 100 克，水煎后洗患部，每天 2 次；苍术、白花、黄柏各 30 克，水煎服。

八、母猪无乳综合征

母猪无乳综合征，又称泌乳失败、产褥热、毒血症性无乳症等，是一种遍及全球的疾病，是产后常发病之一。临床特征是产后 12～24 小时发病，少乳或无乳，患猪厌食，沉郁，昏睡，发热，无力，便秘，排恶露，乳腺肿胀，对仔猪感情淡薄。

【病因】应激、激素不平衡、乳腺发育不全、细菌感染、管理不当、低钙症、自身中毒、运动不足、遗传、妊娠期和分娩时间延长、难产、过肥、麦角中毒、适应差等都可导致本病的发生，而其中以应激、激素失调、传染因素和营养及管理为主要因素。

【临床症状】母猪食欲不振，饮水极少，心跳、呼吸加快，常昏迷。体温常升至 39.5～41℃，若最初体温高于 40.5℃，往往随后出现严重的疫病和毒血症。有的不愿站立或哺乳，粪便减少、干燥。

泌乳失败最重要的症状之一是对仔猪感情淡薄，对仔猪尖叫和哺乳要求没有反应。仔猪因无乳饥饿而焦躁不安，不断围绕母猪或在腹下找奶和鸣叫，或沿圈转喝尿及水，即使母猪允许哺乳仔猪也吃不到奶。如转为慢性过程，仔猪因饥饿低血糖，表现孱弱、消瘦，甚至死亡（卧于母猪旁易被压死）。有的母猪常趴卧，将乳房压在腹下，不让仔猪吃奶，这一现象可增强泌乳失败的判断。仔猪接近时母猪后退，发出鼻呼吸音或咬伤仔猪。

触诊乳房可发现多个乳腺变硬，严重时整个乳腺包括周围组织变硬，触诊留有压痕。白皮猪显潮红，按压有痛感，乳汁分泌下降，变黄、浓稠，有的水样碎组织，患病猪乳腺逐渐退化、萎缩。

【病理变化】因乳腺炎引起的泌乳失败，可见乳房变硬，乳房周围浮肿扩展到腹壁，有炎性病灶、坏死或初期脓肿（皮肤暗红，切面有脓汁流出），乳腺小叶间可看到浮肿，乳房淋巴结因水肿而充血、肿大。子宫松弛、水肿，子宫腔内储有液体，可见到急性子宫内膜炎，卵巢小，生殖器官重量减轻。肾上腺因皮质机能亢进而肥大。

【类症鉴别】

1. 母猪无乳综合征与母猪分娩后便秘的鉴别

〖相似点〗母猪无乳综合征与母猪分娩后便秘均表现分娩后不排粪，仔猪吃奶叫唤，不让仔猪吃奶等。

〖不同点〗母猪分娩后便秘体温不高，因分娩后未将分娩期间积聚的粪便排出而急于喂食导致发病。虽食欲废绝而奶少，但爱护仔猪的母性仍有，感情不淡漠。

2. 母猪无乳综合征与母猪乳腺炎的鉴别

〖相似点〗母猪无乳综合征与母猪乳腺炎均表现体温升高（40℃），乳房肿胀发红、按压有热痛，乳少等。

〖不同点〗乳腺炎患猪发病多在产后 5～30 天内，多局限于 1 个或 2～3 个乳区发病，不发病的乳房仍泌乳。如患扩散性乳腺炎，则还具有子宫内膜炎、结核病、放线菌病及病毒病的症状。如全乳区均发炎，体温升至 40～41℃，全腹下乳区均红、硬，乳汁脓性。

3. 母猪无乳综合征与母猪产褥热的鉴别

〖相似点〗母猪无乳综合征与母猪产褥热均表现分娩后发病，体温升高（41℃），泌乳减少，食欲废绝，沉郁，呼吸、心跳加快等。

〖不同点〗产褥热患猪阴道排出恶臭褐色的分泌物，四肢关节肿胀、发热、疼痛，起卧困难，行走强拘，先便秘后下痢。

4. 母猪无乳综合征与母猪子宫内膜炎的鉴别

〖相似点〗母猪无乳综合征与母猪子宫内膜炎均表现产后几天内发病，体温升高（40℃），泌乳减少，食欲减退，常不愿给仔猪哺乳等。

〖不同点〗母猪子宫内膜炎常表现努责，排出污红、腥臭的分泌物，有时含有胎衣碎片。

5. 母猪无乳综合征与母猪产后缺乳症的鉴别

〖相似点〗母猪无乳综合征与母猪产后缺乳症均表现产后无乳、拒绝仔猪吃奶，仔猪吃奶叫唤，追赶母猪吃奶等。

〖不同点〗母猪产后缺乳症体温不高，不昏睡，呼吸、心跳无异常，对仔猪感情不淡漠。

【防制】

1. 预防措施

应避免应激因素，在分娩前后不要更换饲料；猪舍保持清洁干燥，空气流通，没有噪声；分娩前后的日粮应精粗搭配，母猪不宜过肥，临产前应多给饮水和喂给多汁饲料，并给母猪适当运动，避免发生便秘；用 12 份硝酸钾、4 份乌洛托品、1 份磷酸氢钙混合均匀，在产仔前 1 周每天喂 2 次（共 28 克），可抑制乳房充血，增加母猪食欲。

2. 发病后措施

（1）初生仔猪寄养或人工饲喂　将初生仔猪移交给其他母猪寄养，如无母猪代养，可暂由人工饲喂，在第 1 周每 1～3 小时喂 1 次，以后每 8～12 小时喂 1 次，每天饲喂量为仔猪体重的 10% 左右，不要把仔猪喂得过饱。如发生腹泻，减少乳量，在乳中添加抗生素。

（2）在治疗期间，应让仔猪留在母猪身边，让其吮吸母猪乳头，以刺激母猪恢复放乳。

处方 1：用催产素 30～40 国际单位肌注、皮注或静注 20～30 国际单位，隔 3～4 小时 1 次。配合用己烯雌酚 3～10 毫克肌注。如注射，加氢化泼尼松 10～20 毫克肌注或倍他米松 3.5～10 毫克（或地塞米松 4～12 毫克）口服，则可加强治疗效果。

处方 2：用青霉素 80 万～160 万国际单位和 10% 新诺明 10～20 毫升分别肌注，12 小时 1 次。

九、母猪产后瘫痪

本病是产后母猪突然发生的一种严重的急性神经障碍性疾病，其特征是知觉丧失及四肢瘫痪。

【病因】本病的病因目前还不十分清楚，一般认为是由血糖、血钙浓度过低引起的，产后血压降低等原因也可引起瘫痪。

【临床症状】本病多发生于产后 2～5 天。病猪精神极度萎靡，一切反射变弱，甚至消失。食欲显著减退或废绝，躺卧昏睡，体温正常或稍高，粪便干硬且少，以后则停止排粪、排尿。轻者站立困难，重者不能站立。

【类症鉴别】

1. 母猪产后瘫痪与猪钙磷缺乏症的鉴别

〖相似点〗母猪产后瘫痪与猪钙磷缺乏症均表现产后发病，病时食欲减退或废绝，卧地不起，瘫痪等。

〖不同点〗钙磷缺乏症患猪卧地不起，食欲废绝，多发生在产后 20～40 天。未怀孕前即有异嗜行为（吃鸡屎、砂礓、煤渣等），吃食无"嚓嚓"声。

2. 母猪产后瘫痪与猪腰椎骨折的鉴别

〖相似点〗母猪产后瘫痪与猪腰椎骨折均表现体温不高，母猪瘫卧不起，食欲废绝等。

〖不同点〗猪腰椎骨折不一定在产后发病，多在放牧驱赶急转弯时因腰椎骨折随即瘫卧，腰椎有痛点，针刺痛点前方敏感，而针刺痛点后方无知觉，停止排粪尿。

3. 母猪产后瘫痪与猪股骨骨折的鉴别

〖相似点〗母猪产后瘫痪与猪股骨骨折均表现体温不高、瘫卧不起、食欲废绝等。

〖不同点〗猪股骨骨折不一定在产后发病，检查股部有疼痛，活动肢体时有骨质摩擦音。

【防制】

处方：①静脉注射 10％葡萄糖酸钙注射液 50～150 毫升和 50％葡萄糖注射液 50 毫升，每天 1 次，连用数次。②投给缓泻剂（如硫酸钠或硫酸镁），或用温肥皂水灌肠，清除直肠内的蓄粪。③对猪进行全身按摩，以促进血液循环和神经机能的恢复。④增垫柔软的褥草，经常翻动病猪，防止发生褥疮。

十、母猪缺乳症

母猪产仔后泌乳少，甚至无乳汁，称为缺乳症。泌乳受神经内分泌的调节，一旦分泌发生紊乱，就会影响泌乳。此外，泌乳的多少，还与遗传有关。

【病因】饲料配合不当、缺乏营养，致使母猪体质瘦弱；精料过多、缺乏运动，致使母猪过胖、内分泌失调；母猪早配、早产或猪内分泌不足，严重疾病或热性传染病等，都可引起母猪缺乳。

【临床症状】产后乳房没乳汁或乳量很少。乳房松弛或缩小，挤不出乳汁或乳汁稀薄如水。

【鉴别诊断】

1. 母猪缺乳症与母猪无乳综合征的鉴别

〖相似点〗母猪缺乳症与母猪无乳综合征均表现无乳或缺乳，不让仔猪吃奶，仔猪吃奶时叫唤，仔猪追赶母猪吃奶等。

〖不同点〗母猪无乳综合征体温较高（39.5～41℃），昏迷，对仔猪感情淡薄，当仔猪接近母猪时，母猪后退并发出鼻呼吸音。乳房多个乳腺变硬，重时周围组织也变硬，按压显疼痛。

2. 母猪缺乳症与猪乳腺炎的鉴别

〖相似点〗母猪缺乳症与猪乳腺炎均表现奶少，仔猪吃不饱奶常叫唤等。

〖不同点〗猪乳腺炎乳区肿大，潮红发热，触诊疼痛，乳中有絮状物，或有褐色或粉红色奶汁排出。

3. 母猪缺乳症与母猪产后便秘的鉴别

〖相似点〗母猪缺乳症与母猪产后便秘均表现产后无乳或缺乳，不让仔猪吃奶，仔猪吃奶时叫唤，体温不高等。

〖不同点〗便秘患猪是因产后未将分娩时积聚的粪便排出即喂食而发病，患猪食欲废绝，通便后泌乳即恢复。

【防制】加强饲养管理，给母猪增补蛋白质饲料和多汁饲料。防止仔猪咬伤母猪乳头。如发现母猪乳头有外伤，应及时治疗以防止感染；保持猪舍干燥卫生，每天按摩母猪乳房数次。

处方1：青霉素100万单位，1%普鲁卡因20～50毫升，乳房局部封闭注射。

处方2：当归30克，王不留行30克，黄芪60克，路路通30克，红花25克，通草20克，漏芦20克，瓜蒌25克，泽兰20克，丹参20克，共研为末，每次喂服60～90克。

处方3：穿山甲、王不留行各18克，通草、生黄芪各15克，生甘草20克，研为细末，一次喂服。

处方4：瞿麦、麦冬、龙骨、穿山甲、王不留行各18克，研为细末，拌食喂服。

处方5：当归30克，瓜蒌1个，白芷15克，知母12克，连翘12克，金银花、穿山甲各15克，通草6克，王不留行、甘草各15克，共为细末，一次喂服。

处方6：王不留行20克，通草、穿山甲、白术各9克，白芍、当归、黄芪、党参各12克，研为细末，一次喂服。

处方7：炒苏子12克，炒莱菔子12克，元胡9克，当归12克，川芎12克，穿山甲9克，炒王不留行24克，花粉9克，香附9克，水煎，一次内服（适用于猪体肥胖而致缺乳的）。

处方8：鲜柳树皮250克，木通15克，当归30克，水煎，一次灌服（适用于猪体肥胖而致缺乳的）。

处方9：己烯雌酚2～4毫升，肌内注射，连用7～8天。或绒毛膜促性腺激素500～1000单位，用生理盐水2毫升稀释，肌内注射，每7天1次，连续注射数次（适用于猪内分泌机能失调而致缺乳的）。

十一、子宫内膜炎

【病因】子宫内膜炎是由于人工授精、阴道检查、难产时助产消毒不严或因胎衣不下，子宫脱出，致使葡萄球菌、大肠杆菌、链球菌、双球菌感染所致。

【临床症状】急性子宫内膜炎，体温略微升高，食欲减退，泌乳量下降，拱背努责，常做排尿姿势，从阴门排出黏液或黏液脓性分泌物，卧地时排出量增多。阴道检查，子宫颈稍开，有时可见脓性分泌物从子宫颈流出。直肠检查，可发现一个或两个子宫角变大，子宫壁增厚，收缩反应无力，有痛感，当子宫腔内蓄积有多量渗出物时，可感觉到波动。

慢性子宫内膜炎多由急性子宫内膜炎转变而来，常无明显的全身症状。阴道检查，子宫颈略开张，从子宫颈口流出透明、浑浊或杂有脓性絮状分泌物。直肠检查，感觉子宫松弛，子宫壁增厚，一个或两个子宫角稍大。有的既无全身症状，阴道、直肠检查也无异常，仅表现屡配不孕。

【类症鉴别】

1. 母猪子宫内膜炎与母猪流产的鉴别

〖相似点〗母猪子宫内膜炎与母猪流产均表现阴户流分泌物等。

〖不同点〗母猪流产是未到预产期即排出胎儿，在流产排出胎儿后几天内有恶露排出（如经 10～30 天尚流出分泌物，当已发生子宫内膜炎），体温不升高，不排腥臭分泌物。

2. 母猪子宫内膜炎与母猪阴道炎的鉴别

〖相似点〗母猪子宫内膜炎与母猪阴道炎均表现阴户流分泌物。

〖不同点〗母猪阴道炎检查阴道可见黏膜创伤、肿胀或溃烂。

3. 母猪子宫内膜炎与母猪布氏杆菌病的鉴别

〖相似点〗母猪子宫内膜炎与母猪布氏杆菌病均表现阴户流红色分泌物，食欲减退或废绝，体温升高等。

〖不同点〗母猪布氏杆菌病的病原是布氏杆菌，具有传染性，多在预产前流产，阴唇、乳房均肿胀，一般产后 8～10 天可自行恢复，同时公猪有睾丸炎、附睾炎。取被检血清与虎红抗原各 0.03 毫升，滴加于平板上混匀，放置 4～10 分钟，观察结果，只要有凝集现象出现，即可判为阳性反应。

4. 母猪子宫内膜炎与母猪产褥热的鉴别

〖相似点〗母猪子宫内膜炎与母猪产褥热均表现产后发病，体温升高，阴户流分泌物，食欲不振或废绝等。

〖不同点〗母猪产褥热一般产后 2～3 天内即发病，体温较高，阴户流出的分泌物褐污色、有恶臭。

【防制】应改善饲养管理，及早进行局部和全身治疗，一般可取得较好的效果。

处方1：①以0.1%高锰酸钾或0.1%雷夫诺尔溶液充分洗涤子宫。②排出冲洗液后，立即注入宫炎速康灌注剂20~30毫升/次，1次/天，连用3~5天。

处方2：①以0.1%高锰酸钾或0.1%雷夫诺尔溶液充分洗涤子宫。②缩宫素30~50国际单位/次，肌内注射，1~2次/天，连用3~5天。③氨苄青霉素钠7毫克/千克体重、注射用水10~20毫升，肌内注射，2次/天，连用5~7天。④露它净灌注剂20~30毫升/次，1次/天，连用3~5天。

附　录

附录一　猪的几种生理和生殖常数

附表 1-1　猪的几种生理常数

体温/℃（母猪产后 24 小时为 40）	心跳/（次/分钟）	呼吸/（次/分钟）	血红蛋白/（克/毫米^3）	红细胞数/（个/毫米^3）	白细胞数为 1.5 万个/毫米^3 白细胞分类平均值/%					
					淋巴细胞	单核细胞	嗜碱性粒细胞	嗜酸性粒细胞	嗜中性杆状细胞	嗜中性叶状细胞
38～39.5	60～80	10～20	10.6	600～800	48.6	3.0	1.4	4.0	3.0	40.0

附表 1-2　母猪繁殖生理常数

母猪性成熟期	性周期	产后发情期	绝经期	寿命	开始繁殖日龄	可供繁殖年龄	1 年产仔胎数	每胎产仔数	母猪分娩时子宫颈开张	分娩时每个胎儿出生间隔	胎衣排出时间	恶露排出时间	妊娠期
3～8 月龄	21 天	断奶后 3～5 天	6～8 年	12～16 年	8～10 月	4～5 年	2.0～2.5 胎	8～15 头	2～6 小时	1～30 分钟	10～60 分钟	2～3 天	114 天

附录二　猪病鉴别诊断

附表 2-1　仔猪腹泻病鉴别诊断详表

病名	发病日龄	季节	流行特点	临床特征	剖检特征	实验室检验	防治
猪瘟	仔猪、架子猪	四季	为慢性、温和型猪瘟，潜伏期和病程较长	低热、贫血、消瘦、腹泻与便秘交替发生，抗生素疗效不显著	内脏淋巴结肿大，呈暗红色，切面周边出血；喉头、膀胱黏膜、肾皮质有出血点；肠卡他或有溃疡	荧光抗体、猪瘟兔化弱毒兔体交互免疫试验	按免疫程序免疫接种；猪瘟高免血清和大剂量猪瘟疫苗有一定的疗效；应用抗病毒药物等

续表

病名	发病日龄	季节	流行特点	临床特征	剖检特征	实验室检验	防治
口蹄疫	乳猪	冬春	急性发作	营养状况良好，突然腹泻，多突然死亡。抗生素无效	死乳猪胃肠炎，心肌发炎，有虎斑样出血	斑点BLISA检测，具有良好的敏感性和特异性	母猪即时免疫注射
猪传染性胃肠炎	各种年龄猪	冬春寒冷季节	新疫区100%发病，老疫区常限于仔猪	乳猪呕吐、水样泻，脱水，死亡或成僵猪，成年猪轻度水样泻或一时性软便	乳猪胃膨满凝乳块，胃底黏膜充血；小肠壁薄，含有气泡和黄绿色或灰白色液体；肾浑浊肿胀、脂肪变性，有的脾脏、肠系膜淋巴结肿大、充血	电镜检出冠状病毒，抗原定性（送检血清）	用其弱冻干苗注射；口服补液盐、抗生素，腹腔注射补液、止泻等对症治疗，其他同轮状病毒疗法
猪流行性腹泻	各种年龄猪	多在冬春，夏季也发生	传播病，病死率也较低，腹泻症状也轻	同传染性胃肠炎，往往混合感染	病变主要在小肠，小肠壁变薄，肠腔扩、黏膜充血；但肠内容物却为黄绿色液体	电镜检出类冠状病毒，抗原定性	用其弱毒苗或与传染性胃肠炎双价冻干苗注射妊娠母猪。同轮状病毒疗法
轮状病毒病	10~56日龄	早春和晚冬寒冷季节	新疫区偶见暴发，多发散性。10~28日龄更易感	成年猪多为隐性感染。仔猪呕吐、腹泻，粪黄白色或黑色，较腥臭，呈水样或糊状	胃内有凝乳块，小肠壁菲薄半透明；小肠内容物呈水样，盲肠多膨胀	电镜检24小时内粪样可见似车轮状的球状病毒颗粒	①注苗或口服苗；②注康复猪血清或高免血清；③注新城疫Ⅰ系苗作诱导剂，诱导猪机体产生干扰素
伪狂犬病	乳猪	冬春	3日龄后发病	出现抑郁、呕吐、发抖、腹泻，有后退、转圈等神经症状	脑膜充血、水肿，实质小点状出血，肝、脾、肾、心及淋巴结上有灰白色坏死点	动物接种病料试验，免疫荧光检查脑，血清血检验	母猪免疫；发病后注射高免血清。无特效药

病名	发病日龄	季节	流行特点	临床特征	剖检特征	实验室检验	防治
猪痢疾	49～84日龄	(4～5月和10～12月)	先急性暴发,后为慢性,不易清除	流行初,未显症状突然死亡。多数不同程度腹泻,先拉软便,渐为黄色稀粪内混黏液或血	主要是结、盲肠黏膜肿胀、充血和出血,肠腔充满黏液,有麸皮样膜	镜检肠黏膜涂片有多量密螺旋体	痢菌净口服和注射
仔猪副伤寒	1～4月龄	多雨潮湿季节	多见于营养、卫生差的猪场流行	多见慢性结肠类型,与肠型猪瘟相似,有急性败血症经2～6天死亡	特征病变是坏死性盲、结肠炎,肠壁厚,覆盖麸皮样物质,脾稍肿,肺增大继发肝变区或化脓灶	采肝、脾分离细菌鉴定,也可做免疫荧光试验	注射或口服疫苗,主要在预防
红痢(仔猪传染性坏死性肠炎)	1～3日龄	四季	发病急剧,病程短促,大多于1～5天内死亡	排出浅红色或红褐色稀粪,以后色内含坏死组织碎片,变成"米粥"状粪便	主要是空肠呈暗红色,肠腔内充满含血的液体,肠内容物呈红褐色并混杂小气泡;空肠黏膜肿,有出血性或坏死性炎症,有的扩展到回肠,但十二指肠一般不受损害。其次,可见肠系膜淋巴结肿大或出血	此肠毒症,以肠内物涂片及毒素接种动物实验来确诊。以中和试验鉴别魏氏梭菌的C型或D型	孕猪产前1个月和半个月各肌注红痢菌苗1次。仔猪出生后,用青、链霉素等预防性口服,有一定的疗效

续表

病名	发病日龄	季节	流行特点	临床特征	剖检特征	实验室检验	防治
黄痢（早发性大肠杆菌病）	出生后到7日龄	四季	以第一胎母猪产仔或环境卫生差的发病率高；日龄越小的死亡率越高	排黄色稀粪，内含凝乳小片，排粪失禁，脱水消瘦，衰弱死亡	主要病变是胃肠卡他，肠壁变薄、松弛、充气，尤以十二指肠最为严重，发生充血、出血和急性卡他性炎症。肠系膜淋巴结肿大，心、肝、肾等实质器官发生严重退行性病变	此菌血症，以小肠内容物培养出大肠杆菌 10^4 个/毫升菌落，ELISA检测出抗原为确诊	孕猪产前40天和20天各接种1次抗大肠杆菌腹泻菌苗。出生后即用微生态制剂或抗生素口服，连用3天；可用抗生素交替使用治疗
白痢（迟发性大肠杆菌病）	10~20日龄	四季	饲养管理及卫生差，气温剧变，阴雨连绵等状况多发，病程2~10天	以排出乳白色或灰白色腥臭的糊状稀粪为特征	胃肠卡他性炎症，胃常充盈积有多量凝乳块或未消化食物；胃黏膜尤以幽门部潮红肿胀	涂片染色镜检	母猪产前15天、产后7天各进行1次轮状病毒菌弱毒苗注射，对白痢防疫也有作用，由于这两个病常并发
猪水肿病	多发于断奶前后	4~6月和9~10月	多见于营养好和体壮的仔猪，突然发病死亡	有些先轻腹泻后便秘，体温升高又很快降至常温，有些眼睑等水肿，或做共济失调等神经症状	主要是水肿，胃大弯、贲门部胃黏膜与肌层胶冻样水肿，肠系膜、皮下等也水肿		参照黄白痢

续表

病名	发病日龄	季节	流行特点	临床特征	剖检特征	实验室检验	防治
弓形体病	早产乳猪,3～5月龄	夏秋	呈地区、湿热季节发病	似猪瘟、流感症状,体温升高稽留,腹泻或便秘,皮肤发绀	肺高度水肿,小叶间质增宽,充满半透明胶冻样渗出物。全身淋巴结肿大,小点坏死	动物接种和血清池诊断	增效磺胺-5-甲氧嘧啶
球虫病	6～15日龄	8～9月,湿热环境	逐渐消瘦和自行耐受	母猪正常,乳猪排灰黄色水样恶臭粪便,pH7～8,有的与便秘交替发生	小肠卡他,重症状的肠黏膜上有淡白-黄色圆形结节	查粪便有大量的球虫卵囊	用氨丙啉25～65毫克/千克体重,给仔猪或母猪产前1周或产后的哺乳期拌料或混饮,连用3～5天
低血糖症	1～3日龄	四季	因哺乳母猪无乳症而引起	仔猪由不活泼到水样泻、虚弱发展到体温低、昏迷和神经症状	消化道内没有消化物,脱水,肝脏小而硬,肾盂和输尿管内有白色沉淀物	血液尿素氮升高,血糖50毫克以下	预防母猪无乳症。腹腔注射5%葡萄糖注射液15～30毫升或口服
缺铁性贫血	2～4周龄	四季	以规模化猪舍养水泥地面的易发	病仔猪消瘦、食欲不振、下痢与便秘交替,可视黏膜苍白	皮肤和可视黏膜苍白,轻度黄染,肝脂肪变性肿大,肌色淡,脾肿大色浅,心扩张,肺水肿,胃肠有灶性病变	血检,血红蛋白和红细胞数皆降低	补铁剂
乳猪补料诱导性腹泻或营养性腹泻	7～10日龄,断奶后1周	四季	突然强制补料或吃入不良的奶汁和饲料致病	仔猪活泼,有饮食欲,无全体症状,仅是腹泻消化不良的稀臭粥状粪便	胃肠内充满没有消化的内容物或是少量未能消化的劣质料,胃内pH5左右,胃肠卡他性炎症		防止日粮抗原(天然酪蛋白或蛋白质过高),导致仔猪免疫高敏感性,容易感染病原菌。适时断奶;哺优质乳猪料或添加2%柠檬酸

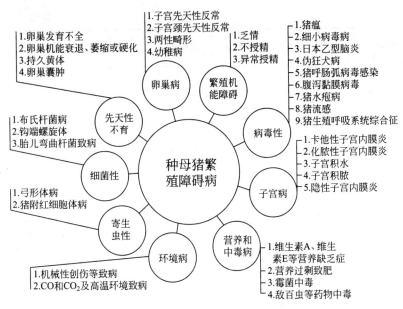

附图 2-1 种母猪繁殖障碍病病因一览图

附表 2-2 传染性母猪繁殖障碍病（引起母猪流产、
死产和木乃伊胎）**的鉴别诊断**

疾病	流行特点	临床症状	剖检病变	病原体分离鉴定	血清学
猪瘟	低毒力的毒株只能引起繁殖力降低及产生死胎、死产、早产或产生弱小的仔猪	母猪可在急性临床期间或其后发生流产或死产、仔猪小，可出现小猪先天性肌痉挛，共济失调、抽搐	内脏淋巴结肿大，呈暗红色，切面周边出血；喉头、膀胱黏膜、肾皮质有出血点；肠卡他或有溃疡	从胎儿分离病毒，用病死猪脾做兔试验	①白细胞、血小板显著。②扁桃体等组织荧光抗体法
细小病毒感染	主要发生于初产母猪，首次群发，后呈散发，可水平传播及垂直感染，3个月内可100%感染	呈暴发性流产。主要是胎儿干尸化，胎儿死于不同的发育阶段，但母猪正常，仅腹围小，存活的有畸形仔猪	妊娠初期感染胎儿出现死亡、木乃伊化、骨质溶解、腐败等，母猪有轻度子宫内膜炎变化，胎儿部分钙化，胎儿在子宫内被溶解吸收。大多数死胎、死产、弱仔皮肤皮下充血或血肿，胸膜腔积有淡黄色或淡红色渗出液	取70日龄之内不到16厘米长的胎儿脑、肺、肾做荧光抗体、血凝试验	胎儿存在抗体，用血凝抑制试验，母猪机体滴度高

疾病	流行特点	临床症状	剖检病变	病原体分离鉴定	血清学
猪流行性流产及呼吸道综合征	主要侵害种猪、繁殖母猪及其仔猪,经空气、呼吸道感染,也可通过胎盘感染。过密、气候恶劣、卫生不良可促进流行	病猪,体温升高,食欲减少,精神不振,少数病猪耳部发绀,妊娠流产、早产、产弱仔,仔猪生后呼吸困难,死亡率25%~40%	剖检仔猪仅见头部水肿、胸腔和腹腔有积水。断奶仔猪死后可见肺炎、胸膜炎、腹膜炎、肠炎、关节炎和败血症等继发感染性病变。公母猪及肥育猪无肉眼可见变化。间质性肺炎是PRRS最常见的特征性组织病理学变化	用荧光标记单株抗体的方法检查患猪肺、脾的组织切片,也可找出病毒抗原所在的位置	免疫过氧化物酶单层细胞试验(IPMA)检测(PRRSV)抗体,或间接荧光抗体试验(IFA)
伪狂犬病	多为散发,多发生于冬春季,于临床发病后10~20天流产,青年猪先发病,除妊娠头2个月外,都可发生,50%流产率	母猪仅有厌食、沉郁,暂时发热,怀孕后半期流产。新生猪未出现神经症状,可败血症死亡,较大的猪则出现呕吐、腹泻、痉挛、麻痹、失明、呼吸困难等	死后见脑膜充血和脑脊髓液增加,扁桃体、淋巴结、肾、肝、脾有1~2毫米的灰白色坏死点,心包液增加,肺有出血点和水肿,上呼吸道内有大量泡沫样液体	病料(脑、脾)做兔奇痒试验	免疫荧光法直检脑,扁桃体压片或冰冻切片见核内荧光,还用中和、标记、琼扩、间血抑试验ELISA
猪流感	多发生在天气骤变和冷湿的季节,往往2~3天全群发病,病程短(1周),1%~4%的病死率。主要伴发或继发嗜血杆菌、巴氏杆菌、双球链菌、沙门菌使病程复杂	发病、厌食、迟钝、肺炎、呼吸病症、咳嗽。母猪在怀孕晚期流产或产下个体小且夭折多的猪仔	主要是在呼吸器官病变:鼻、咽、喉、气管和支气管的黏膜充血、肿胀,充满黏稠的液体,小支气管内充满泡沫样渗出液。胸腔积大量混有纤维素的浆液。肺病变区膨胀不全		无有效疫苗,无特效疗法

疾病	流行特点	临床症状	剖检病变	病原体分离鉴定	血清学
猪传染性死木胎病毒感染(SMEDI)	在初次感染的大猪,可呈地方性流行,在隐性感染的猪群,只在新引进的未曾接触本病的怀孕母猪表现繁殖扰乱	妊娠早期感染,引起胚胎死亡吸收,木乃伊化。妊娠后期感染引起产出畸形、水肿仔猪、虚弱仔猪,母猪配种后又发情,母猪本身常无症状	主要病变为死亡胎儿皮下和肠系膜水肿,胸腔和心包积液,脑膜和肾皮质有小出血点。病理组织学检查,可见血管周围水肿、出血、淋巴细胞浸润,脑内神经胶质细胞增生		用已知抗血清做中和试验
猪乙型脑炎	人畜病毒血症,蚊虫感染终身带毒传染,多于7~9月散发,有严格的季节性,公猪大多一侧性睾丸肿大、发亮,肿稍退或萎缩变硬	病猪突然稽留热,有时病猪前冲,流白沫等神经症状,或后肢麻痹,视力下降,关节肿大,妊娠后期突然流产,胎儿全身红肿,多胎衣停滞,胎儿腹水多	病变是脑水肿、皮下水肿、胸腔积液、腹水、浆膜有出血点、淋巴结充血、肝和脾有坏死灶、脑膜和脊髓膜充血。出生后存活的仔猪,并有震颤、抽搐、癫痫等神经症状	与细小病毒感染相似,有脑积水,皮下水肿,胸积液小点出血,腹水、肝脾坏死灶	胎儿荧光抗体试验
衣原体病	猪群多表现持续的潜伏性感染,以妊娠母猪和乳猪最易感。其流行常与潮湿、拥挤、通风不良等诱发因素有关	①流产型:怀孕母猪多在临产前几周发生流产,初产母猪的发病率可高达40%~90%,流产前后无不良病症。公猪多呈隐性经过,有的睾丸炎、包皮炎、附性腺体炎。②肠炎型乳猪多发。③肺炎型和关节炎型,以断奶后仔猪多发	①流产胎儿和死亡的新生仔猪的头、胸等皮下水肿,有出血点;胎衣呈暗红色,有水肿和坏死区。母猪子宫内膜出血、水肿。②肠卡他性出血性变化,浆膜面有灰白色浆液性纤维素性覆盖物,肝质脆,有灰白色斑点。③肺水肿,表面有大量出血点	采集病料涂片,姬姆萨氏染色、斯坦帕(Stamp)氏染色,能见到肝、脾、肺有稀疏的衣原体,膀胱和胎盘可见大量的衣原体及包涵体	血凝抑制(HI)试验,免疫酶联染色法等

疾病	流行特点	临床症状	剖检病变	病原体分离鉴定	血清学
猪布氏杆菌病	无明显的季节性,体温不升高,多于受胎后 60～90 天流产	多无木乃伊胎,流产的胎膜充血水肿,表面覆以淡黄色渗出液,流产胎儿没有非化脓性脑炎病变。母猪乳腺炎或关节囊炎、皮下组织脓肿。公猪出现单侧或双侧睾丸肿大,为化脓性炎症,副睾丸肿大,还有关节炎、淋巴结脓肿	在皮下各处形成脓肿,呈消耗性慢性疾病,流产胎儿皮下、肌间出血性、浆液性浸润;胸腔、腹内有纤维性渗出物;胃、肠黏膜有出血点;胎衣水肿、充血、出血,流产母猪子宫黏膜上有多个黄白色、芝麻大小的坏死结节	采阴道分泌物、流产胎儿胃内容物及化脓灶内的脓汁,进行涂片镜检或细菌分离培养	试管凝集试验,在 1:50 稀释度呈"＋＋"以上的反应强度为阳性;平板凝集试验,0.04 毫升血清出现凝集即为阳性
李氏杆菌病	主要发生于冬季和早春,散发性,偶尔呈暴发流行	有脑膜脑炎的神经症状,血单核细胞增多,孕畜流产。①败血型多发于仔猪呼吸困难、耳和腹皮肤发绀,皮疹。②脑膜脑炎型多发于断奶后的猪,也可见于乳猪,兴奋、共济失调、后退、严重侧卧、抽搐、口吐白沫、反应性增强、惊叫。③混合型多发于乳猪	除败血症病变外,主要是局灶性肝坏死,脾淋巴结、心肌、脑等坏死灶,脑干和脊髓变软、化脓灶。流产猪子宫内膜充血后广泛坏死,胎盘子叶出血坏死	采取病猪肝、脾、肺、脑组织、淋巴结等做成抹片,革兰氏染色后,镜检发现有两端钝圆的革兰氏阳性小杆菌,单个散在或成对排列	菌体分离"冷增菌"法培养和动物接种试验

参 考 文 献

[1] 赵书广等. 中国养猪大成. 北京：中国农业出版社，2003.

[2] 刘凤华等. 家畜环境卫生学. 北京：中国农业大学出版社，2004.

[3] 陈清明等. 现代养猪生产. 北京：中国农业出版社，2001.

[4] 叶记能等. 绿色无公害生猪高效配套技术. 北京：中国农业科学技术出版社，2008.

[5] 王林云. 养猪实用新技术. 南京：江苏科学技术出版社，1998.

[6] 魏刚才. 养殖场消毒技术. 北京：化学工业出版社，2007.

[7] 李培庆等. 实用猪病诊断与防治技术. 北京：中国农业科技出版社，2007.

[8] 秦刚，李世江，辛光英. 猪弓形体病的诊治及类症鉴别. 兽医导刊，2011，10.

[9] 郭昌鹏. 猪病鉴别诊断手册. 北京：北京农业出版社，2013.

[10] 席克奇. 猪疑难病鉴别诊断与防治. 北京：科学技术文献出版社，2009.